Zhaoqi Gongcheng Yu Zonghe Liyong Shijian

沼气工程与综合利用实践

徐庆贤　官雪芳 ◎ 著

海峡出版发行集团 ｜ 福建科学技术出版社

图书在版编目（CIP）数据

沼气工程与综合利用实践/徐庆贤，官雪芳著.
—福州：福建科学技术出版社，2021.1
　ISBN 978-7-5335-6290-8

　Ⅰ.①沼… Ⅱ.①徐…②官… Ⅲ.①沼气工程–研究②沼气利用–研究 Ⅳ.①S216.4②TK63

中国版本图书馆CIP数据核字（2020）第218031号

书　　名	沼气工程与综合利用实践
著　　者	徐庆贤　官雪芳
出版发行	福建科学技术出版社
社　　址	福州市东水路76号（邮编350001）
网　　址	www.fjstp.com
经　　销	福建新华发行（集团）有限责任公司
印　　刷	广东虎彩云印刷有限公司
开　　本	787毫米×1092毫米　1/16
印　　张	16
字　　数	410千字
版　　次	2021年1月第1版
印　　次	2021年1月第1次印刷
书　　号	ISBN 978-7-5335-6290-8
定　　价	58.00元

书中如有印装质量问题，可直接向本社调换

前言
PREFACE

畜禽养殖场沼气工程技术发展始于20世纪70年代后期，已从单纯的能源利用发展为环境治理与能源生产和废弃物利用相结合，通过沼气、沼渣和沼液综合利用，实现种养平衡、联动发展。沼气工程建设已成为建设绿色生态农业、实现节能减排的重要途径。实践证明，沼气工程技术是治理畜禽养殖污染的有效措施。沼气工程效益面广而优，除了有突出的环境效益外，还有显著的能源效益和农业效益。厌氧消化是处理畜禽养殖场有机粪污的核心技术，它依靠微生物活动将有机物转化为沼气的主要成分甲烷，其能源转化率高达87%。沼气是高品位清洁能源，养殖场生产的沼气自给有余，还可以向周围农户供气、发电上网。沼液是优质的有机肥料，沼渣可制成颗粒有机肥或复合有机肥出售。目前，沼气工程技术日趋成熟，但从技术水平和生产成本考量，离商品化还有较大距离。近几年来沼气技术发展的主要目标是环境效益，一次性投资大，不注重综合利用，因此经济效益普遍较差。但也不乏经济效益好的典型。

我国的规模化养猪场沼气工程正处于快速发展阶段，在各级政府政策和财政的支持下，各类沼气工程连续几年迅猛发展。截至2015年底，我国已建设以畜禽粪污为主要原料的沼气工程11.05万处，其中大型沼气工程0.67万处，特大型沼气工程34处。

我国南方丘陵地区畜禽养殖场沼气工程发展还存在诸多问题，主要表现为：①沼气池保温效果差。②养猪场粪便资源不够集中，没有达到相应的规模，难以形成商业化利用。③建池工艺以水压式沼气池为主，产气效率较低，冬季山区地区沼气池甚至不产气。④沼气集中供气管理较复杂，存在安全隐患。⑤沼气发电规模小，上网难以实现，企业自发自用有余，沼气不得不放空。⑥沼气净化设备价格昂贵，沼气锅炉和沼气发电机等设备性能尚待提高。⑦沼气工程的良好运行需要一定的专业技术知识，对养殖场人员而言有一定难度。⑧沼肥综合利用吸纳不足，部分猪场依然存在偷排并造成二次污染周边环境的状况。基于以上因素，作者课题组针对性地进行了研究，并集成了相关专利技术形成养殖场粪污治理及资源化利用模式。主要开展的研究如下：①为降低猪场粪污后续处理负荷，研制固液分离机；改原本置于厌氧发酵前的固液分离为厌氧发酵后再分离的新工艺技术，达到高效产气，同时建立固液分离后猪粪渣进行厌氧干发酵生产有机肥工艺。②针对沼气池发酵工艺改进，建设高效厌氧反应装置，研发上流式玻璃钢沼气池；利用太阳能进行加温沼气池研究，提高沼气发酵温度；研发联动沼气池。③很多规模养猪场沼气工程的可持续运行受到很大威胁，其原因一是后期维护管理服务的缺失，沼气专业人才的缺乏，二是产沼气不稳定性和不连续性。基于此，针对性研发智能化大型沼气池，可实现沼气工程运行的实时远程控制并创造自动优化沼气池的发酵条件，从而实现高效可持续产沼气。通过远程控制实现远程诊断，节省人工成本；研发智能化大型沼气池还有利于政府部门了解和掌握养殖企业环保动态。④应用耐酸、耐碱玻璃钢材料，通过工艺创新，设计并生产出可调压玻璃钢储气柜，达到沼气压力自动调节的目的。可调压玻璃钢贮气柜研发有利于实现企业不同用途用气，同时实现用气安全。⑤应用沼液灌溉集水井，建立沼液灌溉缓冲模式。⑥设计 ZJK-1 型沼气智能调控系统，建立沼气能源温室大棚。⑦筛选出两株适合纯猪粪发酵的菌株枯草芽孢杆菌 N1 和肠杆菌属，其中枯草芽孢杆菌 N1 可显著提高堆体温度至 65℃，50℃以上温度持续了 10d，含水率下降至 38.76%，降低堆体发酵初期的 pH 值，增加全氮相对含量，加快碳氮比的下降速度，促进堆肥腐熟进程。⑧结合山区经济特色，开展沼肥对茶叶、脐橙、香蕉等经济作物生长的影响研究，并进行应用近红外光谱技术检测沼肥利用的二次污染可行性研究。

本书作者均为多年从事沼气工程技术研究和推广的专业人员，通过总结多年在福建省丘陵山区畜禽养殖场沼气工程研究工作，并参考了国内外已经发表的有关资料，形成本书。本书的成稿还得益于福建省农科院农业工程技术研究所钱午巧研究员、林斌研究员、林代炎研究员、沈恒胜研究员、陈彪副研究员，福建省能源研究会郭祥冰教授级高工，福建省农业农村厅叶夏推广研究员等沼气和相关学科科研工作者前期的科研积累。在此，对前辈们表示崇高的敬意及衷心的感谢。

由于作者学术水平和实践经验有限，书中还有许多不足与疏漏之处，希望本书读者给予谅解并提出宝贵意见，以使本书日臻完善。

目 录
CONTENTS

第一章 沼气工程发展概况 ... 1

第一节 国内外沼气工程发展概况 ... 2
一、国外发展概况 ... 2
二、国内发展概况 ... 4

第二节 福建省沼气工程发展现状 ... 7
一、福建省沼气工程技术研究发展情况 ... 7
二、福建省规模畜禽养殖场沼气工程建设现状 ... 10
三、沼气工程运行情况分析 ... 13
四、沼气服务相关情况 ... 14

第三节 福建省畜禽粪便沼气资源分布特征 ... 14
一、福建省畜禽养殖概况 ... 14
二、沼气资源分布特征 ... 16
三、节能减排潜力分析 ... 17

第四节 典型沼气工程调查分析与经验总结 ... 18
一、典型沼气工程调查分析 ... 18
二、建池经验总结 ... 18
三、存在问题 ... 18
四、解决途径 ... 22

第二章 固液分离机设计与应用 ... 27

第一节 固液分离机概况 ... 28

第二节 FZ-12 固液分离机的设计及特点 ... 31

一、设计原理与设计原则 ... 31
　　二、样机设计与生产技术流程 ... 33
　　三、技术关键 ... 34
　　四、分离机试运行性能检验 ... 35

第三节　固液分离机应用效果 ... 35
　　一、固液分离机作为前处理 ... 35
　　二、固液分离机作为后处理 ... 38

第三章　沼气池研发与应用 ... 41

第一节　推流式玻璃钢沼气池 ... 42
　　一、沼气池设计与运行 ... 42
　　二、推流式玻璃钢沼气池系统工程经济效益评价分析 ... 45
　　三、加温与未加温玻璃钢沼气池产沼气分析 ... 48

第二节　上流式玻璃钢沼气池 ... 50
　　一、粪污预处理系统 ... 51
　　二、上流式玻璃钢沼气池设计 ... 52
　　三、主要构筑物 ... 54
　　四、产沼气效果比较分析 ... 55

第三节　上流式玻璃钢沼气池远程控制自控系统设计 ... 56
　　一、自控系统总体方案 ... 56
　　二、各处理工艺控制过程详细描述 ... 60
　　三、小结 ... 64

第四节　智能化上流式玻璃钢沼气池运行效果 ... 65
　　一、工艺流程 ... 65
　　二、产沼气效果比较分析 ... 66
　　三、粗纤维含量、微生物多样性及沼气产气率相关性分析 ... 68
　　四、智能化上流式玻璃钢沼气池发酵液养分变化分析 ... 76
　　五、智能化上流式玻璃钢沼气池微生物多样性分析 ... 92

第五节　联动沼气池研发与运行 ... 100
　　一、联动沼气池设计 ... 100

二、运行效果与分析 101
　　三、联动沼气池系统工程经济效益分析 103
　　四、小结 105

第六节　三种不同类型沼气池成本分析与评价 105
　　一、分析对象 105
　　二、经济效益评价指标的设计 106
　　三、三个沼气工程经济效益的评价与比较分析 106
　　四、结论与政策建议 108

第四章　沼气综合利用 111

第一节　福建省沼气工程沼气使用情况 112
　　一、沼气工程特点分析 112
　　二、沼气充分利用途径 115
　　三、制约大中型沼气工程发展的主要原因 117

第二节　沼气利用系统 118
　　一、沼气利用过程工艺流程 118
　　二、可调压玻璃钢贮气柜 118
　　三、沼气脱硫装置 119
　　四、沼气集中供气 120
　　五、沼气发电 120

第三节　沼气能源可控生态温室 121
　　一、沼气能源可控生态温室建设 121
　　二、沼气生态大棚智能控制系统 122
　　三、ZJK-1型沼气智能调控系统在番茄生产的示范应用 126
　　四、小结 127

第五章　猪粪堆肥装置与菌种筛选 129

第一节　厌氧干发酵装置的研发 131
　　一、堆肥技术发展现状 131
　　二、堆肥技术存在问题 131

三、厌氧干发酵装置研发 ... 132
四、发酵工艺研究 ... 135
五、厌氧干发酵装置应用实例 ... 135
六、经济评价分析 ... 136
七、小结 ... 138

第二节　堆肥发酵细菌分离及应用 ... 138
一、堆肥发酵细菌的分离鉴定 ... 138
二、堆肥发酵细菌在猪粪堆肥中的应用 ... 141

第六章　沼肥综合利用 ... 149

第一节　沼肥在生态茶园的应用 ... 151
一、施用沼液等有机肥对茶树发芽密度的影响 ... 152
二、施用沼渣等有机肥对茶树芽梢百芽重的影响 ... 153
三、施用沼渣沼液等有机肥对茶树鲜叶产量的影响 ... 154
四、施用沼渣等有机肥对茶叶品质的影响 ... 155
五、小结 ... 157

第二节　沼肥栽培蜜柚的应用 ... 158
一、对秋梢生长的影响 ... 158
二、对产量的影响 ... 159
三、对品质的影响 ... 159
四、对果园土壤的影响 ... 160
五、小结 ... 160

第三节　沼肥栽培脐橙的应用 ... 160
一、沼渣对脐橙产量、品质的影响 ... 160
二、沼肥施用年限对果园土壤和脐橙果实品质的影响 ... 163
三、沼肥对脐橙重金属含量的影响 ... 173
四、脐橙生态果园沼肥施用模式的经济效益评价 ... 179

第四节　沼渣、菌渣在香蕉种植上的应用 ... 185
一、不同肥料处理对香蕉植株生长的影响 ... 186
二、不同肥料处理对香蕉果实生长的影响 ... 187
三、小结 ... 190

第五节　施用沼液对蔬菜中铁含量的影响 190
　　一、施用沼液对蔬菜干基样品中铁元素含量的影响 191
　　二、施用沼液对蔬菜新鲜样品中铁元素含量的影响 191
　　三、小结 192

第七章　沼肥利用的重金属残留风险分析 193

第一节　沼肥中重金属镉自然禀赋 194
　　一、重金属镉在沼肥中的分布特性 194
　　二、发酵体系中重金属分布及含量变化动态分析 195
　　三、小结 199

第二节　重金属残留风险分析 199
　　一、施用不同形态沼肥对蔬菜中镉残留的影响 199
　　二、灌溉沼液有机肥对叶菜类植物镉残留积累的动态分析 201
　　三、不同形态沼肥对叶菜类植物镉的吸收残留分布的影响 203
　　四、小结 205

第三节　应用近红外光谱技术检测沼肥利用的二次污染可行性研究 206
　　一、近红外漫反射光谱应用原理及优势 206
　　二、该技术应用的可行性依据 207
　　三、快速检测沼肥应用的二次污染分析方法 208
　　四、主要结论 209
　　五、小结与技术应用前景分析 215

附录
　　附录1　沼气工程规模分类（NY/T 667-2011） 216
　　附录2　畜禽养殖业污染物排放标准（GB 18596-2001） 219
　　附录3　沼气工程沼液沼渣后处理技术规范（NY/T 2374-2013） 222
　　附录4　沼肥施用技术规范（NY/T 2065-2011） 228

参考文献 233

第一章 沼气工程发展概况

我国是世界猪肉第一生产和消费大国。据农村农业部公布的数据显示，2018 年我国生猪出栏量为 69182 万头，存栏量为 42817 万头，约占到全球总养殖量的 56.6%，2017 年养殖产值高达 1.3 万亿元。在国内肉类消费市场中，猪肉占比高达 56.5%。由此伴随的生猪养殖污染长期成为农业和农村面源污染的重要来源。为治理生猪养殖污染问题，满足人民对美好幸福生活的追求，我国已将环境保护列为一项基本国策。基于此，国家近年来新出台或修订一系列的对畜禽养殖污染防治及违法行为惩罚的法律法规，如《中华人民共和国环境保护法》（2014 年）、《中华人民共和国水污染防治法》（2017 年修订）、《中华人民共和国动物防疫法》（2015 年修订）、《中华人民共和国畜牧法》（2015 年修订）、《中华人民共和国水法》（2016 年修订）、《中华人民共和国环境影响评价法》（2018 年修订）、《基本农田保护条例》（2016 年）等。在日益严格的环境保护监督条件下，畜禽养殖场违法排放的难度及违法成本越来越高，对畜禽废弃物进行综合治理，实现达标排放甚至零污染是今后畜禽养殖的主要出路。这就迫使我国生猪养殖模式发生了很大的转变，散养猪场由于环保设施投入不足、竞争能力弱而纷纷退出了养殖业。据统计，我国的散养猪场从 2003 年的约 10677.9 万个减少至 2009 年的约 6459.9 万个，2015 年又有约 500 万散户退出了养殖业，而到 2017 年规模化养殖比例已经超过 50%；我国的养猪企业正向规模化进程持续推进，散户逐步出清。

随着生猪养殖规模化进程的加速，猪场的废弃物污染治理问题也成为急需解决的首要问题。以存栏 10000 头猪的养殖场为例，按每头猪一天排便 3.5kg、猪废污水排放量 18L 计算，猪场一天的猪粪排泄量高达 30.5t，废水排放高达 180t，如直接排放将对环境造成巨大的污染。因此对养猪场废弃物猪粪、废水进行综合处理并综合利用是每个大型猪场必须解决的技术问题。沼气工程是养猪场废弃物污染治理的最主要解决办法。通过发展沼气工程，规模化养猪场不但可以治理污染，还可以取得一定的经济效益，沼气工程所产生的副产品，沼气、沼液和沼渣都具有很好的经济用途。由于沼气工程具有能源效益、生态效益和经济效益等较好综合效益，因而已成为我国政府加强农村环境治理的重要措施、推进社会主义新农村建设的重要手段。

第一节　国内外沼气工程发展概况

一、国外发展概况

国外最早的沼气发酵工艺是摩热斯在 1881 年发明的自动清净器，他在法国建立了世界上第一个处理废水的消化器（罐）。随后，英国、美国和印度等国相继建立了大型的沼气发酵装置，处理城市污水。发达国家在处理畜禽粪便和高浓度有机废水时，主要发展沼气工程等厌氧技术，如日本、丹麦、荷兰、德国、法国、美国等发达国家均普遍采取厌氧法处理畜禽粪便，而像印度、菲律宾、泰国等发展中国家也建设了大中型沼气工程处理畜禽粪便的应用示范工程，并采用新的自循环厌氧技术。

欧洲是目前农场沼气工程技术最发达、推广数量最多、技术最成熟的地区，其处理农场、牧场等农村经济活动和生活产生的农村废物的沼气装置分为两类：一类为农场沼气池，另一类为集中厌氧消化系统。集中厌氧消化系统近年来发展很快，代表了目前欧洲沼气工程的发展趋势。以法国和德国为代表的西欧各国的中型猪场粪污处理都与种植业相配套，猪粪利用自动化程度较高的沼气装置处理后，贮存在数个 500—1000m³ 钢制罐内，待需要时用粪车运至农田作肥料；产出的沼气作为本农场的电力和热源，从而形成一个生物质多层次利用的良性循环的生态农场。欧洲地区沼气工程数量较多的国家是德国、丹麦和英国。其中，德国在沼气技术发展领域处于领先地位，很重要的方面体现在沼气工程质量控制体系的保证作用，如安全操作规程、农业贸易协会安全规程、欧盟机械指南、德国工业标准等都对沼气工程适用。据世界银行统计数据显示，截至 2007 年年底，欧洲沼气产量达到 590 万 t 油当量（相当于 70 亿 Nm³ 天然气），其中德国为 191 万 t 油当量/a，英国为 170 万 t 油当量/a。德国、瑞典、英国、美国等欧美发达国家在沼气工程发展现状也代表了国际沼气工程产业的现状。

丹麦于 20 世纪 80 年代末最早开始运作集中厌氧消化系统，目前已经建成 20 座大型的集中厌氧消化系统沼气装置，用于集中处理畜禽粪污及屠宰场废物等，运行良好。集中厌氧消化系统的工艺模式为：温度要求为中温或者高温；每座装置规模在 2000—4000m³；厌氧消化工艺主要是全混合沼气发酵（CSTR）和推流式发酵工艺，停留时间在 12—20d；处理规模为 50—400t/d；在对发酵原料预处理或后处理中，还包括一个巴氏灭菌高温消毒过程，以防止处理过程中病菌传播；粪污经沼气厌氧发酵处理后送回到农民的贮粪池做高效有机肥使用，其辐射半径一般在 5km 左右；沼气一般用于发电、居民供热（Tk）等。该类沼气场的收入主要有沼气发电卖电收入、供热收入、向有关工厂收取部分废物处理费，但是不对农民（粪便收来与送回）收取任何费用。如一个日处理 100t 的沼气场，日产沼气 4575m³，仅需 2 个人，扣掉折旧、还贷等所有开支外，尚可获纯利 20 余万元（丹麦克朗）。由于这些沼气场具有较好的经济效益，能够有效地吸收民间资本的投资，因此都是私人公司投资、由银行低息贷款兴建而成。

俄罗斯在二次世界大战之前开始研究厌氧消化技术，1941 年开始实际应用。20 世纪 50 年代初苏联科学院建成了两座日处理 3000t 酒精废液，并利用沼液、沼渣生产维生素的车间。世界性环保 - 能源危机之后苏联建造了一批大型禽畜场沼气工程，解决了自身环境污染和增温问题。苏联解体后，俄罗斯农业实行私有化，调整了沼气发展战略，主要发展工厂化生产的小型、高效沼气发酵装置。

日本的小型养猪场，通过粪污固液分离后，粪渣堆沤作肥料，污水经厌氧消化处理后，排至农田、鱼塘。印度是继中国之后户用沼气数量最多的国家，已经建成近 2000 个大中型沼气工程。

在美国的一些大型猪场一般建在半沙漠地区的山坡上。平时，猪粪水顺坡而下，等 7—8a 后再将猪场移到他处。这样既减少了粪污处理的大量费用，又改良了土壤、增加了肥力，也为今后种植农作物打下了基础。美国发展沼气工程起步较晚，目前约有 40 个农场沼气工程投入运行（主要是处理奶牛场粪污）。

自 20 世纪 50 年代 Schroepfer 开发了第一代反应器——厌氧接触反应器以后，科研人员在实践过程中通过不断改进和不断创新，进而开发了以厌氧滤池（AF）、上流式厌氧污泥床（UASB）、升流式固体反应器（USR）等为代表的第二代反应器，以及以厌氧膨胀颗粒污泥床（EGSB）、内循环厌氧反应器（IC）等为代表的第三代反应器。

■ 二、国内发展概况

从 2004 年起，连续 7 年的中央一号文件都对发展沼气建设提出了明确要求。我国沼气建设尤其是沼气工程进入了新的发展时期。2003—2005 年，国家每年投资 10 亿元用于沼气示范工程建设。2006—2007 年，这一数字增加到 25 亿元。2008 年初，国家投资增加到 30 亿元。2009 年和 2010 年，国家又分别投入 50 亿元和 52 亿元。大中型沼气工程日渐受到重视，2009 年国家用于大中型沼气工程的投资额度占总投资额的 35.1%。

20 世纪 80 年代，我国开始研究禽畜养殖场的沼气工程发酵工艺，一开始是国家组织科技攻关，着重引进国外先进的沼气工程技术，如德国利浦公司的制罐专利技术；产生了近中温和中温发酵与效率较高的完全混合式厌氧反应器（CSTR）、厌氧流化床（AFB）、升流式固体反应器（USR）及两步发酵等先进工艺；同时改进了发酵工艺，发展了沼气净化、利用和控制的配套技术，以及包括前、后处理，综合利用的系统工程（能源环境工程），使规模畜禽场沼气工程技术有了很大的发展。20 世纪 90 年代以后，为解决日益严重的养殖场污染问题，相关科研单位逐步加大了沼气技术在治理畜禽粪污方面的研究。他们结合不同地域的气候特点和养殖业实际，从工程设施到工艺流程，从预处理到厌氧消化再到沼气输配、沼气利用、沼液后处理等各个环节开展了广泛而深入的研究，取得显著的效果。

目前，我国畜禽场沼气工程技术已形成较为完善的高效且具有多种功能的工程技术系统，如完全混合式厌氧反应器（CSTR）、厌氧接触反应器（AC）、厌氧序批式反应器（ASBR）、厌氧挡板反应器（ABR）、厌氧复合反应器（UBF）、上流式厌氧污泥床（UASB）、升流式固体反应器（USR）、内循环厌氧反应器（IC）等常规的厌氧发酵技术得到了很好的应用。下面介绍几种在处理养猪场污水中常见的厌氧发酵工艺：①隧道式沼气池。福建省农科院研制的 ZWD 型隧道式沼气池是我国最先设计应用的水压式沼气池型，该沼气池具有占地面积小、结构简单、操作方便等优点，大大提高了产气率，克服了旧式的水压式沼气进出料难，占用有效建造容积等缺点。目前已经应用于省内数十家养殖场，并在畜牧场内建立养猪场废水循环利用系统，使沼气、沼液、粪渣全部得到充分的利用，实现"零排放"。该工艺适用于中小型养猪场污水处理，可处理高浓度、高悬浮物的猪场废水，运行效果显著。②上流式厌氧污泥床（UASB）。上流式厌氧污泥床反应器是目前国内运用最多的反应器，其工艺特征是在上部设置气、液、固三相分离器，下部为污泥悬浮层区和污泥床区，废水从底部流入，向上升流至反应器顶部流出。由于混合液在沉淀区进行固液分离，污泥可自行回到污泥床区，使污泥床区能保持很高的污泥浓度和生物活性。该反应器的优点是结构简单、占地面积少、处理效果好、处理成本低、投资省等，对高浓度有机废水有较好的适应性，设备材质采用碳钢防腐，使用寿命长达 10—20a。③升流式固体反应器（USR）。升流式厌氧固体反应器（USR）是一种简单的反应器，是参照上流式厌氧污泥床反应器原理开发的，是目前最有发展前途的结构类型。原料从底部进入消化器，消化器内不需要搅拌装置，不需要污泥回流，也不需要安置三相分离器，它能自动形成比 HRT 较长的 SRT 与 MRT，未反应的生物固体和微生物靠自然沉淀滞留于反应器内。该反应器具有消化效果高、无短流现象、不易结壳等优点，可处理含固率较高（含固量达 5% 左右甚至达 10%）的废水，近年来多用于处理高浓度、高悬浮物的养殖废水。④IC（内循环）厌氧反应器。IC 厌氧反应器是一种高效的多级内循环反应器，1986年由荷兰研究成功并用于生产，是目前世界上效能最高的厌氧反应器。该反应器集UASB反应器和流化床反应器的优点于一身，利用反应器内沼气的提升力实现发酵料液内循环，废水在反应器中自下而上流动，污染物被细菌吸附并降解，净化过的水从反应器上部流出。与第二代厌氧反应器相比，它具有容积负荷高、抗冲击负荷能力强、抗低温能力强、具有缓冲pH的能力、出水稳定性能好、节省投资和占地面积以及内部自动循环无需外加动力等优点。该工艺具有较高的处理效率，更适用于有机高浓度废水，但对悬浮物较多的物料并不适用。⑤膨胀颗粒污泥床（EGSB）。针对UASB反应器内混合强度不够和容易形成短流等缺点，第三代厌氧处理工艺膨胀颗粒污泥床（EGSB）应运而生。EGSB在提高反应器水力负荷，同时采用出水回流的方式来降低污染物对微生物的毒害。该反应器除了具备UASB所具有的特征以外，还具有另外一些优点，比如：上升流速高、化学需氧量（COD）去除负荷高；厌氧污泥颗粒粒径较大，反应器抗冲击负荷能力强；反应器为塔形结构设计，具有较高的高径比，占地面积小等。EGSB可用于悬浮物（SS）含量高的和对微生物有毒性的废水处理，该反应器不但在处理低浓度污水时具有UASB无法比拟的优越性，而且对于处理中高浓度污水同样能取得良好的效果，具有广阔的应用前景。

根据养殖规模、资源量、污水排放标准、投资规模和环境容量等条件的不同，畜禽场沼气工程项目可以有综合利用型、生态型和厌氧和好氧达标型三种不同的工艺类型因地制宜地选用。邓良伟认为，我国规模化猪场对粪污处理通常有三种模式：厌氧-还田生态循环利用模式，厌氧-自然处理模式，厌氧-好氧工厂化处理模式。由于厌氧生物技术既可直接处理高浓度有机废物，又可回收沼气能源，不但可以削减大部分污染负荷，有利于后续处理，而且可以去除大部分病原微生物和寄生虫卵，对于粪污还田利用，可以减少疾病传播的风险，因此，厌氧-好氧工厂化处理模式是一种可持续的处理方法，很适合高浓度猪场粪污的前处理。付秀琴等还根据不同规模猪场的猪群结构以及不同猪只粪尿排放量，采用最小二乘法，推导出猪场年出栏数与存栏数、年出栏数与粪污干物质排放量以及存栏数与粪污干物质排放量之间的关系式；再根据粪污原料沼气产率，得出猪场粪污处理沼气产生量与存栏数的关系式；最后，根据不同温度，不同类型沼气池的容积产气率，计算出不同规模的猪场分别在10—15℃、20—25℃条件下，粪污处理所需地上式沼气池或水压式沼气池的容积。

规模化养猪场沼气工程的建设包括很多系统，如曹从荣和王凯军将沼气工艺分为六大系统，即粪污的前处理系统、厌氧消化系统、好氧消化系统、沼气利用系统、沼渣生产固体有机肥料系统、沼液无害化处理及商品化液体肥料加工系统。其中，后3个系统构成沼气工程的综合利用系统。同时他们还对厌氧系统的设计规模、厌氧反应器有效容积、厌氧反应器的选择、反应器的高度、长度和宽度、单元反应器最大体积和分格化的反应器、厌氧反应器材质选择等作详细的分析。华永新和林伟华则将养殖场的沼气工艺装置分为集粪池、厌氧消化罐、沼液池和沼气发电等四个部分，还介绍了国产Lipp制罐技术施工周期短、造价低、质量好等优点，其施工周期比传统施工方式缩短60%以上，工程造价比钢筋混凝土池低10%左右。甘寿文等系统分析了大型沼气工程整个能量与物质循环过程的几个关键环节，包括原料的收集、原料配制与预处理、厌氧消化、好氧水处理、沼气的净化贮存和输送以及沼渣、沼液无害化处理及其在农作物上的施用等。具体过程是：将收集好的原料先进行短化和去杂处理，按照一定的条件再进行配制；配好以后选择适宜的发酵条件在消化器中进行厌氧消化产生沼气；

沼气产生以后必须设法脱除沼气中的水和 H_2S，水脱除通常采用脱水装置进行，H_2S 的脱除通常采用脱硫塔，内装脱硫剂进行脱硫。

随着养殖场沼气工程的发展，不同地区根据各自的地理特征、自身经营特点等条件的不同，产生了很多沼气发展模式，如江门市养猪场大中型沼气工程的三种建设模式：①集中供气模式——鹤山市共和镇平汉猪场。该沼气池利用冲洗猪舍的尿水、尿水为原料，产出的沼气通过管道接上专用炉具、热水器、照明灯和保暖灯等，可满足日常煮食、照明和猪仔的保暖，而且该猪场连接了输气管道，将沼气输送到附近汉塘村 36 户村民使用。②沼气发电模式——新会罗坑大兴猪场。2007 年 6 月，该猪场建成了发电机房，有功率 75kW 的发电机 2 台，现在猪场每天产生的沼气可以供 1 台 75kW 的发电机工作 24h。利用沼气发电后，猪场加工饲料、猪仔保温、大猪降温以及生活用电都是用自己发的电。猪场利用沼气发电后，每个月可以节约电费 2 万元，1 年可以节约电费 20 余万元。③以沼气为纽带的物质资源多级利用模式——江门市果科所。建有 100m³ 的发酵池，对沼气、沼液、沼渣进行综合利用，形成以沼气池为纽带的物质资源多级利用模式，建立起生物种群较多、能流、物流循环较快的生态系统，基地实现"猪—沼—果""猪—沼—鱼""猪—沼—苗""猪—沼—草—猪""猪—沼—菜—猪"等多种良性循环生态农业生产模式。

颜丽等总结中国处理农业有机废弃物的沼气工程中最有代表性的三种模式：①综合利用型沼气工程，即沼气工程周边配套有较大面积的作物农田、鱼塘、植物塘等，能够就地消纳沼气发酵的残留物（沼液），沼气工程成为生态农业园区的纽带，上承养殖业，下联种植业，促进了农业种、养一体化，降低了种植和养殖业的生产成本，废弃物真正实现了零排放。林代炎等人利用该模式在规模化养猪场发展沼气能源、食用菌、种植业、养鱼等产业，年节约成本 105 万元，污水经过各层次利用后作为冲栏水回用，最终在系统内部实现了粪污循环再利用。②自然处理型沼气工程，即养殖场周围环境不太敏感，沼气工程周边有一定量的农田和配套有较大面积的稳定塘。③环保达标型沼气工程，即沼气工程周边环境无法直接消纳沼液，必须将沼液进行固液分离，分离出来的沼渣和人工干清粪制成商品固体有机肥料，分离后的清液经过好氧或物化等深度处理达到行业排放标准后直接排放。该模式是以处理畜舍冲洗污水达标为主要建设目标，工程投资和运行费用都较高。该模式一般采用厌氧消化技术与后处理技术相结合的工艺技术路线，其中常用的后处理技术包括生态处理（氧化塘、人工湿地等）和好氧生物处理（SBR 等）。该工艺可以使最终出水达标排放，防止二次污染，但工程沼气产量较小，投资量大，运行费用高，适用于周边没有土地消纳沼液的养猪场。我国沿海地区大中型集约化猪场很多，耕地有限，沼液无法在周边农地还田利用，所以大多数猪场都必须选择经过后处理达标排放的能源环保型模式。杨朝晖等利用固液分离 -UASB-SBR 工艺应用于规模化养猪场废水处理，COD_{Cr} 去除率达到 85%—90%，BOD_5 去除率达到 82%—92%，氨氮去除率达到 95%—98%，各项指标均达到排放标准。

中国处理畜禽养殖场粪污的沼气工程很有特色。根据不同的养殖规模、周围环境容量以及沼气、沼渣、沼液处理及利用方式，形成了各种事宜的沼气发电模式，其中最有代表性的是能源生态型沼气工程（热电肥联产或气电肥联产 - 沼液还田利用）和能源环保型沼气工程（气电肥联产 - 沼液自然处理或工业化处理）。据不完全统计，已建的养殖场沼气工程约有 80% 属于能源生态型沼气工程，20% 属于能源环保型沼气工程。热电肥联产或气电肥联产 - 沼液还田利用模式的工艺流程由沼气生产系统（典型工艺：CSTR、ACR、HCPF、USR 等）、沼气发电系统和沼液的存储、输送及使用等部分组成。而气电肥联产－沼液自然处理或工业化处理模式则由沼气生产系统（典型工艺：USR、UASB、UBF，以及隧道式推流工艺，或农村户用沼气池的放大等）、沼气发电设备和沼液自然处理系统或工业化处理系统等组成。

在规模化养猪场沼气工程快速发展的同时，国家通过出台文件，加强沼气工程建设技术规范和标准建设，加强对规模化养猪场沼气工程建设的规范化指导。如农业部于 2003 年 3 月公布了《沼气工程规模分类（NY/T 667—2003）》，于 2006 年公布了沼气工程技术的系列规范，包括《沼气工程技术规范　第 1 部分：工艺设计（NY/T 1220.1—2006）》《沼气工程技术规范　第 2 部分：供气设计（NY/T 1220.2—2006）》《沼气工程技术规范　第 3 部分：施工及验收（NY/T 1220.3—2006）》《沼气工程技术规范　第 4 部分：运行管理（NY/T 1220.4—2006）》和《沼气工程技术规范　第 5 部分：质量评价（NY/T 1220.5—2006）》，并在 2006 年 12 月又发布的《规模化畜禽养殖场沼气工程设计规范（NY/T 1222—2006）》。目前，这些行业标准已经作废，并于 2019 年修订实施了新的沼气工程技术规范相关的行业标准。随着沼气工程技术规范的系列标准的实施，有力地促进了我国规模化养猪场沼气工程建设的标准化和规范化。

我国的规模化养猪场沼气工程正处于快速发展阶段，在各级政府政策和财政的支持下，各类沼气工程连续几年迅猛发展，从 2000 年的 1042 处猛增至 2009 年的 5.69 万处。仅 2009 年，全国各地新增各种沼气工程 1.70 万处，年增 42.6%，总池容达 714.96 万 m^3，年产沼气 9.17 亿 m^3。其中，新增大型沼气工程 931 处，年增 30%；新增中型沼气工程 5986 处，年增 46.5%；新增小型沼气工程 10073 处，年增 42.2%。截至 2015 年底，我国已建设以畜禽粪污为主要原料的沼气工程有 11.05 万处，其中大型沼气工程 0.67 万处，特大型沼气工程 34 处。根据我国《可再生能源中长期发展规划》，到 2020 年，我国年可利用沼气将达到 44 亿 m^3。根据《生物质能发展"十三五"规划》，到 2020 年，沼气发电量将达到 50 万 kW·h。

第二节　福建省沼气工程发展现状

一、福建省沼气工程技术研究发展情况

福建省沼气工程研究在 20 世纪 80 年代初才开始有系统的研究，那时候起相继成立能源研究所、微生物所沼气研究室、省农科院沼气研究室等专业研究机构，省能源学会下设农村能源专业委员会等，行政管理有省农业厅农村能源环保总站等机构。

1983 年福建省农科院的"以沼气为纽带，建立生态牧场的研究"申报省环保局立项，在省农科院畜牧兽医研究所试验牧场建立大中型沼气池 27 口，容积 1205m^3，对全场猪、牛、羊、鸡粪便进行处理，年产沼气 7.3 万 m^3，输送到 1km 外的院食堂作燃料使用，每年节煤 200t；同时，进行沼气发电、作汽车燃料、沼渣养蚯蚓种蘑菇、沼液放养胡子鲶等试验，均获得成功并在省内 15 个点和南京市乳牛场、深圳光明乳牛场进行示范推广。1989 年该项目获

农业部农村能源及环保优秀成果三等奖。1982年"沼气长距离输送研究"获省科技成果四等奖。

钱午巧等人建成福建省第一个生态能源村：1985年，由时任副省长王一士亲自定点在福州郊区泉头村万头猪场建沼气池1250m³，沼气供全村106户作生活燃料、沼渣种果、沼液养鱼，做到良性循环。工程于1986年7月完工，成为福建省第一个生态能源村。时任省委书记、省长及副省长均到场召开了现场会。书记、省长、副省长做了重要批文，《福建日报》1986年7月25日头版头条做了报道并发表了短评。

在泉头万头猪场建成福建省第一个生态能源村的基础上，1991年第二期建成两座350m³上流式厌氧污泥床反应器（UASB，如图1-1）和300m³贮气柜（如图1-2），沼气用于发电，产生电用于猪场饲料加工、照明，沼渣用于种果、栽培食用菌，沼液用于养萍、养鱼，达到物质、能量良性循环，形成泉头畜牧场沼气生态系统工程技术模式，1994年被国家环保局评为一等农业生态技术。

图1-1　上流式厌氧污泥床反应器（UASB）

图1-2　沼气贮气柜

1985年,"ZWD型沼气池研究与应用"由福建省农科院立项研究,ZWD型沼气池是全国最先设计广泛应用顶盖直管进料、无活动盖、侧面中层大出料口的水压式沼气池型。其优点:占地面积小,结构简单,池长度缩短20%,有利于沼气池功能组合和空间利用;解决了进出料难问题,实现了自动排渣无需每年清池大换料;同时垂直进料,由于料液重力和流渣冲击力使发酵池中料液分布均匀,提高了产气率18.9%。在全省推广1.4万口总容积达16万m^3,取得了很好的经济、社会和环境生态效益,2002年获福建省科技进步奖三等奖。2005年"ZWD型组装式户用沼气池产业化"在省科技厅获得重点科技成果转化立项,该项目应用现代浇塑技术和工艺,以玻璃钢做原料,以ZWD池型为基础对农村户用沼气池进行工厂化生产,现已取得国家实用新型专利(专利号为ZL03253320.9),已在福州、南平、宁德地区进行中试,平均产气率在$0.3m^3/(m^3 \cdot d)$以上,同时,冬季在气温0℃以下仍可产气,深受农民欢迎,2006年已在全省和广东、浙江、贵州等地推广4000台。

"厌氧发酵在大中型畜牧场污水治理及综合利用研究"2000年由福建省发改委资助,2003年被省科技厅立为重点项目(2003N045),该项目进行改进型UASB反应器设计及中温发酵工艺研究。现已试验成功上流式和地下式中温发酵装置,在填料和保温材料上实现突破,提高产气率1倍以上。在大中型畜牧污水治理工艺上采用减量化、资源化,研制出新型固液分离机,取得国家实用新型专利(专利号ZL03253639.9),现已定型生产FZ-12振动式固液分离机,对分离出的粪渣进行堆肥生产有机肥和有机复合肥,并设计出一套复合肥生产机械,在污水处理设施上,设计出跌水管喷和生物氧化沟、氧化塘等工艺和设备对厌氧发酵池出来的污水进行二次处理,达到国家排放标准,对没条件采用以上工艺的也可以采用微动力好氧处理或进入后处理固液分离机,该设备已申报国家专利或进行综合利用实现零排放;在综合利用上,研制以沼气为能源的生态温室,以沼气为基础能源,利用微机对温室(大棚)的光照、温度、湿度、CO_2进行调控,现样机已研究成功,同时项目利用沼液代替无土栽培营养液进行有机无土栽培研究。

从20世纪90年代开始推广的推流式厌氧滤床工艺(PAFR),是福建省应用比较广泛的地埋式沼气工程工艺。该工艺沼气池在常温下池容产气率可达$0.5—1.0m^3/(m^3 \cdot d)$,能承受较大负荷冲击,施工简便管理方便,运行稳定。相比国内现行其他工艺,其主要特点是:①设施用钢筋混凝土现浇成型,设置地下,占地小。②根据水力高差设计布料装置;实现污水在池内向上斜流,充分与颗粒污泥和填料上微生物膜接触,降解率高。③采用转质耐腐填料,填料不固定,随水、气流上下浮动,极易产生微生物膜。④设计污泥回流装置,做到污泥逐级回流。⑤采用防堵、自动排渣工艺。⑥基本实现不耗动力运行。

2003年,曾宪芳等通过改造和吸收ABR和AF工艺技术,设计隧道式沼气池,该工艺提高了厌氧消化效率。斜流式隧道厌氧污泥滤床(IATS),IAST在常温下池容产气率可达$1.0m^3/(m^3 \cdot d)$,能承受较大负荷冲击,施工简便,管理方便,运行稳定。相比国内现行其他工艺,其主要特点是:①设施用钢筋混凝土现浇成型,设在地下,可以不耗动力运行。设施顶部作为水压池和污泥沉淀池,必要时可进行污水循环,节省了占地面积。②根据水力高差设计布料装置,实现污水在池内均匀地向上斜流,污水先通过污泥层,而后与填料上的微生物膜接触,降解效率高。③采用轻质耐腐填料,其比表面积大,填料不固定,随水、气流上下浮动,极易产生微生物膜。填料层在池内受到气体的作用,上下沉浮,对老化的微生物膜产生剪切作用，使填料不会结团，悬浮物难以形成结壳，大部分将被降解消化。④设计污泥回流装置，做到污泥逐级回流。⑤采用防堵、自动排渣工艺，使气体输送顺畅。

在20世纪80年代，福建省即引进台湾红泥塑料沼气工程技术，当时因受客观条件的限制，无法大面积推广应用。2003年，福州北环环保技术有限公司开始引进台湾红泥塑料厌氧发酵技术，并着手红泥塑料厌氧发酵装置关键技术研究，并形成标准化应用技术，在全省推广。随后，福建思嘉环保材料科技有限公司也开始着手红泥塑料沼气池研发和推广工作。红泥沼气材料覆皮质轻，运输、施工方便，运行管理简单，气收集更为容易，且在需要时池体易于改造，尤其在旧沼气池的改造中非常方便，且不会破坏池体的结构。红泥塑料沼气工程现已成功地在永安市文龙、福清市丰泽、泉州市华丰、延平区太平镇和大乘乳业、广东省陆丰市、浙江省龙游新港等省内外几十家养殖场推广应用，容积产气率 $0.3m^3/(m^3·d)$。

2010年，福州科真自动化工程技术有限公司成立了课题攻关小组，研制出了高效厌氧净化塔，改进了纯沼气发电机，并用沼气发电余热对厌氧净化塔进行加温，解决了低温季节不能正常产生沼气的难题。高效厌氧净化塔是一种全新结构的沼气池，有以下特点：①净化塔是一个高径比较大的罐体，底面积小、高度较大。这种塔式结构有利于提高水力负荷（上升流速）。水力负荷是传质的重要推动力，上升流速越大越能强化传质。②净化塔被集气器分成上、下两个部分，下部为厌氧消化反应区，上部为污泥沉淀区。上、下反应区之间有提升管与回流管组成的内循环系统。内循环系统能将下反应室的产气负荷转化成水力负荷，强化了下反应室的传质性能。又由于下反应室的沼气不能进入上反应室，有利于沉淀区中污泥的沉降与滞留，也减轻了厌氧污泥随厌氧出水的流失，改善了厌氧出水的水质。③净化塔内设有布水器、集气罩、循环内筒、提升管与回流管等构件。净化塔的罐体上有进水分配器、进水管、出水管、排泥管等。为了让冲栏污水能够多产沼气，可以不进行固液分离，将冲栏污水直接进入一级的厌氧净化塔，随后再用二级厌氧净化塔处理一级厌氧净化塔的厌氧出水，也能起到固液分离同样的处理效果。

福建省农科院农业工程技术研究所近几年开始升温（保温）厌氧发酵的研究，以玻璃钢作为密封和保温材料，修建的沼气池已初步取得成效。该保温沼气池主要特点在于保证了闽西北地区冬季气温较冷情况下的产气，从而达到有效杀死病菌和病虫卵的目的，同时满足猪场日常用能以及附近农户的家庭用能，保证了猪场粪便污水的"减量化、无害化和资源化"，有利于节能减排的实施以及社会主义新农村建设，保证了猪场可持续发展。

目前，省内大中型沼气工程大部分采用常温半连续发酵工艺，发酵原料以猪粪便污水为主，池型大多数采用水压式地下池。大中型畜牧场污水治理新工艺、新设备，如低温发酵技术与工艺、干发酵技术、高浓度发酵技术、建池新材料、沼气装置标准化生产和商品化等有待于进一步研究和发展。沼气的工业化应用，包括沼气集中供气、沼气发电等还处在示范阶段，有待大面积推广。

■ 二、福建省规模畜禽养殖场沼气工程建设现状

养殖场大中型沼气工程从2000年的85处增加到2005年的681处。到2008年，全省累计建成养殖场沼气工程1056处，容积34万 m^3，年产沼气4400多万 m^3，年处理1100多万t畜禽养殖业粪水。全省共有规模养殖场7724个，建池比例为12.8%，远高于全国的0.08%，居于全

国前列。其中，生态型沼气工程占90%，环保型沼气工程占10%。虽然近年来福建农村沼气发展速度较快，尤其在大中型沼气工程方面处于全国领先地位，但是从总体上看，福建省的农村沼气事业发展状况还是不容乐观，不但落后国内沼气发展大省，也落后于全国的平均水平。

鉴于大中型畜禽养殖业迅速发展，导致大江大河污染日益严重，2001年省政府决定限期治理九龙江干流及其支流和水口库区沿岸1000m以内畜禽养殖污水，制定优惠政策，采取有力措施，畜禽养殖场沼气工程获得迅速发展。规模畜禽养殖场沼气工程，以畜禽粪便的污染治理为主要目的，以畜禽粪便的厌氧消化为主要技术环节，以粪便的资源化综合利用为效益保障，集环保、能源、资源再利用为一体，生态农业良性循环的系统工程。

1. 沼气工程发展较快

在生态环境治理的带动下，沼气工程获得较快发展，效益比较显著。2001年省政府决定限期治理九龙江干流及其支流和水口库区沿岸1000m以内畜禽养殖污水，制定优惠政策，采取了有力措施畜禽养殖场沼气工程获得快速发展。除省内投入大量资金扶持外，2001—2005年，中央支持农村沼气工程建设，共投入了353270.2万元，福建省争取得到中央补助经费2925.0万元，占2.8%。全国共补助建设大中型沼气工程120处，福建省7处，约占5.8%。到2005年底，除厦门市外，全省累计建养殖场沼气工程519处，总容积21.28万m^3，年产沼气2453万m^3，集中供气4529户，沼气发电装机容量达到1265kW，生产商品肥料55.49万t，详见表1-1。

表1-1 福建省2005年底规模畜禽养殖场沼气工程基本情况表

地区	运行数（处）	总池容（万m^3）	年处理污水量（万t）	年产气量（万m^3）	供气户数（万户）	沼气发电装机容量（kW）	商品肥料（万t）
福州市	35	3.76	274.1	676.08	0.059	1265	13.7
莆田市	105	4.46	160	289.19	0.0129	0	8
三明市	33	1.59	64	104.06	0.031	0	3.2
泉州市	18	1.13	37	61.8	0.015	0	1.1
漳州市	150	2.37	186	426	0.3005	0	9.3
南平市	58	3	235.2	540	0.0312	0	11.76
龙岩市	117	4.62	166	337	0.003	0	8.3
宁德市	3	0.35	10.1	18.9	0.0003	0	0.13
合 计	519	21.28	1132.4	2453.0	0.4529	1265	55.49

2. 沼气发酵技术进步较大

建成了具有多功能的工程技术体系，沼气发酵技术取得较大进步。福建省大中型沼气技术开发比较早，1979年在省农科院试验畜牧场建成省内第一座隧道式沼气工程，总容积1270m^3，达到国内先进水平。经过20多年的发展，形成了"一池三建"的完整建设模式。沼气发酵池是整个沼气工程的核心部分，福建省沼气发酵工艺技术由最初的圆筒形水压式沼气池发展成隧道型水压式沼气池，进而经过完全混合式厌氧反应器（CSTR），再进步到上流式厌氧污泥床（UASB）、厌氧复合反应器（UBF），在材料上改进出现了大型玻璃钢保温厌氧反应器以及红泥塑料沼气池等。但由于采用的工艺技术不同，发酵池的产气率悬殊。

3. 沼气工程区域分布不均

建池数量以漳州市（占 28.9%）、龙岩市（占 22.5%）、莆田市（占 20.2%）为主，共占全省建池数量 71.6%。对比各设区市情况，建池总容积也以福州市（占 17.7%）、莆田市（占 21.0%）、龙岩市（占 21.7%）为主，共占全省建池容积 60.4%。从表 1-1 中可以明显看出，福建省沼气工程分布不均，主要集中在经济发达地区和水源保护地。各地市沼气工程数量占全省比例见图 1-3。

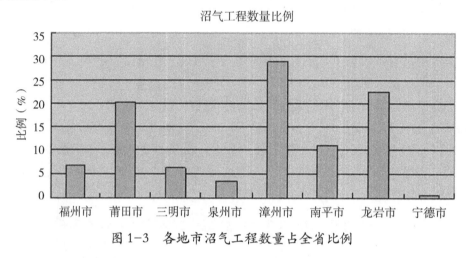

图 1-3　各地市沼气工程数量占全省比例

4. 沼气工程规模偏小

根据《沼气工程规模分类行业标准》（NY/T667—2003），总体装置容量大于或等于 1000m³ 为大型沼气工程，总体装置容量在 100—1000m³ 为中型沼气工程，总体装置容量在 50—100m³ 为小型沼气工程。由表 1-1 可以推算福建省平均池容为 410m³，沼气工程规模偏小。平均池容超过 1000m³ 的有福州市和宁德市。福州市属经济发达地区，养殖规模大，集约化程度高，设施规模亦大；宁德市属新兴养殖区，新建养殖场多由经济发达地区搬迁，养殖规模大，环保要求严，因此单池容量就大。各地市平均池容见图 1-4。

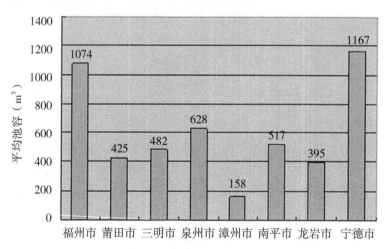

图 1-4　各地市平均池容

5. 沼气工程综合利用率不高

表 1-1 所示，供气户数主要集中在福州市和漳州市，沼气发电装机集中在福州市，商品肥料主要集中在福州市和南平市。沼气工程综合利用率不高。各地市供气户数见图 1-5。

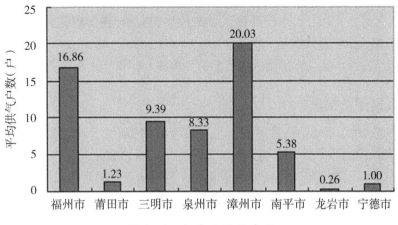

图 1-5　各地市供气户数

三、沼气工程运行情况分析

依据福建省规模养殖场沼气工程调查分析结果，根据工艺路线先进性、产气率、沼气使用率、综合利用情况、污水达标排放或者零排放、内部利润率等几个方面进行评判总结。运行情况比较好的占 30.44%，一般的占 55.11%，差的占 14.45%。运行情况比较好的沼气工程在福州市、泉州市中所占比例超过平均值，运行较差的沼气工程在南平市所占比例超过平均值近 10%。由图 1-3、图 1-4 可看出，南平市沼气工程数偏少，平均池容也较小，但是产气率较高。原因在于南平市是福建省规模养殖集中地区，早期的规模养殖场沼气工程工艺简单、池容小、运行管理粗放。随着省政府对于养殖业污染治理的重视，南平市规模养殖场新建沼气工程池容较大，采用工艺也较先进，例如建瓯市健华猪业有限公司青州养殖场采用福建省农科院研制的大型玻璃钢沼气池等，因此平均产气率较高。福建省沼气工程运行情况调查结果如表 1-2 所示。

表 1-2　沼气工程运行情况分析表

地区	运行数（处）	运行较好		运行一般		运行差	
		数量（个）	比例（%）	数量（个）	比例（%）	数量（个）	比例（%）
福州市	35	12	34.29	20	57.14	3	8.57
莆田市	105	30	28.57	59	56.19	16	15.24
三明市	33	9	27.27	17	51.52	7	21.21
泉州市	18	7	38.89	8	44.44	3	16.67
漳州市	150	46	30.67	90	60.00	14	9.33
南平市	58	15	25.86	29	50.00	14	24.14
龙岩市	117	38	32.48	61	52.14	18	15.38
宁德市	3	1	33.33	2	66.67	0	0.00
合计	519	158	30.44	286	55.11	75	14.45

评判标准：

（1）较好。标准为工艺路线先进、产气率达到 0.50m³/（m³·d）以上、沼气使用率达到 80% 以上、有开展综合利用、污水达标排放或者零排放、内部利润率大于 10% 等。

（2）一般。标准为工艺路线较先进、产气率为 0.25m³/（m³·d）以上、沼气使用率达到 70% 以上、有开展综合利用、污水接近达标排放或者零排放、内部利润率等于 10% 等。

（3）差。标准为工艺路线落后、产气率为 0.25m³/（m³·d）以下、沼气使用率 70% 以下、有开展综合利用、污水不能达标排放或者零排放、内部利润率小于 10% 等。

■ 四、沼气服务相关情况

据统计，截至 2007 年福建省共有农村沼气服务组织 324 个，其中县级服务中心 10 个，乡村服务站 314 个，持证技工 3422 名。随着农村沼气的推广普及，一些从事沼气相关产品开发的企业应运而生，永安、建阳、南安等市（县）均有沼气用具厂家，专供灶具、配套管件等产品。沼气工程装备实现了规模化、标准化、自动化制造，配套的输送管件、灶具等基本实现标准化、产业化。但组织管理还跟不上沼气发展形势的需要。

第三节　福建省畜禽粪便沼气资源分布特征

■ 一、福建省畜禽养殖概况

1. 福建省畜禽养殖量

福建省畜禽养殖以猪、牛、鸡为主，根据畜牧部门统计，截至 2007 年 12 月，生猪存栏量为 1317.12 万头，约居全国第 13 位，牛存栏量为 76 万头，养鸡数为 5424.29 万羽。福建省畜禽养殖概况如表 1-3 所示。

表 1-3　2007 年福建省畜禽养殖概况

项目	数量（家）		存栏（万头、只、羽）			占存栏总量比例（%）		
	规模养殖场	养殖专业户	规模养殖场	养殖专业户	个体养殖户	规模养殖场	养殖专业户	个体养殖户
猪	7166	45775	613.68	474.86	228.58	46.59	36.05	17.35
牛	142	890	3.88	1.34	70.78	5.11	1.76	93.13
鸡	416	2664	2031.80	1034.58	2357.91	37.46	19.07	43.47
合计	7724	49329						

注：①规模养殖场统计范围：年出栏量 500 头以上猪、存栏 100 头以上奶牛、出栏 200 头以上肉牛、存栏 20000 羽以上蛋鸡、出栏 50000 羽以上肉鸡的养殖场。②养殖专业户统计范围：年出栏 50 头以上猪、存栏 5 头以上奶牛、出栏 10 头以上肉牛、存栏 500 羽以上蛋鸡、出栏 2000 羽以上肉鸡。

据农业部 2009 年统计,2007 年全国出栏 50 头以上规模的养猪专业户和商品猪场共 224.4 万个,出栏肉猪占全国出栏总量的比例达到 48.4%,其中年出栏万头以上的规模猪场有 1800 多个。由表 1-3 中可以看出,存栏 50 头以上的猪占福建省生猪存栏总数的 82.64%,远高于全国平均水平,这有利于实施沼气集中供气。

2007 年与 2005 年猪、牛、鸡存栏量对比,规模聚集现象明显加快。福建省猪的存栏量 2007 年只比 2005 年增加 3.11%,而规模养猪场存栏量占总存栏量的比例,从 28.2% 上升到 46.59%,提高了 18.39 个百分点;个体养殖户仅占 17.35%。两年来,规模养鸡场数量由 1236 家缩小到 416 家,缩小至 1/3,但每家规模养鸡场的平均存栏量由 1.0041 万羽扩大到 4.8841 万羽。

2. 福建省畜禽粪便排泄量

猪、牛、鸡粪便排泄量及干物质含量见表 1-4。

表 1-4　2007 年猪、牛、鸡粪年排放量

	实物量（万 t）		干物质 TS 含量（万 t）
	粪	尿	
猪粪便量	1057.65	1394.46	217.12
其中:规模养殖	492.80	649.60	101.16
牛粪便量	694.0	694.0	142.99
其中:规模养殖	35.44	35.44	7.09
鸡粪便量	198.0		35.65
其中:规模养殖	74.2		13.35

注:①体重 90kg 的猪,平均每天每头排泄粪 2.2kg(含固形物 20%)、尿 2.9kg(含固形物 0.4%)。②体重 600kg 的牛,平均每天每头排泄粪 25kg(含固形物 20%)、尿 25kg(含固形物 0.6%)。③体重 1.5kg 的鸡,平均每天每羽排泄粪 0.1kg(含固形物 18%)。

3. 福建省畜禽粪便产沼气潜力

根据测算结果,2007 年全省畜禽粪便资源可产沼气潜力为 11.11 亿 m^3,其中规模养殖场沼气潜力为 5.12 亿 m^3,详见表 1-5。

表 1-5　福建省农村畜禽粪便资源及产沼气潜力

粪便种类		干物质资源量（万 t）	产气参数（m^3/t）	沼气潜力（亿 m^3）
散户养殖	猪粪	115.96	250	2.90
	牛粪	135.9	180	2.45
	鸡粪	22.3	290	0.65
	合计			5.99
规模养殖	猪粪	101.16	420	4.25
	牛粪	7.09	300	0.21
	鸡粪	13.35	490	0.65
	合计			5.12
总　计				11.11

二、沼气资源分布特征

1. 沼气资源以猪粪为主

猪、牛、鸡粪便在福建省沼气资源总量中所占份额如图1-6，全省猪粪沼气潜力占全省沼气资源总量近2/3，牛粪和鸡粪占1/3。猪、牛、鸡粪便在全省规模养殖场沼气资源总量中分布特征如图1-7，全省规模猪粪沼气潜力占全省规模养殖场沼气资源总量83.17%，牛粪和鸡粪约占26.83%。

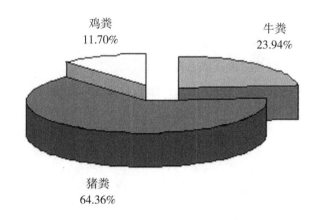

图1-6 猪、牛、鸡粪便沼气潜力分布图

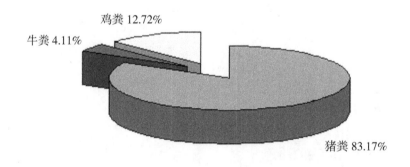

图1-7 规模养殖场猪、牛、鸡粪便沼气潜力分布特征

2. 沼气资源逐步向规模养殖场集聚

福建省规模养殖场的沼气资源占总资源量的比例，从2005年的41.07%增加到2007年的46.08%，平均每年以2.5%速度递增。而规模养猪场的沼气资源所占比例，由2005年的31.14%增加到2007年的38.25%，平均每年增速3.5%。

3. 区域分布不平衡

各地市猪、牛、鸡粪便总产沼气潜力分布如图1-8，畜禽粪便沼气资源主要集中在福州市（20.02%）、南平市（19.25%）、龙岩市（19.70%）以及漳州市（13.51%）。由图1-9可以看出，规模养殖场粪便沼气资源主要集中在福州（29.67%）、龙岩（18.47%）、南平（14.93%）三市，同时，龙岩市沼气潜力首次超过南平市。规模养殖场粪便沼气资源最少的是宁德市（2.36%）。

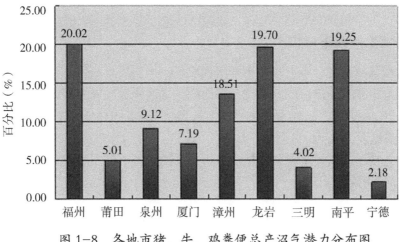

图1-8 各地市猪、牛、鸡粪便总产沼气潜力分布图

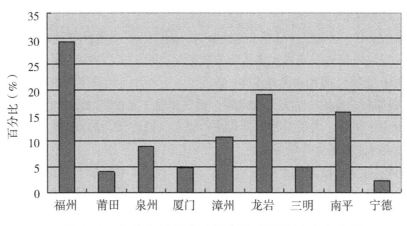

图1-9 各地市规模养殖场粪便产沼气潜力分布图

三、节能减排潜力分析

按现有畜禽粪便资源量，每年产沼气潜力11.11亿m^3，相当于79.4万t标准煤的优质能源，若全部用于农村生活用能，可供220多万户，解决全省1/3农户的生活用能；同时可减少CO_2排放205万t，以国际碳汇市场价格1t CO_2=15欧元计算，价值约2.8亿元人民币。随着养殖业的发展，农村畜禽沼气资源潜力和节能减排潜力还会持续增加。具体见表1-6。

表1-6 沼气资源节能减排潜力

沼气		CO_2减排量（万t）			减排效益（亿元）
产量（亿m^3）	折合标准煤（万tce）	替代煤炭	CH_4减排量（CO_2当量）	合计	
11.11	79.4	155.2	49.9	205.1	2.8

第四节 典型沼气工程调查分析与经验总结

一、典型沼气工程调查分析

根据福建省畜禽场主要分布特点、不同治理模式、不同项目来源、不同工艺路线等，选取有代表意义的规模养殖场进行跟踪调查分析研究。这次调查研究主要分布在养殖相对集中的福州市、龙岩市、南平市、三明市及泉州市。典型沼气工程调查分析表见表1-7，典型沼气工程财务分析结果见表1-8。

根据典型调查结果，以及全省普查情况分析，总结全省沼气工程建池经验，分析存在问题以及提出解决问题的途径。

二、建池经验总结

"九五"以来，福建省在规模畜禽养殖场沼气工程建设中，创造和积累了一些宝贵的经验，归纳起来主要有以下几个方面：

（1）强化政府责任，建立综合治理工作机制。在闽江流域、九龙江流域，从设区市到县（市、区）都分别建立了规模畜禽养殖场污染治理管理机构，负责本行政范围内规模畜禽养殖场污染治理工作的领导、组织、协调和实施工作，形成了上下一致的指导协调机构和系统管理网络。

（2）认真贯彻和执行国家的方针和政策。沼气建设主要贯彻农业部农村沼气建设方针，在农村沼气建设中，坚持"以受益者投资为主，国家扶持为辅"的原则，充分发挥规模畜禽养殖场业主的积极性，多渠道筹集资金。

（3）依靠科学技术，注重典型引路。"十一五"以来，福建省农村沼气建设注重新技术的引进应用、总结提高。同时，各地在开展农村沼气建设过程中，依靠科技逐步创建了一批适合当地情况的建设模式。

（4）强化基础，注重实用技术培训与交流。"十五"以来，福建省注重农村沼气实用技术的培训与交流工作，先后从农业部沼气科学研究所、首都师范大学以及上海、江西、台湾等地请来专家、学者，采取专题讲座、技术交流、技术指导等形式，培训管理干部；同时注重技术工人队伍培训，先后举办15场沼气工职业技能鉴定培训，培训1500名专业技工。

（5）注重"牧沼果"等农业实用技术模式推广，发展循环农业，减少污水排放。以南平市三田牧业有限公司为例，沼气全部用于燃烧锅炉，热水用于清洗奶头，沼液种植牧草，牧草饲养奶牛，沼肥用来发展食用菌，取得良好经济效益、生态效益、环境效益，实现种养一体化。

三、存在问题

20世纪六七十年代建设沼气池主要为了利用沼气能源，20世纪90年代后建设的规模沼气池重治理、轻利用，主要为了实现环境保护目的。沼气工程为养殖场的附属工程，作者课题组调查的大多数养殖企业建设沼气池的初衷主要是为了环境治理，维持猪场的运转，因而不注意沼气工程配套设施建设，例如沼液灌溉配套农田、山地、果园的开发利用，沼气的开

表 1-7 典型沼气工程调查分析表

序号	项目单位	畜禽种类	养殖规模（头）	项目来源	工艺模式	主要技术工艺	厌氧池容（m³）	综合效益分析	发展主要障碍
1	南平市三田牧业有限公司	牛	1200		能源生态型	红泥塑料厌氧池＋牧草、果园滴灌	1200	①沼渣生产有机肥，年产有机肥3000t，年纯收入45万元。②年产沼气91万m³，合计163万元，全部用于燃烧锅炉。③年向环境减少排放COD 73t	缺少专业人员管理污水处理设施
2	福建莆田鸿达牧业有限公司	猪	18000	农业部	能源环保型	干清粪＋固液分离＋推流式厌氧池＋氧化塘	1200	①年产沼气5.62万m³，合计30.6万元。②沼液作为营养液种植蔬菜。③沼渣生产有机肥，年产4608t，增纯利69万元。④年向环境减少排放COD 108t	①没有专业人员管理环保设施。②离村庄3km，不用于集中供气。③夏天气用不完，直接排空污染空气
3	建瓯市健华猪业有限公司青州养殖场	猪	3300	①省科技厅 ②省发改委	能源生态型	干清粪＋固液分离＋预加热池＋玻璃钢沼气池＋跌水管喷＋接触氧化＋稳定塘	500	①沼气主要供应食堂日常用能，多余气体用于加热厌氧池进料，年产沼气9.0万m³，合计16.4万元。②沼液种植番薯、狼尾草等。③沼渣外卖给种植户，年产809.4t，增纯利162万元。④年向环境减少排放COD 26t	①雨污没有分离。②养殖规模逐步扩大，处理设施没有限上。③缺少专业人员管理污水处理设施。④沼渣直接出售，没有加工成有机肥成品，利润不高。⑤综合利用不够
4	福建省优康种猪开发有限公司	猪	6000	①省发改委 ②省科技厅 ③省环保局	能源环保＋生态型	干清粪＋固液分离＋保温厌氧池＋曝气池＋稳定塘＋小球藻培养池	1500	①沼气作为生活能源以及大棚以沼气为能源微机控制，年产沼气24.6万m³，合计443万元。②沼渣堆肥生产有机肥，有机肥料以及生态大棚基肥，年产1471.7t，增纯利29.4万元。③沼液滴灌作为大棚营养液，并进行小球藻培养。④年向环境减少排放COD 47.3t	①没有专业人员管理环保设施。②离集中供气利于集中供气范围。③本场处在河道范围，达到一级排放标准或者零排放，要增加投资。④夏天污染空气，直接排空污染空气。⑤养殖场周边没有地方发展，无法扩大再生产

续表

序号	项目单位	畜禽种类	养殖规模（头）	项目来源	工艺模式	主要技术工艺	厌氧池容（m³）	综合效益分析	发展主要障碍
5	福建省三明市恒祥农牧有限公司养猪场	猪	12000	①省发改委 ②省农业厅	能源生态型	干清粪+固液分离+推流式厌氧池+沉淀贮液池+果园浇灌	2000	①沼气联网供应100户农户，并作为食堂生活能源，年产沼气25.6万m³，合计46.1万元。②沼渣堆肥生产有机肥料，年产2943.4t，增纯利44.2万元。③沼液回田。④年向环境减少排放COD 94.6t	①没有专业人员管理环保设施。②夏天气用不完，直接排空污染空气。③果园浇灌具有季节性
6	龙岩市康顺养殖有限公司	猪	7000	①省发改委 ②省农业厅	能源生态型	干清粪+固液分离+全混合厌氧池+曝气池+稳定塘	2000	①沼气作为食堂生活能，年产沼气20.8万m³，合计37.4万元。②沼渣堆肥生产有机肥料，年产858.5t，增纯利12.9万元。③沼液回田作为有机肥，灌溉树林等。④年向环境减少排放COD 55.2t	①没有专业人员管理环保设施。②夏天气用不完，直接排空污染空气。③周边消纳场地有限
7	泉州市食品公司洛阳养殖场	猪	8000	省发改委	能源环保型	干清粪+固液分离+推流式水压厌氧池+曝气池+稳定塘+鱼塘	1100	①沼气作为食堂发发电，年产沼气152万m³，合计274万元；②沼渣堆肥生产有机肥料，年产981.1t，增纯利19.6万元；③沼液养鱼；④年向环境减少排放COD 63.1t	①没有专业人员管理环保设施。②猪场靠近海边，经处理后污水直接排入大海，达到二级排放标准要增加投资

表1-8 部分沼气工程财务分析结果

	南平市三田牧业有限公司	莆田市鸿达牧业有限公司	建瓯市健华猪业有限公司青州养殖场	福建省优康种猪开发有限公司	三明市恒祥农牧有限公司养猪场	龙岩市康顺养殖有限公司	泉州市食品公司洛阳养殖场
基本参数							
①养殖场规模（头）	1200	18000	3300	6000	12000	7000	8000
②沼气工程规模（m³）	1200	1200	500	1500	2000	2000	1100
③工程总投资（万元）	161.0	206.3	96.3	232.2	280.4	182.4	147.9
④工程运行总费用（万元）	33.8	65.3	25.8	48.9	58.3	32.6	24.3
⑤工程总收益（万元）	66.6	82.4	36.8	79.7	90.3	50.3	47
其中：出售沼气（万元）	16.3	10.0	16.4	44.3	46.1	37.4	27.4
单价（元/m³）	1.8	1.8	1.8	1.8	1.8	1.8	1.8
沼气发电（万元）							
电价[元/(kW·h)]							
有机肥料（万元）	45	69	16.2	29.4	44.2	12.9	19.6
单价（元/t）	500	500	500	500	500	500	500
综合利用（万元）	5.3	3.4	4.2	6.0			
减少环保罚款（万元/a）							
⑥基准折现率（%）	10	10	10	10	10	10	10
⑦工程使用寿命（a）	15	20	20	20	20	20	20
评价结果							
①财务净现值（NPV）（万元）	88.4	-60.7	-2.66	30	-7.98	-31.72	45.35
②财务内部收益率（%）	24.3	6.5	11.1	14.0	11.0	8.1	17.2

发利用，沼渣的开发利用等。大多数沼气工程只进行简单的管道铺设，以满足猪场内部职工日常的生活用能，而大部分用不掉的沼气直接排空，不但浪费能源，而且增加温室气体排放。所以，必须增加沼气利用领域。同时，由于没有专业技术人员管理，沼气工程在运行安全及资源开发利用上存在诸多问题。

（1）建池容积小，工艺落后，不能满足日益扩大的养殖规模。"九五"期间畜禽养殖场建池容积一般都较小，50—100m^3。截至2005年，建成的519处沼气工程中，大型的约占15%，中型的约占30%，小型的约占55%。

（2）工艺简单，多为隧道式沼气池或水压式沼气池的简单放大。如表1-7典型工程中，莆田市鸿达牧业有限公司、福建省优康种猪开发有限公司、三明市恒祥农牧有限公司、龙岩市康顺养殖有限公司、泉州市食品公司洛阳养殖场等均采用简单的推流式厌氧工艺。新工艺相对于简单的水压式沼气池来说，建池成本相对增多。许多养殖场原本应该采用新工艺才能满足养殖场粪污处理要求，为了减少投入、节省成本开支，业主们往往只建设工艺简单的隧道式沼气池或水压式沼气池的简单放大。

（3）设计施工不够规范。大中型沼气工程的设计和施工没有统一的标准，缺乏施工资格认证标准。从表1-7可以看到，部分养殖场没有实行雨污分流，遇暴雨降水大量灌入沼气池内，致使厌氧发酵系统瘫痪。

（4）安全防护不够重视。在调查中发现，业主和相关从业人员的安全意识普遍不强，沼气工程安全运行与应用守则或相关的沼气安全使用制度（规定）上墙率只有40%。

（5）运行管理较粗放。表1-7典型工程中均没有设置专业人员对沼气工程进行管理维护，同时维护经费投入也严重不足。

（6）技术难点期待突破。沼气工程建设中提出的技术难点，如工艺的标准化技术，中低温发酵菌种培育技术，沼气发电上网技术，厌氧发酵系统布料均匀、污泥回流、填料的优选和配置技术，自动防堵排渣技术，以及后处理系统中投资省、运行成本低的工艺脱氮除磷应用技术等，仍然是长期需要解决的重要课题。

（7）综合利用经济效益参差不齐。若要进一步提高规模养殖场沼气工程沼气综合利用率，沼气净化装置、沼气锅炉和沼气发电机等设备性能尚待提高。

（8）沼气工程商业化程度低。沼气工程立项阶段对工程可行性的分析和评估缺乏按照商业化要求进行设计。目前畜禽场沼气工程参与市场的能力还很弱，不具备商业化的条件。

四、解决途径

近年来，在政府财政补贴、税收优惠等鼓励政策的推动下，规模养猪场沼气工程进入快速发展时期，并形成了多种沼气工程技术工艺模式。在闽西北山区，冬季气温较低，可以利用产生的沼气加热进料，提升进料温度。规模养殖场沼气池可以采用沼气集中供气，沼气集中供气可以通过中介机构进行商业化运作，增加企业经济效益的同时还可以改善企业和当地农民的关系。规模养殖场如果规模偏小，则粪便资源不够集中，没有达到相应的规模，难以形成商业化利用，可以将几个养殖场粪便资源集中处理。福建省规模养殖场沼气工程大多数为中等规模，沼气发电规模小上网难以实现，因此，可以考虑企业应用小型沼气发电机自发自用。从2008年开始，福建省已经把沼气发电机列入了农机补助项目。随着我国沼气技术研究的不断深入，沼气技术日趋成熟，沼气工程设备或配套设施的品质有了极大地提升。

1. 建议

（1）实行环境治理与能源资源开发利用并举方针，各有关部门应各司其职、各尽其责、密切配合、加强协调，形成合力，扭转重治理、轻利用的观念，让清洁的沼气能源资源得到充分的利用，造福新农村建设。

（2）加大省财政支持力度，鼓励沼气综合利用。①加大沼气发电设备省农机补贴力度，补贴比例提高到30%。②对目前暂不具备上网条件的沼气发电项目，未上网电量参照《可再生能源法》配套法规《可再生能源发电价格和费用分摊管理试行办法》（发改价格[2006]7号）给予补贴，补贴电价标准为0.25元/(kW·h)，以鼓励使用沼气发电。

（3）加强沼气科研创新和人才培养。支持大专院校开设农村能源专业，建立重点实验室，培育各种层次人才；支持产学研结合组建沼气技术研发中心，对关键技术，包括低温发酵技术与工艺、干发酵技术等攻关，研发建池新材料，研究沼气发电、集中供气等装置标准化规范化生产和商品化。

2. 技术研究

根据调研及查阅了国内外相关文献资料，针对国内沼气工程目前存在的一些问题，福建省农科院农业工程技术研究所为提高规模养殖场沼气工程沼气、沼液、沼渣的综合利用率，进行了一系列研究，研制成功了热循环大型玻璃钢沼气池、沼气远距离输送技术、沼液利用缓冲集水井技术、温室沼气能源智能控制系统等沼气工程综合利用技术。

（1）针对传统水压式沼气池在冬季寒冷地区产气少甚至不产气问题，研发玻璃钢夹套水泥建设沼气池，并在建瓯市健华猪业有限公司青州养殖场进行了示范建设研究，冬季取得了不错的效果。

（2）实施猪场粪污处理新工艺，采用固液分离机后置工艺，使猪粪先发酵后分离，节省堆肥空间，增加沼气产量。

（3）利用太阳能进行加温沼气池研究，提高沼气发酵温度。

（4）针对沼气池工艺改进，建设高效厌氧反应装置，研发上流式玻璃钢沼气池。

（5）针对很多规模养猪场沼气工程的可持续运行受到很大威胁，一在于后期维护管理服务的缺失，沼气专业人才的缺乏，二在于产沼气的不稳定性和不连续性。研发智能化大型沼气池，可实现沼气工程运行的实时远程控制并自动优化沼气池的发酵条件，实现高效可持续产沼气。通过远程控制实现远程诊断，节省人工成本。研发智能化大型沼气池，还有利于政府部门了解和掌握养殖企业环保动态。

（6）目前，浮罩贮气柜配重基本上都用铁制浮罩，容易被腐蚀，检修不方便，寿命较短。同时，由于集中供气、养殖企业沼气发电以及企业日常生活用能等，要求不同的沼气压力，传统的浮罩贮气柜不能自由调整沼气压力。因此，可调整压力又耐腐蚀的浮罩贮气柜的研究是新的课题。所以，可调压玻璃钢贮气柜研发有利于实现企业不同用途用气，同时实现用气安全。

（7）上流式沼气池的无动力束流增氧装置可以起到预防沼气池内形成负压，实现用气安全，同时，还可以增加后续沼液溶解氧浓度，利于进一步分解处理。

（8）通过工艺组合，与沼液、沼肥后续利用结合，形成了资源化沼气工程循环利用模式。

3. 建立技术工艺模式

规模化畜禽养殖场大中型沼气工程主要建设内容一般如下：一是粪污的前处理系统，二是厌氧消化系统，三是好氧水处理系统，四是沼气利用系统，五是沼渣生产固体有机肥料系统，六是沼液无害化处理及商品化液体肥料加工系统。

在技术路线中，工程中工艺流程的上段实行干湿分离（干清粪）、雨污分离，应配备有较完善的原料预处理和固液分离装置，流程的中段有相应的厌氧发酵（生产沼气）环节，流程下段沼气经过脱硫、脱水等净化措施，经过输配气系统至用户，可用于居民生活用气、锅炉燃料或发电；固液分离后含水率较低的粪便经过堆肥、加辅料进行养分调配、干燥（太阳能或机械干燥）、制粒包装等过程，制成高效有机复混肥或多种专用高效有机肥出厂；厌氧消化液经过沉淀、好氧处理或水生植物净化后达无害化农田灌溉标准和当地环保允许排放标准，或直接用于的农田、果树灌溉。由于各地畜禽场周边种植业、水域养殖业环境和自然条件等方面的差异，比较常见的有两种模式建设：能源环保模式和能源生态模式。

能源环保模式：工艺流程如图 1-10。主要是针对一些周边既无一定规模的农田，又无闲暇空地可供建造鱼塘和水生植物塘的畜禽养殖场，因此该畜禽场在建设时，其工程末端的出水必须要达到国家规定的相关环保标准要求。其特点是，畜禽污水在经厌氧消化处理和沉淀后，必须要再经过适当的工程好氧处理，如曝气、物化处理等。采用能源环保模式的养殖场，应对肥料进行加工处理。

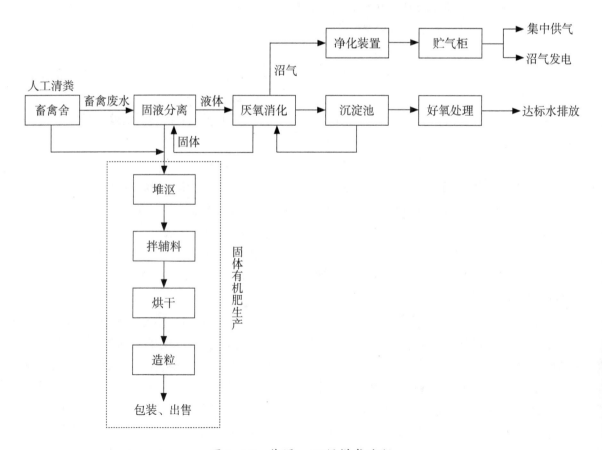

图 1-10　能源－环保模式流程

能源生态模式：工艺流程如图1-11。适合于一些周边有适当的农田、鱼塘或水生植物塘的畜禽场，它是以生态农业的观点统一筹划、系统安排，使周边的农田、鱼塘或水生植物塘完全消纳经前期处理后的污水，在经过一个系统化的粪便处理和资源化利用后，形成一个生态农业园区。其特点是，畜禽污水在经厌氧消化处理和沉淀后，排灌到农田、鱼塘或水生植物塘，使粪便多层次的资源化利用，并最终达到园区内的粪污"零排放"。

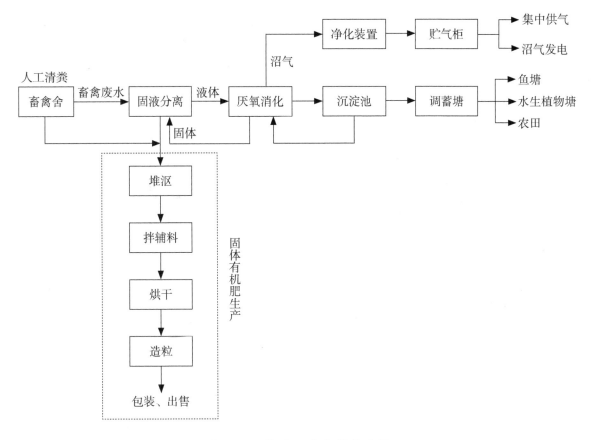

图1-11　能源-生态模式流程

近几年，伴随着国家农业结构调整以及市场充分竞争下的优胜劣汰，养猪业集约化发展趋势越明显，养猪规模也越大。养猪场粪污属于高浓度有机废水，对环境影响大。2016年，福建省作为全国首批生态文明试验区的三个省份之一，中央第一个批准了《国家生态文明试验区（福建）实施方案》。福建省委、省政府认真贯彻党的十九大精神，牢固树立和践行"绿水青山就是金山银山"等绿色发展理念，对养殖业进行了规范化与整治，对养殖业粪污治理工程达标排放以及废弃物资源化利用提出了更高要求。针对规模化养猪场，建立合适的粪污治理工程，促进粪便污水达标排放，避免环境污染，同时还可以通过废弃物资源化利用，实现农业循环经济。

作者课题组根据可持续发展的理念，以实现粪污达标排放为目标，辅以资源化利用最大化为原则，进行技术集成，建立规模化养猪场粪污治理工艺技术模式。依据规模化养猪场粪污特性，本工艺技术采用沉沙池—固液分离—酸化池—厌氧发酵池—好氧池—沉淀池—氧化塘技术相结合以及沼气、沼渣、沼液的综合循环利用。其主要工艺流程如图1-12。本技术工艺最大特点是多项污水治理技术以及资源化利用技术的集成与创新，主要包括以下4个方面：

（1）实施干清粪，应用福建省农科院自主研发FZ-12固液分离机作为前处理固液分离。

（2）采用厌氧发酵和微曝气生物滤池技术相结合处理粪污水。

（3）厌氧发酵池产生沼气、沼液经过净化处理后进入温室大棚、果园等应用。

（4）干清粪猪粪和固液分离后产生粪渣进入厌氧干发酵装置中进行堆肥发酵处理。

以下章节将主要围绕该工艺技术模式，对已经开展的技术研发内容进行介绍，包括固液分离机应用、沼气池（厌氧发酵）、堆肥发酵、沼肥综合利用等方面。

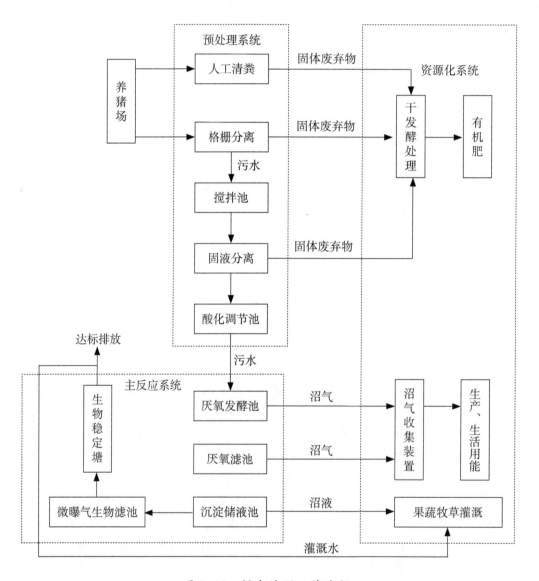

图1-12　污水处理工艺流程

第二章

固液分离机设计与应用

第一节　固液分离机概况

采用水冲粪或水泡粪这两种清粪方式产生的粪便污水含有大量的有机污染物和悬浮物，需要通过固液分离后再分别处理固形物和污水，从而有效降低污水中的污染物浓度，同时可确保后续的厌氧处理工艺稳定、有效地运行。

固液分离是从水或废水中除去悬浮固体的过程。固液分离常用的方法有絮凝分离法、沉降法以及机械固液分离等方法，具体到畜禽粪便的处理可分为物理学处理、生物学处理和化学处理三类，分离出来的固态物质用于堆肥，液体则进入后续生化处理。固液分离不仅能够有效分离污水中固体颗粒，还可大大减少粪污贮存设施规模、节约粪污运输成本，是实现畜禽养殖粪污资源化和无害化处理的重要环节。

粪污固液分离机是通过筛分、挤压或离心甩干等工作原理将畜禽粪便中的液体和固体进行干湿分离的机械设备。国外从20世纪70年代开始就已经有采用机械物理分离的固液分离设备，我国从20世纪80年代起逐渐从国外引进。在我国南方地区，应用固液分离机进行前处理已经成为了一种共识。添加固液分离机前处理设备，能有效地降低污水排放浓度，减轻污水达标处理系统的压力，减少污水处理工程投资。固液分离机能大量地去除污水中的粗纤维等有机物，供生产有机肥或有机复合肥之用，同时有效地降低厌氧消化池沉渣堵塞的概率，避免厌氧发酵池的阶段性清池的麻烦，提高整个工艺系统运行的可靠性和稳定性。

目前规模化养殖场常用的畜禽粪便固液分离设备主要分为三类：筛网式分离机、离心式分离机和压滤式分离机。猪场粪便污水分离处理常用的固液分离机有以下4种：板框压滤机、离心式分离机、格栅式斜板筛分离机、振动式固液分离机。不同的猪场应根据自身特点选择适宜的猪粪污水分离工艺，各类分离机械的处理效果及优缺点见表2-1。

表2-1　各类分离机械的处理效果及优缺点

设备类型	设备常规参数	处理效率	优点	缺点
板框压滤机	一般包括板框板、高压泵、搅拌机等，全套设备约6.8万元，设备占地12m^2，处理能力约为4t/h，吨污水耗电量约1.0kW·h	除渣率达到85%左右	更换滤布方便、除渣率较高	中心输水管易堵塞，使后半部渣含水率偏高，只适用于管道排污的猪场，劳动强度较大
离心机	一般包括离心机、搅拌机等，全套设备约5.0万元，占地4m^2，处理能力为5t/h左右，吨污水耗电量约0.9kW·h	悬浮物去除率可达到73%左右，粪渣含水率65%左右	污水排放有地势差的，不需污水泵。除渣效果可通过滤网调节	运行时必须有人在场，劳动强度大
斜板筛分离机	一般包括分离机、搅拌机、污水泵等，全套设备约4.5万元。设备占地4.0m^2，处理能力约20t/h，吨污水耗电约0.2kW·h	粪渣去除率约50%，粪渣含水率约70%	粪渣去除率约50%，粪渣含水率约70%	粪渣去除率低，含水率高，运输时易产生滴漏水，造成二次污染

续表

设备类型	设备常规参数	处理效率	优点	缺点
振动筛分离机	一般包括分离机、搅拌机、污水泵等,全套设备约4.5万元,设备占地4.0m²,处理能力约15t/h,吨污水电耗约0.22 kW·h	粪渣去除率为80%—85%,粪渣含水率低于60%	结构相对简单,适用面广,处理效果稳定,便于运输	工作噪音大,振动零部件易损坏

注：引自许卓，2011。

1. 板框压滤机

板框压滤机是由许多滤板和滤框间隔排列组成滤室，并以手动螺旋、电动螺旋或液压等方式提供的压力为过滤推动力的间歇操作固液分离机，如图2-1、图2-2。板框压滤机利用滤板、滤框和滤布，通过挤压畜禽粪便实现固液分离。液体穿过滤布排出，固体无法穿过滤布从另一出口排出。板框压滤机的一个工作循环由压紧滤板、压滤过程、松开滤板、滤板卸料组成。

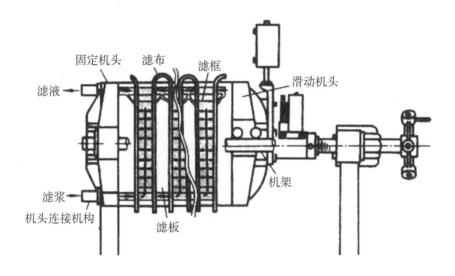

图 2-1 板框压滤机示意图

图 2-2 板框压滤机

2. 离心分离机

离心式分离机采用离心分离筛或水力旋流器等旋转部件运动产生的离心力提高悬浮颗粒的沉降速度，进而达到固液分离的目的。此种类型的分离机适用于处理固含量在5%—8%的粪污。当粪污固含量较低时，固液分离效果不明显。离心法是一种十分有效的固液分离方法并可实现物料相对较低的含水率。然而，此种方法不仅设备成本高，而且运行和维护费用也比其他系统要高。

离心分离机通常由电动机驱动，带动转鼓高速旋转产生强大离心力，加快物料颗粒的沉降速度，使悬浮液中的固体和液体分开。卧式螺旋离心机是典型的离心分离机，20世纪70年代初开始用于分离猪粪，经过多年的改进完善，分离性能大为提高，当猪粪的固体物含量为8%时，总悬浮物的去除率可达60%。如图2-3。卧式螺旋离心分离机主要由电动机、带轮、差速器、转鼓、螺旋推料器、溢流板等组成。工作时，畜禽粪便由进料口进入高速旋转的转鼓内，利用畜禽粪便密度不同的成分在离心力场中沉降分层速度不同的原理实现固液分离，并且在挤压绞龙的作用下将固体挤压推向转鼓小端的排出口，随着压力逐渐增大，进一步脱水。液体则绕转鼓内壁环流，通过调节溢流板来控制转鼓内环形液层的深度。卧式螺旋挤压分离机分离速度快，出渣量及含水量可调整，但清洗内部零部件不方便。

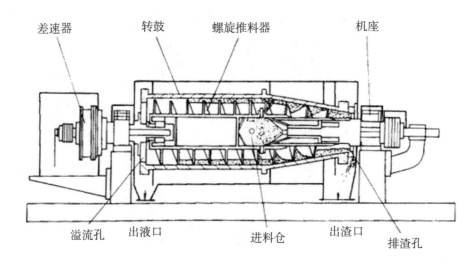

图 2-3　卧式螺旋离心分离机示意图

3. 筛分分离机

筛分是一种根据禽畜粪便的粒度分布进行固液分离的方法，大于筛孔尺寸的固体物留在筛网表面，而液体和小于筛孔尺寸的固体物则通过筛孔流出。固体物的去除率取决于筛孔大小：筛孔大则去除率低，但不易堵塞，清洗次数少；反之，筛孔小则去除率高，但易堵塞，清洗次数多。筛分技术主要包括斜板筛、振动筛和滚筒筛等分离技术工艺，其分离性能取决于筛孔尺寸、粪污的输送量以及粪污中固体含量和固体颗粒的分布等。

斜板筛分离机：斜板筛主要由筛板、支架、挡板等组成，如图2-4。工作时，物料从上方进入，依靠物料自身的重力，以重力加速度落下击中筛板，通过选用不同大小和数量筛孔的筛板，使需要分离的固体不能透过筛板而沿斜面滑下排出，液体则透过筛板沿挡板排出。斜板筛结构简单，成本低，易于安装和维护，但由于筛板是以一定角度固定不变的，使用一段时间后，筛孔易堵塞，需要经常清洗以保持固液分离的效果。

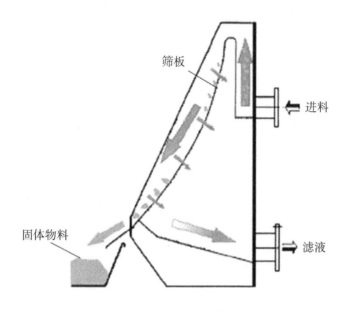

图 2-4 斜板筛示意图

振动筛分离机：振动筛分离机主要由驱动电机、上偏心块、下偏心块、筛框、筛网、机座及支承装置等组成。工作时，振动筛由驱动电机产生激振力，通过调节上下偏心块的夹角来改变筛上物料的运动轨迹，通过选择筛网的筛孔大小和数量来改变分离效果。固液分离时，固体不能通过筛网从上层排出，液体通过筛网从下层排出。

张德晖等开展了水平圆振动畜禽粪便固液分离机的可行性研究，该固液分离机具有性能可靠、构造简单、制造成本和维护费用低、易推广等特点。林代炎等研制的振动式固液分离机 FZ-12 获得了国家发明专利，并利用几种不同的固液分离设施对猪粪污水进行固液分离试验，试验结果表明 FZ-12 固液分离机更适合规模化养猪场的污水前处理。

第二节　FZ-12 固液分离机的设计及特点

一、设计原理与设计原则

1. 设计原理

分离机的构造设计如图 2-5，主要由 3 个系统组成：
（1）振动分离系统：粪便污水由无堵塞污泥泵抽到振动筛时，筛网通过振动能有效将粪渣与污水分开。

（2）送料挤压系统：由振动筛分离出的粪渣，通过螺旋送料机送到机体外，并在送料同时将水分进一步挤干分离，降低粪渣含水率，使粪渣便于直接堆肥利用或直接装袋出售。

（3）自动清洗系统：当集污池的污水处理结束后，设备会自动启动清洗系统，对振动筛网进行冲洗，以防筛网堵塞而无法正常工作。

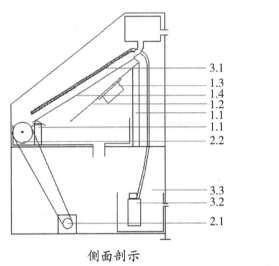 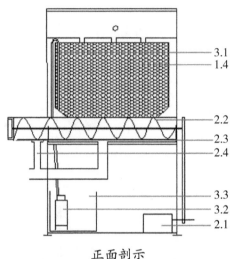

侧面剖示　　　　　　　　　正面剖示

图 2-5　FZ-12 固液分离机的构造设计

注：①振动筛系统：包括 1.1 振动筛支架，1.2 振动筛接水盘，1.3 振动电机，1.4 振动筛网。
②螺旋送料系统：包括 2.1 螺旋输送电机，2.2 螺旋输送机，2.3 出渣口，2.4 挤压出水口。
③自动冲洗系统：包括 3.1 冲洗喷枪，3.2 潜水泵，3.3 清水水箱。

2. 设计原则

FZ-12 固液分离机的技术设计是在汲取斜板筛分离、挤压分离、离心分离及板框压滤分离等众多厂家生产的各种款式的分离机性能技术参数，并依据 GB/T8733—2000《铸造铝合金金属》、GB/T1243—1997《短节距传动用精密滚子链和链轮》、GB/T3280—1992《不锈钢冷轧钢板》及 GB5226.1—2002《机械安全机械电气设备　第1部分》等国家相关标准规定要求，博采多种分离机之优点，克服其不足而设计的。其整体设计的原则如下：

（1）处理能力大，能解决万头猪场污水前处理问题。

（2）去除率高，经过固液分离后，能使猪场污水的 COD 浓度降到 5000mg/L 以下，有利于厌氧微生物正常发酵。

（3）分离出的粪渣含水率低，不产生渗漏液，能解决粪渣集中利用造成运输环境污染问题。

（4）功能齐全、自动化程度高、降低操作工人的劳动强度。

（5）适合腐蚀性强、湿度大的猪场污水处理环境使用。

（6）整机结构紧凑、占地面积小、外观整齐、美观。

（7）零部件配套，装配要满足整机的设计要求。

（8）在保证产品质量要求的前提下，由质量成本界定的价位适合畜禽养殖等消费对象的需求。

二、样机设计与生产技术流程

1. 样机主要性能指标

（1）根据设计原理和原则确定机型款式，完成产品图样设计论证，编制生产工艺技术规范。研制成功的 FZ-12 固液分离机如图 2-6。整机主要技术性能参数要达到表 2-2 要求。

（2）其他性能特点要求满足 Q/HZJJ001—2004 振动式固液分离机企业产品标准中第四条要求。

图 2-6　FZ-12 固液分离机

表 2-2　样机主要技术指标

参数名称	参数值	实测数据
污水处理能力（m^3/h）	≥ 12	14.8
渣含水率（%）	≤ 60	53.9
去渣率（%）	≥ 70	82.5
装机总容量（kW）	3.5	—
使用电源	交流三相四线制，380V	—
外形尺寸（mm）	1200 × 960 × 1700	—

2. 生产工艺技术流程

（1）整机所有零部件按工艺文件检验规程，检验合格后进入配件库位。

（2）装配工艺流程如图 2-7。

（3）重点部位控制检验。按装配工艺操作指导书、产品质量控制明细表的规定，在装配工艺过程中重点对三个系统的连接部位加以重点质量控制检验。

（4）整机出厂检验。整机装配完成后送进仓库前，由检验员按 Q/HXJJ1—2004 产品质量标准中第六条检验规则，要求进行逐项检验，各项性能指标测试合格后方可包装出厂或根据客户要求免包装出厂。

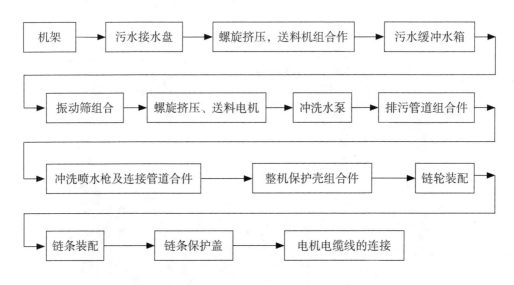

图 2-7　FZ-12 固液分离机装配工艺路程

■ 三、技术关键

1. 机体的选择定型

各处理系统要布置合理、紧凑、牢固，整机功能要齐全，体积和平面占地要小，并要考虑机体内部留有足够的安装、维护、保养的操作空间及机体外壳整齐美观。因此，设计选择方形底座，并使机架整体重心垂直下移，以确保安装方便、运行安全平稳。

2. 电机选择

主机内共有三个电机，其中振动电机工作环境差，在污水的接水盘上方，腐蚀性强，湿度大，是固液分离机动力系统的关键技术所在。因此，对众多生产电动机厂的电机进行了检测、运行试验比较，选择了耐腐、防潮性能好的电机。

3. 振动筛筛架设计与选材

根据振动筛性能要求，斜向振动受力大，并考虑换筛网方便，故设计筛网固定架和承力架，并在筛网下层固定架上设置橡胶网垫，确保筛网张紧，以提高污水分离效果和延长筛网寿命。各组合件采用模具生产，提高各配件间吻合度，使各组合件装配室形成整体，提高它的振动承载力。根据振动筛直接接触畜禽粪便污水、腐蚀性强的环境特点，故选择成本较低又耐腐蚀的铸铝材料。

4. 振动筛的连接支架选择

经过半年多实际型试验，综合考核了机架、振动分离系统，认为螺旋挤压送渣系统和自动冲洗系统等质量稳定，各系统之间设计配套处理能力合理，经使用测试，主要技术性能指标均达到和超过设计性能技术参数的规定。

四、分离机试运行性能检验

1. 整机性能检验

整机污液流经的各部位密封良好，无滴、渗漏现象；顶部储液箱的出液口畅通，其出口结构运行过程中不产生污物堵塞现象；振动机与筛框的连接有可靠的防松动装置；筛框与分离机体有隔振装置；螺旋推进轴两支轴承靠内侧部位设置有密封装置，可防止污液流入轴承内部；整机外部传动机构设置有防护罩；整机空载或带负荷运行的噪声声压级为80dB（A）（符合标准中 A ≤ 85dB 的要求）；整机所有轴承（滚动）的使用温度为32℃（T）（符合标准中 T ≤ 70℃的要求）；整机所有轴承（滚动）的温升为14℃（△T）（符合标准中△T ≤ 30℃的要求）。

2. 电气安全性能检验

电气控制中设置有过电流保护，电动机过载保护，接地故障保护和保护接地电路，分别符合 GB5226.1 第 7.2、7.3、7.7 和 8.2 的规定；控制设备的指示或显示器件应在其附近设置耐久清晰标；使用导线的导体截面积符合 GB5226.1 的规定；在动力电路导线和保护接地电路间施加 500V 直流电压时测得的绝缘电阻为 300MΩ（符合标准中大于 2MΩ 的要求）。

3. 外观检验

整机外壳装配工整、方正、外露件及外露结合面边缘整齐无明显错位；门、盖周边与相关配件配合后的缝隙均匀，其最大缝隙不大于 3mm，不均匀度不大于 2mm；整机外壳应涂漆，漆层均匀，色泽一致，并无明显流挂、漏涂等缺陷；外壳壳体可触及的部位无棱角、毛刺、锐边等缺陷。

第三节　固液分离机应用效果

一、固液分离机作为前处理

1. 固液分离工艺流程及说明

应用 FZ-12 固液分离机对猪粪污水进行前处理的工艺流程，如图 2-8。工艺流程说明如下：

（1）粗格栅沉沙池。由于猪舍排出的污水一般都含有塑料袋、树枝、药瓶等杂物，经过粗格栅时基本可以拦截，以及沉沙池因水的流速较缓，沙子即可沉淀，杂物和沙石去除后就有助于设备正常运行。

（2）粪便污水进入集污池后，搅拌机的作用使粪便均匀，避免污泥堵塞，并保证分离机正常运行。

（3）粪便污水用污泥泵送入分离机，进行固液分离，如图2-9。每台分离机每小时处理粪便污水15t左右，每小时排出干物质400—800kg。

（4）分离机分离后的污水通过管道引到酸化调节池，然后进沼气发酵，经跌水氧化及植物净化后，即可达标排放。分离机分离出的粪渣进行堆肥处理制成有机肥。

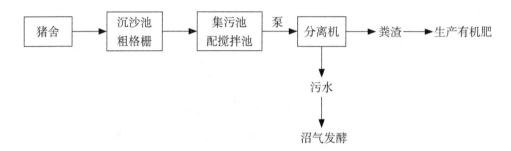

图 2-8　固液分离工艺流程

图 2-9　FZ-12固液分离机运行

2. 固液分离机应用效果

固液分离机在两个规模化养猪场进行固液分离前处理应用，养猪场情况如下。

福建省农科院养猪场：地点福州市郊区，该猪场建于20世纪70年代，雨污没有分开，猪存栏数在3500—4500头，日污水排放在60—200m^3。固形物（TS）为0.9%—1.8%，COD_{Cr}为10000—24000mg/L，BOD_5为4000—13000mg/L。

康顺畜牧有限公司：地点福建省龙岩市新罗区，该场属新建猪场，雨污分开，生猪存栏数 4500 头左右，日污水排放为 80—120m³。固形物（TS）为 1.3%—1.9%，COD_{Cr} 为 14000—21000mg/L，BOD_5 为 7000—11000mg/L。

两个猪场的粪便污水应用分离机处理后，既减轻了污水后处理的压力，又增加了粪渣利用的收入，结果见表 2-3。结果表明，该分离机用了较密的筛网（60 目），对猪粪污水处理效果较稳定，对 TS、COD_{Cr} 和 BOD_5 去除率分别达到 82%—89%、80%—84% 和 73%—78%，分离出的粪渣含水率较低（60% 以内），符合堆肥发酵的水分要求，同时，这种粪渣在运输过程不会滴水，不污染环境，也便于运输。在污水后处理方面，由于粪渣中去除了大部分的粗纤维等污染物，因此，在同样达标处理的情况下，厌氧部分发酵池水力停留时间可缩短 2d以上（即可少建沼气池 150—200m³，节约工程费用 5.0 万元—6.0 万元），并能克服以往因粗纤维过多无法彻底消化，而沉渣堵塞等问题。此外，厌氧发酵后污水浓度更低，还能减轻曝氧运行费用。因此，该分离机在规模化猪场上使用，具有实用价值。

表 2-3 分离机分离效果

猪场	TS（%）			COD_{Cr}（mg/L）			BOD_5(mg/L)			粪渣		处理能力（m³/h）
	进口	出口	去除率	进口	出口	去除率	进口	出口	去除率	t/h	含水率	
福州	1.76	0.23	86.9	16870	3036	82.0%	6280	1550	75.3%	0.51	58.2%	14.7
龙岩	2.08	0.32	84.6	20390	3530	82.7%	7470	1730	76.8%	0.63	57.9%	15.4

注：①分离机的筛网为 60 目。②表中数据为 2003 年 5—7 月的三次分析结果的平均值。

3. 效益分析

以龙岩猪场为例，全套设备购置费 5.0 万元。每小时耗电 3.5kW·h，日运行 8h，则每日耗电 28kW·h，每千瓦时电按 0.60 元计，则日电费为 14.8 元。由于该分离机是自动的，故只需 1 个工人负责清洁装袋等，兼顾设备即可，每个工人日工资按 30 元计，则人工费为 30 元，共计日费用为 44.8 元，年费用为设备维修费为总造价的 5% 计，每年为 2500 元，则年总运行成本为 18852 元。日产粪渣 4.5 t，每吨粪渣卖给有机厂的合同收购 100 元，则年总收入为 164250 元，扣除年运行总成本 18852 元。年纯收入为 145398 元。上述情况分析表明，猪存栏数在 4000—5000 头的猪场，运用分离机收集猪粪渣与传统工艺相比，年均增收利税的 14.5 万元，投资回收期仅需 4 个月左右，投资利润率达 290%。因此，在猪场粪便原设有利用的情况下，运用分离机处理污水收集猪粪，既减轻了养猪场污水处理的负荷，又增加了猪粪有机物综合利用的经济收入。

4. 小结

在传统的猪粪便污水处理工艺中，添加分离机前处理能有效去除猪粪便中的粗纤维等有机物，有效地降低了厌氧消化池沉渣堵塞的概率，避免了厌氧发酵池的阶段性清池的麻烦。既便于管理，又有利于后处理工序正常运行。运用分离机处理养猪场污水，收集猪粪便，既降低了污水排放浓度，减轻污水达标排放后处理的压力，减少污水处理工程投资，并节省达标处理的运行费用；又收集了猪粪有机资源，供生产有机肥，增加了养猪专业户的经济收入。

因此，分离机在规模化养猪场上使用，具有广阔的应用前景。

二、固液分离机作为后处理

1. 工艺流程及说明

根据养殖场污水的水质特性，本设计采用沉渣池-酸化池-厌氧生物技术-固液分离-接触氧化技术相结合以及沼气、沼渣、沼液的生态循环利用，其主要工艺流程见图2-10。

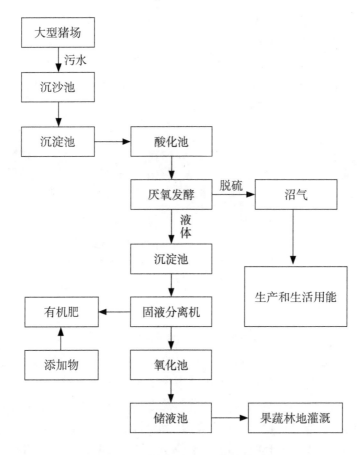

图2-10 污水处理工艺流程图

在传统的养殖场污水处理工艺中，添加固液分离机作为前处理设备，能有效地降低污水排放浓度，减轻污水达标处理系统的压力，减少污水处理工程投资。固液分离机能大量地去除污水中的粗纤维等有机物，供生产有机肥或有机复合肥之用，同时有效地降低厌氧消化池沉渣堵塞的概率，避免厌氧发酵池的阶段性清池的麻烦，提高整个工艺系统运行的可靠性和稳定性。

本系统中固液分离机作为主反应系统，主要将厌氧发酵池发酵后的粪渣分离出来供生产有机肥。采用自行设计研制的FZ-12型固液分离机，并配套建设了一个搅拌池。该固液分离机设备长×宽×高为1.1m×1.2m×1.8m，电机功率为0.75kW，处理污水能力为每小时15t，主要特点有设计内置振动筛系统、螺旋送料系统和自动冲洗系统，在性能上集污水的输送、固态悬浮物的振动筛选与挤压、筛网的自动冲洗为一体，而且可根据整体工艺和处理模式的要求，调节分离流量与振动筛网目数，滤取污水中的固态物，减少固态物的入池量，实现污水处理的减量化。搅拌池结构一般为圆柱形钢筋混凝土结构，尺寸为 $\phi 2.5m \times H3.0m$。

固液分离机置于沼气池后，不仅能有效提高沼气产气率，而且分离出来的沼渣不用经过堆肥就可以直接添加营养物质，生产有机肥。这大大减少了堆肥占用的空间，同时可以减少堆肥过程中的恶臭气体产生，减少空气污染。

2. 运行效果分析

福建省莆田市鸿兴猪业有限公司养猪场是存栏数 5000 头的大型种猪场。根据《畜禽养殖业污染物排放标准》(GB18596—2001)的集约化畜禽养殖业干清粪工艺最高允许排水量规定，结合养猪场内母猪、育肥猪和保育猪的比例，确定全场产生污水量约 $75m^3/d$。养猪场污水含有大量的猪粪尿，以及部分散落的饲料残余，其主要污染物是有机质、氮、磷等，属于高浓度有机污水，并且含有较多的粪大肠杆菌群和蛔虫卵等寄生虫卵。

2006 年 3 月至 2007 年 3 月，沼气工程运行后，12 次取样，每次平行取 4 个样品。采用塑料瓶保存，加硫酸酸化至 pH<2，2—5℃冷藏保存（测定 BOD_5 样品不加酸）。COD 测定采用《水和废水监测分析方法》（第三版）中重铬酸钾法；pH 测定采用电子 pH 计；NH_3-N 测定采用《水和废水监测分析方法》（第三版）中纳氏试剂光度法；BOD_5 采用《水和废水监测分析方法》（第三版）五日生化需氧量测定方法；TP 采用《水和废水监测分析方法》（第三版）钼锑抗分光光度法；SS 采用过滤烘干法。经测定，进出料污水水质检测结果如表 2-4、表 2-5 所示。

表 2-4　污水水质和排放标准

项目	COD_{Cr} (mg/L)	BOD_5 (mg/L)	SS (mg/L)	NH_3-N (mg/L)	TP (mg/L)	pH
污水水质	22500.0	15780.5	11106.2	2566.7	186.7	6.7
排放标准	≤400	≤150	≤200	≤80	≤8.0	6—9

注：①表中数据为 2006 年 3 月至 2007 年 3 月 12 次测量平均值。②每次测量平行取 4 个点。

表 2-5　污水处理水质的检测结果

点位、去除率		pH	SS (mg/L)	COD_{Cr} (mg/L)	BOD_5 (mg/L)	NH_3-N (mg/L)	TP (mg/L)
沼气池	进口	6.7	11106.2	22500.0	15780.5	2566.7	186.7
	出口	6.9	2736.0	2898.0	1782.0	2364.2	150.2
	去除率(%)		75.4	87.1	88.7	7.9	19.6
固液分离机	进口	6.9	2736.0	2898.0	1782.0	2364.2	150.2
	出口	7.1	1120.0	1476.4	879.2	818.0	71.3
	去除率(%)		59.1	49.1	50.7	65.4	52.5

3. 小结

本工程采用废弃物资源化利用与达标排放相结合的治理模式，从 2004 年 5 月份开始启用后，运行效果稳定，出水水质良好。根据对该养猪场污水设施沼气池的出口、固液分离出口等监测点多次，每次连续多天的采样，经检测，污水处理均达到了预定的设计目标。从污水水质主要指标参数 SS、COD_{Cr}、BOD_5、$NH_3\text{-}N$ 和 TP 来看，经固液分离机后处理，去除率分别达到 59.1%、49.1%、50.7%、65.4% 和 52.5%，说明固液分离起到系统减负的关键作用。

第二章 沼气池研发与应用

第一节 推流式玻璃钢沼气池

猪场污水主要包括猪场粪尿和冲洗污水,都属于高浓度的有机污水,氨氮和悬浮物的含量都很高。目前,大部分大中型养殖场粪便污水都没有得到有效治理,我国畜禽粪便污染问题已经成为困扰畜牧养殖业可持续发展的一个主要因素。目前,福建省对规模化猪场粪污的治理主要采用建立沼气工程进行处理。在闽北地区,冬季温度较低,导致沼气池不能正常发酵运转,加重了闽江流域污染。为此,福建省农科院沼气课题组在原有ZWD沼气池型的基础上增加玻璃钢保温材料,并通过控制冲洗猪舍排水量,解决了闽北地区冬季温度过低导致沼气池无法正常运行的问题。

一、沼气池设计与运行

建瓯市健华猪业有限公司青州养殖场(简称"健华养殖场")是一家存栏数3000头的规模化养猪场。根据《畜禽养殖业污染物排放标准》(GB18596—2001)的集约化畜禽养殖业干清粪工艺最高允许排水量规定,结合养猪场内母猪、育肥猪和保育猪的比例,确定全场产生污水量约54m^3/d,水质如表3-1。根据养殖场污水的水质特性,本设计采用能源生态型模式,流程如图3-1。

表3-1 健华养殖场污水水质监测结果

项目	COD_{Cr} (mg/L)	BOD_5 (mg/L)	SS (mg/L)	NH_3-N (mg/L)	TP (mg/L)	pH
污水水质	19710	14580	4761	1675	131.3	6.8
排放标准	≤400	≤150	≤200	≤80	≤8.0	6—9

注:①表中数据为2007年9—12月4次测量平均值。②每次测量平行取8个点。

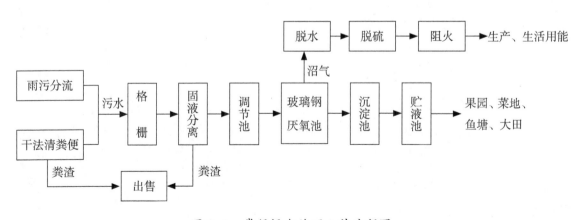

图3-1 粪便污水处理工艺流程图

该模式由预处理系统、主反应处理系统和资源化生态利用系统等组成。厌氧系统是整个处理工艺技术的关键所在，直接影响冬季整个沼气工程的运行，而且直接影响后处理各单元的工程投入。在沼气工程中，厌氧反应池是关键的工艺装置之一，污水中大部分COD_{Cr}和BOD_5在厌氧发酵过程中被消化去除。近几年，在福建省农科院农业工程技术研究所钱午巧研究员和林斌研究员共同主持及带动下，开展了升温（保温）厌氧发酵研究，以玻璃钢作为保温材料，已初步取得成效。该保温沼气池主要特点在于满足了产甲烷菌最低8℃的产气温度，保证闽西北地区冬季气温较冷情况下的产气，从而达到有效杀死病菌和病虫卵的目的，同时满足猪场日常用能以及附近农户的家庭用能，保证了猪场粪便污水的"减量化、无害化和资源化"，有利于节能减排实施以及社会主义新农村建设，保证了猪场可持续发展。本项目工程选用福建省农科院获得省科技进步三等奖的ZWD沼气池型，并进行工艺改进，大型玻璃钢沼气池示意如图3-2，沼气池实物图如图3-3。整个工程主体采用混凝土钢筋浇筑，有效容积$500m^3$，为半地面式方形结构，由5个单池有效容积$100m^3$沼气池并联而成，单池长×宽×高为11m×3.6m×2.7m，池体内外均涂刷玻璃钢材料进行密封和保温，并在池内设置破壳装置和排渣装置，池内装有聚乙烯填料，填料间隔0.2m，占整个池体容积的三分之一，整个沼气池水力停留时间（HRT）为9.3d，即使在冬天发酵池内温度仍不低于8℃，确保全年均衡产气。养殖场污水经玻璃钢沼气池发酵后产生的沼气，通过沼气收集装置、脱硫装置、气水分离装置经输配系统供应，作为养殖场内生产或生活的补充能源。

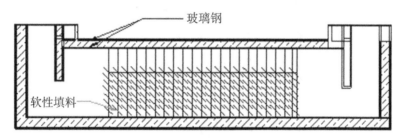

图3-2　大型玻璃钢沼气池示意图

图3-3　推流式玻璃钢沼气池

1. 池温随气温变化情况

2007年12月15日至2008年1月15日期间对健华养殖场玻璃钢沼气池进行跟踪监测，池温随气温变化情况如图3-4所示。池温测量采用水银玻璃温度计深入沼气池出口液面下2m处测量，气温采用现场悬挂气温温度计测量。

由图3-4中可以看出，最低气温-0.8℃，最高气温15.2℃，气温变化幅度较大，气温变化短期内对玻璃钢沼气池池温影响较小。在跟踪监测期间，池温基本上恒定在14.0—16.6℃之间，平均池温为15℃，比平均气温9.1℃高4.9℃，最高相差15.8℃。据分析，可能原因：首先，厌氧发酵本身会产生一定的热量；其次，进料采用批量进料，每次进料量较少，对池温影响较小；最后，玻璃钢材料良好的绝热性能，避免了池内热量迅速扩散。

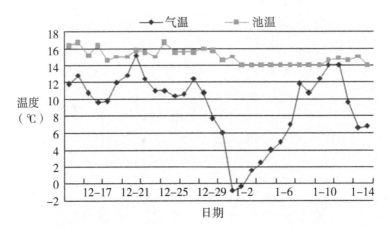

图3-4 玻璃钢沼气池池温随气温变化

2. 运行水质指标

从2007年9月份开始启用后，运行效果稳定，出水水质良好。根据2007年12月15日到2008年1月15日期间对该基地污水设施固液分离机出口和玻璃钢沼气池的出口等监测点多次、每次连续多天的采样，水质检测结果如表3-2所示。在此厌氧发酵系统中，COD_{Cr}和BOD_5的去除率分别达到77.4%、81.6%，说明玻璃钢沼气池运行效果较好，同时也表明该系统是污水处理中的关键环节。此外，NH_3-N和TP的处理效率都很低，说明玻璃钢沼气池主要是去除粪污中的有机物质。

表3-2 污水处理水质的检测结果

点位、去除率	pH	SS (mg/L)	COD_{Cr} (mg/L)	BOD_5 (mg/L)	NH_3-N (mg/L)	TP (mg/L)
固液分离出口	8.71	1286	7971	6046	835	67.9
去除率（%）		73.0	59.6	58.6	50.2	48.2
玻璃钢沼气池出口	7.62	813	1804	1113	772	53.7
去除率（%）		36.8	77.4	81.6	7.5	20.9

注：①各单元出口值为下一单元入口值。②去除率为单元去除率。③各项指标均为多点、多次检测平均值。

3. 产气率随气温变化分析

根据 2007 年 12 月 15 日至 2008 年 1 月 15 日玻璃钢沼气池的运行监测结果，绘制成日产气率随气温变化如图 3-5 所示。对照的混凝土沼气池在测量期间不产气。沼气测量仪器采用辽宁省丹东热工仪表有限公司生产的 J2.5C 膜式燃气表，测量方法采用在沼气池出口 20m 处安装燃气表，同时采用点天灯形式保证沼气当天用完，确保测量准确。

由图 3-5 可以看出，产气率最高为 $0.249m^3/(m^3 \cdot d)$，最低产气率发生在气温为 $-0.4℃$ 时，为 $0.157m^3/(m^3 \cdot d)$，平均产气率为 $0.193m^3/(m^3 \cdot d)$，产气均衡。从图 3-5 还可以看出，产气率相对于气温有一个滞后作用。当气温从 15.2℃ 降低至 7.8℃ 时，玻璃钢沼气池池温从 15.8℃ 降低至 15.0℃，产气率从 $0.236m^3/(m^3 \cdot d)$ 下降至 $0.191m^3/(m^3 \cdot d)$；当气温从 7.8℃ 降低至 -0.8℃ 时，玻璃钢沼气池池温从 15.0℃ 降低至 14.0℃，产气率从 $0.209m^3/(m^3 \cdot d)$ 下降至 $0.157m^3/(m^3 \cdot d)$。结果显示：玻璃钢沼气池中，产气率随气温变化不明显，但随池温变化的影响明显，并跟池温变化成正比。

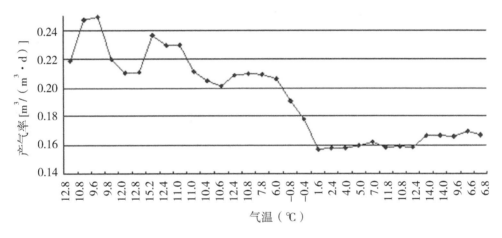

图 3-5　玻璃钢沼气池产气率随气温变化

4. 小结

玻璃钢沼气池具有玻璃钢材料导热系数低，绝热性能好的特点，克服了玻璃钢材料与混凝土材料黏结问题。在健华养殖场的工程实践表明：该技术能够保证冬季较低气温下沼气池的正常运行，出水水质较好，同时能够均衡产气。

二、推流式玻璃钢沼气池系统工程经济效益评价分析

以下就推流式玻璃钢沼气池系统工程在健华养殖场的应用中测试、换算得到的数据，对经济效益进行分析评价。

1. 成本核算

（1）总投资成本

玻璃钢沼气池系统工程总投资 61.7 万元，项目寿命为 20a，项目残值为 5 万元。具体见表 3-3。

表 3-3 主要构筑物及设备表

	编号	名称	规模（m³）	金额（万元）	备注
构筑物	1	格栅	4	0.25	含检查井
	2	搅拌池	20	0.70	
	3	酸化调节池	100	3.50	
	4	玻璃钢沼气池	500	30.0	含填料
	6	沉淀池	100	3.50	
	7	储液池	200	7.00	地面式
设备	1	固液分离机	1台	4.50	自研制
	2	潜污泵	AS55-4CB 2台	0.90	购置
	3	阻火柜	1个	0.20	购置
	4	脱硫器	4个	1.20	购置
	5	沼气炉具		0.50	购置
	6	灌溉管道	$\phi 300mm$	5.00	包括简易集水井
	7	沼气管道	$\phi 50mm$	3.00	
	8	沼气淋浴器	3个	0.45	
	9	沼气锅炉	1个	1.00	
工程总投入				61.70	

（2）运行费用

玻璃钢沼气池系统工程的运行费用主要包括人工费用、修理费用、管理费和动力费。

人工费用：工程运行需2人，人均年工资1.2万元，共需2.4万元。

修理费用：按折旧费的40%计算。年维修费=（61.7-5）/20×40%=1.13万元。玻璃钢沼气池3a清渣一次，费用2100元，则年清渣费用0.7万元。砖混沼气池2a清渣一次，费用1000元。

管理费：按工资的1/3计算，年管理费=2.4/3=0.80万元。

动力费：本工程污水处理设备总装机容量大约为22.5kW，所用设备平均日运行4h，电费按0.6元/（kW·h），则年动力费为1.97万元。

则玻璃钢沼气池系统工程总的年运行费用为7.27万元。

2. 玻璃钢沼气池系统工程年收益

（1）沼气收益

玻璃钢沼气池年平均池温为19.3℃，年平均产气率为0.41m³/（m³·d），年产沼气7.3万m³，沼气主要供应食堂日常用能、猪仔保温以及浴室淋浴用能，按沼气热值换算，以1.2元/m³计算，则沼气代替常规能源收益合计8.76万元。

（2）沼液收益

沼液通过自主研制简易集水井以及灌溉管道输送田间，用于100亩脐橙以及20亩芥菜地浇灌，沼液年合氨氮14万t，总磷2万t，年减少用肥费用4.2万元。

（3）猪粪渣、沼渣收益

建瓯市是福建省的农业大市，需要消耗大量有机肥料。本场年产沼渣809.4t，沼渣外包以65元/t卖给周边种植户，年可增纯利5.3万元。

（4）年减少排污罚款

按照水污染特殊行业收费标准2元/t计，年减少排污罚款 = 54t/d × 365d × 2元/t = 3.94万元。因此，玻璃钢沼气池系统工程年总收益为22.2万元。

3. 技术经济评价

根据技术经济学原理，对玻璃钢沼气池系统工程的经济效益进行财务评价，其使用寿命按20a计算，社会贴现率为10%，其财务评价现金流见表3-4。

表3-4　财务评价现金流表　　　　　　万元

年数	建池总成本	运行成本	总成本现值	收益	收益现值	净收益现值
0	61.70		61.70			−61.70
1		7.27	6.61	22.20	20.18	13.57
2		7.27	6.01	22.20	18.34	12.33
3		7.27	5.46	22.20	16.67	11.21
4		7.27	4.97	22.20	15.16	10.20
5		7.27	4.51	22.20	13.79	9.27
6		7.27	4.10	22.20	12.52	8.42
7		7.27	3.73	22.20	11.39	7.66
8		7.27	3.39	22.20	10.35	6.96
9		7.27	3.08	22.20	9.41	6.33
10		7.27	2.81	22.20	8.57	5.76
11		7.27	2.54	22.20	7.77	5.23
12		7.27	2.32	22.20	7.08	4.76
13		7.27	2.11	22.20	6.44	4.33
14		7.27	1.91	22.20	5.84	3.93
15		7.27	1.74	22.20	5.31	3.57
16		7.27	1.58	22.20	4.84	3.25
17		7.27	1.44	22.20	4.40	2.96
18		7.27	1.31	22.20	4.00	2.69
19		7.27	1.19	22.20	3.64	2.45
20		7.27	1.08	22.20	3.31	2.22
合计			123.59		188.99	65.40

从上表可以看出，净现值（NPV）65.40＞0，内部收益率（IRR）31.8%＞社会贴现率，因此，玻璃钢沼气池系统工程具有良好的经济效益和较大的市场发展潜力。

4. 玻璃钢沼气池与砖混沼气池系统工程经济效益比较

（1）砖混沼气池

在健华养殖场，同时建有一座 100m^3 砖混沼气池，建池成本为 3.5 万元，即 350 元/m^3。则建设 500m^3 砖混沼气池需要成本 350 元/m^3×500m^3=17.5 万元。砖混沼气池建池寿命为 15a，年平均建池成本 1.17 万元，年平均池温为 18.4℃，年均产气率为 0.31m^3/（$m^3·d$）。

据 2007 年至 2008 年检测结果表明，砖混沼气池在 2007 年 12 月至 2008 年 2 月这 3 个月中不产气。

（2）玻璃钢沼气池

建设 500m^3 玻璃钢沼气池需要成本 30 万元，同时，玻璃钢沼气池在 2007 年 12 月至 2008 年 2 月这 3 个月中，产气率最高为 0.249m^3/（$m^3·d$），最低产气率发生在气温为 -0.4℃时，为 0.157m^3/（$m^3·d$），平均产气率为 0.193m^3/（$m^3·d$），产气均衡。玻璃钢沼气池建池寿命为 20a，年平均建池成本为 1.50 万元，年均产气率为 0.40m^3/（$m^3·d$）。

（3）玻璃钢沼气池与砖混沼气池比较

玻璃钢沼气池年需多承担建池成本：1.50-1.17=0.33 万元；年多产气：0.10m^3/（$m^3·d$）×500m^3×365d=18250m^3，即年多产生效益：18250m^3×1.2 元/m^3=2.19 万元；年减少 3 个月排污罚款 = 54t/d×90d×2 元/t = 9720 元。则玻璃钢沼气池比砖混沼气池投资成本多，即年多承担建池成本 0.33 万元的益本比为：（2.19+0.97）/0.33=9.58。

因此，建设玻璃钢沼气池比砖混沼气池更具有经济效益和市场前景。

5. 小结

通过对健华养殖场的玻璃钢沼气池和砖混沼气池工程经济对比分析，结果表明：玻璃钢沼气池系统工程具有良好的经济效益，比砖混沼气池更具市场发展潜力。

■ 三、加温与未加温玻璃钢沼气池产沼气分析

福建省新星种猪育种有限公司养猪场（简称"新星种猪养猪场"）推流式玻璃钢沼气工程于 2009 年 5 月正式运行，池容 500m^3，应用钢筋混凝土进行建设，沼气池内外涂刷有机玻璃钢进行保温，日处理粪便污水 50m^3，水力滞留期（HRT）10d。新星种猪养猪场推流式玻璃钢沼气池运行时间 2010 年 1 月 1 日至 12 月 31 日，没有外加热源，每天中午 12:00 记录环境温度、沼气池发酵温度以及产气量。

福建省永盛农牧科技发展有限公司养猪场（简称"永盛农牧养猪场"）是一家存栏数 4000 头的大型养猪场，沼气工程于 2009 年 8 月正式运行，建设有推流式玻璃钢沼气池 60m^3，应用钢筋混凝土进行建设，沼气池内外涂刷有机玻璃钢，采用太阳能真空面板加热循环水为沼气池发酵液加温，安装太阳能真空面板 100m^2，加热循环水 5t，日均处理粪便污水量约 6.0m^3/d，进料污水平均 COD_{Cr} 为 13000mg/L，水力滞留期（HRT）10d，采用太阳能真空面板加热循环水为沼气池发酵液加温。养猪场产生的污水经玻璃钢沼气池发酵后产生的沼气，通过沼气收集装置、脱硫装置、气水分离装置经输配系统供应，作为养猪场内生产或生活的补充能源，

产生的沼液免费送给周边农民作为有机肥施用。在 2011 年 1 月 1 日至 12 月 31 日期间，永盛农牧养猪场沼气池开启太阳能真空面板加热装置对沼气池发酵液进行加热，每天中午 12：00 记录环境温度、沼气池发酵温度以及产气量。

新星种猪养猪场和永盛农牧养猪场沼气池池温测量采用西安仪器厂防爆型 PT100 温度计深入沼气池出口液面下每隔 1m 测量 1 次，沼气池发酵温度为 3 次平均温度。环境温度采用现场悬挂气温温度计测量。沼气产量采用上海华强浮罗仪表有限公司管道式涡街流量计进行测量。

2010 年 1 月至 12 月期间，对新星种猪养猪场 500m³ 折流式玻璃钢沼气池，2011 年 1 月 1 日至 12 月 31 日期间，对永盛农牧养猪场 60m³ 太阳能加热玻璃钢沼气池进行跟踪监测，池温随运行时间变化情况、累计产沼气量、年平均沼气池容产气率如图 3-6、图 3-7 和图 3-8 所示。

从图 3-6、图 3-7 和图 3-8 看，永盛农牧养猪场沼气池年环境平均温度略高于健华养殖场。由于永盛农牧养猪场和健华养殖场沼气池均使用玻璃钢进行保温，因此，其沼气发酵温度均高于环境温度。永盛农牧养猪场沼气池由于配备太阳能真空面板加热循环水为沼气池发酵液加温，使得其沼气池温度常年高于健华养殖场沼气池，直接导致了永盛农牧养猪场沼气池产气效率高于健华养殖场沼气池。将永盛农牧养猪场累计产沼气量换算为 500m³ 沼气池产沼气量，

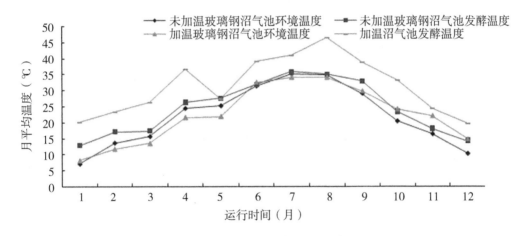

图 3-6 沼气池温度变化曲线

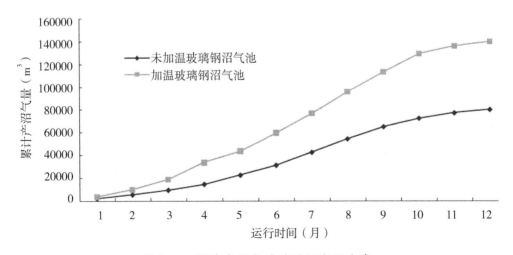

图 3-7 累计产沼气量随时间变化曲线

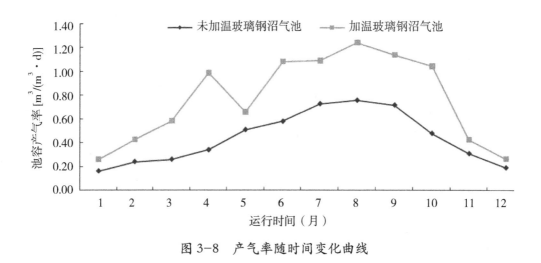

图 3-8 产气率随时间变化曲线

与健华养殖场沼气池累计产沼气量进行比较，经过 1a 运行和试验记录，永盛农牧养猪场沼气累计产气量达到 14.0 万 m^3，健华养殖场沼气池累计产沼气量 8.05 万 m^3，比健华养殖场沼气池多产气 73.9%。

第二节　上流式玻璃钢沼气池

新星种猪养猪场是一家存栏数 10000 头的大型养猪场，根据《畜禽养殖业污染物排放标准》（GB18596—2001）的集约化畜禽养殖业干清粪工艺最高允许排水量规定，结合养猪场内母猪、育肥猪和保育猪的比例，确定全场产生污水量约 120m^3/d，其 COD_{Cr} 为 13500mg/L。目前，新星种猪养猪场建设有 3 个不同工艺沼气工程，沼气工程于 2009 年 5 月正式运行，其中：推流式钢筋混凝土沼气池 300m^3，日处理粪便污水 30m^3，水力滞留期（HRT）10d；推流式玻璃钢沼气池 500m^3，应用钢筋混凝土进行建设，沼气池内外涂刷有机玻璃钢进行保温，日处理粪便污水 50m^3，水力滞留期（HRT）10d；上流式玻璃钢沼气池 700m^3，有效容积 670m^3，应用钢筋混凝土进行建设，沼气池内外涂刷有机玻璃钢，采用太阳能真空面板加热循环水为沼气池发酵液加温，安装太阳能真空面板 300m^2，加热循环水 15t，日处理粪便污水 70m^3，水力滞留期（HRT）9.57d。养猪场产生的污水经沼气池发酵后产生的沼气，通过沼气收集装置、脱硫装置、气水分离装置经输配系统供应，作为养猪场内生产或生活的补充能源、周边 100 户农户家庭生活用能和沼气发电；产生的沼液免费送给周边农民作为有机肥施用。

按照农业循环经济的要求，根据新星种猪养猪场的地理条件和污水排放特点，建立猪粪污水沼气净化工程，达到节能减排、废弃资源再利用和清洁生产的目的，解决能源、资源和环境问题。结合周边种植结构，因地制宜地采用以固液分离、厌氧发酵工艺技术以及接触氧化技术相结合的工艺，探索出一种低投入、低运行成本的规模化养殖场污水处理的能源生态处理模式，如图 3-9。

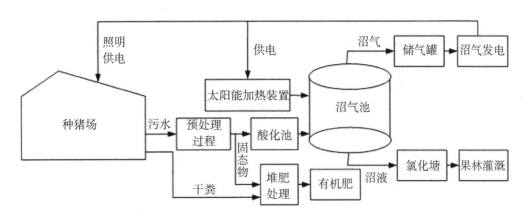

图 3-9　养猪场污水处理能源生态处理模式

■ 一、粪污预处理系统

预处理设施主要包括格栅、沉沙池、固液分离池和酸化调节池。格栅结构为砖混凝结构，格栅槽 0.96m³、格栅 2 道、格栅集水井 10m³、格网尺寸 15—25mm、格栅倾角 50°—70°。格栅设置有工作平台，便于清除固态物和清洗。沉沙池设置有 2 个，尺寸为 1.5m×1.5m×0.6m。

人工清扫固态物与格栅分离：畜禽养殖污水内的大量固态物含有各种病原菌和寄生虫卵，未经处理直接排放会产生严重的二次污染，若直接冲洗入池，势必增加后处理负荷和处理成本。因此，本系统实行人工清扫固态物，日产日清，猪场实现雨污分流，剩余猪栏猪粪和尿液用水一起冲入下水道变成污水。

沉沙池：养猪场污水通过沟管自然流入沉沙池，去除污水中的沙石。平流式沉沙池是平面为长方形的沉沙池，采用重力排沙。在重力作用下，污水中比重大于 1 的悬浮物下沉并使悬浮物从废水中去除，达到净水目的，沉淀猪粪污水中较大颗粒沙粒定期清理。

固液分离池：为保证进入的发酵原料能够充分用于发酵产生沼气，并去除其中的杂质，采用固液分离技术。固液分离池（见图 3-10）为砖混凝结构，包括两个池体，每个尺寸为 10.0m×5.0m×1.0m。池体通过一横向滤膜将池体划分为上下两层，上层为固液混合层，下层为液体分离层，固液分离池中间安装固定式筛网滤膜。大于筛网孔径的固体物留在筛网表面，而液体和小于筛网孔径固体则通过筛网流出，根据发酵物料的粒度分布状况进行固液分离。滤膜下方设有通过若干个用于支撑滤膜的纵向支撑体，固液混合层连通有进料管，液体分离层连通有用于排除污水的出水管。液体分离层内还设有贯穿固液分离池纵向设置的 L 形调节管，调节管上端部开口与固液分离池外部空气相连通，调节管拐口一端开口与出液管置于液体分离层内的端口相对应，当调节管开口套住出液管时，可以阻止该出水管出水。固液分离池由塑料膜和竹片、塑料管道、木桩以及混凝土浇筑构成，所用材料都是在农村极易取得可直接使用的材料且不需要运行费用，大大降低了在畜禽养殖污水处理中固液分离的成本，有效减轻中小规模畜禽养殖企业的经济和环保压力。上述固液分离池的支撑体为木桩，滤膜包括塑料膜和贴附在塑料膜上表面的竹片，进料管与出水管材料为 PVC 塑料。分离后污水通过两个无堵塞立式阀（管路为 PVC160 管）分别控制污水流入酸化池 1 和酸化池 2。固液分离池侧端设粗格栅，防止污泥堵塞出水阀，固态粪渣通过人工定期清理进行粪渣处理。

图 3-10　固液分离池

酸化调节池：酸化调节池对固液分离池分离后的污水进行混合、储存和调节，起到初步酸化水解作用，以满足厌氧发酵工艺的技术要求。调节污水水量、水质（温度、浓度、酸碱度），使集中、间歇性进水变成均衡、连续性进水。酸化调节池的结构采用钢筋混凝土结构，设计容积为100m³，可以较好地调节水力停留时间（设计0.5—1d），避免产甲烷菌在酸化池内将乙酸转化为甲烷。

二、上流式玻璃钢沼气池设计

本项目厌氧消化反应器采用厌氧复合反应器（UBF），它是在厌氧滤池（AF）和上流式厌氧污泥床（UASB）的基础上开发的新型复合式厌氧流化床反应器。它整合了UASB与AF的技术优点：相当于在UASB装置上部增设AF装置，将滤床（相当于AF装置）置于污泥床（相当于UASB装置）的上部，由底部进水，于上部出水并集气。它具有水力停留时间短、产气率高、对COD_{Cr}去除率高等优点。

UBF由布水器、污泥层、填料层、分离器组成（见图3-11），外部包覆有混凝土保护层的封闭式玻璃钢罐体，罐体上部设有排气管，侧部设有排液管，下部设有进料管，底部设有排渣管，所述进料管伸入池体内腔的管段上设有有利于进料分布均匀的布水器。有机废水从反应器的底部通过布水器进入，依次经过污泥床、填料层进行生化反应后，从其顶部排出。反应器的下面是高浓度颗粒污泥组成的污泥床，上部是填料及其附着的生物膜组成的滤料层。处理出水通过设备上面的分离区固、液、气三相分离后，水流出设备外，甲烷集气后在设备顶端排出，长满微生物的载体仍然留在设备中。

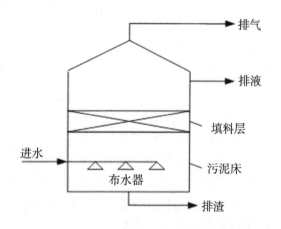

图 3-11　UBF反应器结构示意图

UBF 底部进水上部出水可增强对底部污泥床层的搅拌作用，使污泥床层内的微生物同进水基质得以充分接触，从而达到更好的处理效率并有助于颗粒污泥的形成。在反应器上部设置的填料层（滤床）中，微生物可附着在滤床的填料（滤料）表面得以生长形成生物膜，滤料间的空隙可截留水中的悬浮微生物，从而可进一步去除水中的有机物质。由于滤料的存在，加速了污泥与气泡的分离，从而极大地降低污泥的流失，反应器容积可得到最大限度的利用，反应器积聚微生物的能力大为增强，可使反应器达到更高的有机负荷。

整个工程主体采用混凝土钢筋浇筑，有效容积 $670m^3$，池体为圆柱体，池半径 4.6m，池内高度 12m，池体内外均涂刷有机玻璃钢材料进行密封和保温（如图 3-12），并在池内设置气水分离器和排渣装置，在距池底 2.45m 高处设置聚乙烯填料层，填料层高 2m，填料间隔 0.1m（如图 3-13）。厌氧发酵池底部（约 2m 高）预埋热交换盘管，通过太阳能集热装置（如图 3-14）对发酵池底部循环管内水进行加热，通过热交换对厌氧发酵池内的污水进行温度调节（如图 3-15）。整个沼气池水力停留时间（HRT）为 9.57d。

图 3-12　填料

图 3-13　上流式玻璃钢沼气池

图 3-14　太阳能采集站

图 3-15　热交换盘管

三、主要构筑物

主要建筑物见表 3-5,主要配备设备见表 3-6。建立无动力固液分离系统一套,格栅集水池 1 个,容积约为 50m³。调节酸化池,容积 100m³。上流式高效节能玻璃钢夹套水泥沼气池容积 700m³。太阳能加热真空管面积 300m²。

表 3-5 厂区主要建筑物一览表

序号	建筑物名称	建筑形式	规格	数量
1	格栅槽	砖混	2m×0.6m×0.8m	0.96m³
2	格栅	碳钢结构	0.6m×0.8m	2m²
3	格栅集水井	砖混	4m×2.5m×1m	10m³
4	集水井	砖混	φ3m×H3m	21.2m³
5	水解酸化池	砖混	10m×5m×2m	100m³
6	进料预热池	砖混	10m×5m×2m	100m³
7	上流式高效节能玻璃钢夹套水泥沼气池	玻璃钢、钢筋混凝土	φ9.2m×H12.5m	700m³
10	沼气脱硫供气房	砖混	4m×2.5m,高 2.5m	10m²
11	贮气柜	玻璃钢		200m³
12	贮气柜水封池		φ4.6m	230m³
13	集中供气输气主管道		φ50m	3500m
14	太阳能采集站			300m²
15	热能循环交换管道			1000m

表 3-6 主要设备配置表

序号	设备名称	配置	数量
1	格栅	钢板、防腐	1 套
2	渣浆泵	WQP-22-2.2	2 台
3	固液分离机	FZ-12	2 台
4	排渣系统	UPVC 管	6 套
5	溢流堰	UPVC 管	6 套
6	厌氧池布水器	DN150	6 套
7	弹性填料	φ120m×H0.35m	150m³
8	污水泵	5kw	2 台
9	气水分离器	WS	2 台
10	脱硫塔	Lxsj	2 台
11	沙滤器		2 台
12	阻火柜	ZGB-1	1 台
13	贮气柜	压力 800mm 水柱	200m³
14	沼气管道	φ50mmPE 管	1 套
15	沼气池玻璃钢保温	隔热系数小于 0.001	1200m³

四、产沼气效果比较分析

池温测量采用西安仪器厂防爆型 PT100 温度计深入沼气池出口液面下每隔 1m 测量 1 次，推流式沼气池取 3 次平均温度，上流式沼气池取 6 次平均温度。环境温度采用现场悬挂气温温度计测量。沼气产量采用上海华强浮罗仪表有限公司管道式涡街流量计进行测量。新星种猪养猪场沼气池运行时间 2010 年 1 月 1 日至 12 月 31 日，在没有开启外加热源以及智能化装备的情况下，每天中午 12:00 记录环境温度、沼气池发酵温度以及产气量，比较分析新星种猪养猪场内钢筋混凝土沼气池、推流式玻璃钢沼气池和上流式玻璃钢沼气池的池温变化、沼气产气率以及沼气产量。

2010 年 1 月至 12 月期间对新星种猪养猪场 300m³ 混凝土沼气池、500m³ 折流式玻璃钢沼气池、670m³ 上流式玻璃钢沼气池进行跟踪监测，池温随运行时间变化情况如图 3-16 所示。由图中可以看出，上流式玻璃钢沼气池与折流式玻璃钢沼气池发酵温度接近，均高于混凝土沼气池，说明玻璃钢对于沼气池有一定的保温效果。

将三种沼气池累计产沼气量换算为 500m³ 沼气池产沼气量进行累计产沼气量比较，如图 3-17 所示。经过 1a 运行和试验记录，混凝土沼气池累计产沼气量 6.42 万 m³；上流式沼气池累计产沼气量 13.5 万 m³，比混凝土沼气池年多产气 110.3%，折流式玻璃钢沼气池累计产沼气量 8.05 万 m³，比混凝土沼气池年多产气 25.4%。

由图 3-17 和图 3-18 可以看出，上流式玻璃钢沼气池在工艺上比折流式沼气池有很大的先进性。从玻璃钢沼气池与混凝土沼气池的比较可以看出，发酵温度对沼气产气量起了决定性的作用。

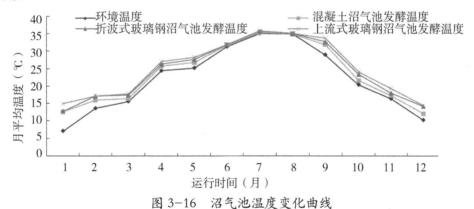

图 3-16　沼气池温度变化曲线

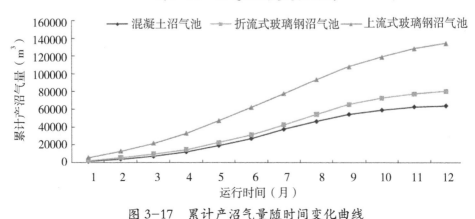

图 3-17　累计产沼气量随时间变化曲线

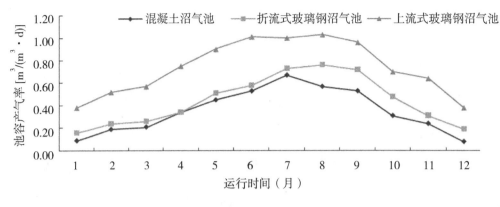

图 3-18 产气率随时间变化曲线

第三节　上流式玻璃钢沼气池远程控制自控系统设计

针对新星种猪养猪场的上流式沼气生产系统，开发智能化大型沼气池高效产气与远程监控系统软件，使系统具备参数采集、设备控制、自动监测、参数报警，保证系统安全可靠的运行，提高沼气的产气量，并能自动报送生产运行数据至种猪场监控中心和福建省农科院。同时，系统软件还具备远程沼气池诊断功能，使专家不用到现场就可以解决沼气池运行中出现的问题。

■ 一、自控系统总体方案

1. 总体结构

系统整体构思：将工程设计成集现场控制、数据采集、数据处理、生产管理一体的自动化系统。系统拓扑如图3-19所示。

自控系统主要由1个现场上位机和1套现场S7-200 PLC工作站构成，远程的种猪场主控室、福建省农科院、上海交通大学以及其他控制室，均通过以太网/Internet远程监控S7-200 PLC工作站。现场S7-200工作站可以对现场设备以及仪表的主要参数进行监测和优化控制，并把这些信号传送到现场上位机和远程控制室。现场上位机和远程控制室接收各在线检测仪表传输的信号及受控对象的手/自动状态、运行状态、故障报警信号，经现场S7-200工作站进行运算和程序控制，所传输的信号能反映所有被监控设备即时运行状态。本系统下位机软件为S7-200中运行的PLC程序，采用的开发工具为STEP7，上位机采用Intouch组态软件。

2. 总体控制策略

沼气发酵是一种复杂的生化反应过程，分水解、酸化和产甲烷三个阶段。产沼气的基本条件：碳氮比适宜的发酵原料、优质足量的沼气微生物、严格的厌氧环境、适宜的发酵温度、适宜的酸碱度、适宜的发酵浓度、持续的搅拌。这些条件有一项对沼气微生物不适应，就产生不了沼气或沼气产量很低。需要实施自动控制保证发酵在最佳的条件下进行。总体控制策略示意如图3-20所示。

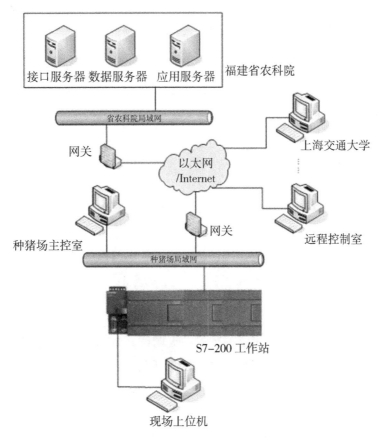

图 3-19　沼气自动化监测和控制系统拓扑图

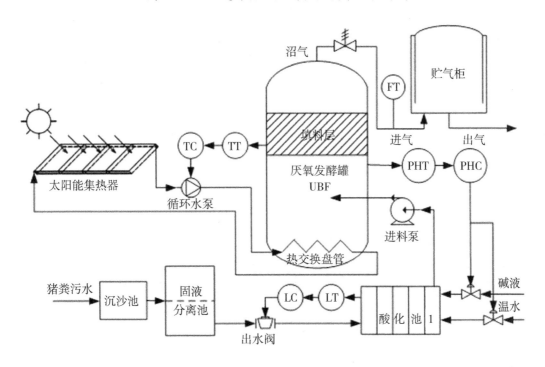

图 3-20　沼气生产设备自动控制方案

（1）发酵温度控制

发酵温度是影响产气效率的最大因素，不仅微生物菌体本身对温度十分敏感，而且涉及菌体生长和产物合成的酶都必须在一定温度下才能具有高的活性。因此，沼气生产厌氧反应过程的温度控制非常重要。温度适宜则细菌繁殖旺盛，活力强，厌氧分解和生成甲烷的速度快，产气多。研究发现，在10—60℃环境下都可以进行沼气发酵。通常将其分为高温发酵（50—60℃）、中温发酵（30—35℃）和常温发酵（10—30℃）。

厌氧发酵反应罐UBF温度控制采用单回路PID控制器，由温度测量元件，控制器，调节阀和被控过程（UBF）四部分组成。在污泥层、填料层和悬浮层分别安装温度检测器，温度测量值取平均，反馈至温度控制器进行调节。

在福建省建瓯市，系统存在两个最佳工作温度点：35℃和55℃。该基地在大部分季节，中温35℃是最佳效益的发酵温度，当温度达到38—43℃时产气量下降。控制系统主要控制策略应使得沼气反应温度始终保持在35℃，避免38—43℃的低产气温度段。而在夏季高温时段，朝高温最佳工作温度55℃方向控制。

系统根据不同的季节，通过控制进料和太阳能系统来控制反应罐内的反应温度。太阳能集热系统产生的高温热水通过对厌氧反应罐内部热交换盘管使得反应罐内升温发酵。在夏季，当太阳能热水温度高于反应罐内温度5℃时，太阳能系统运行，在没有进料的情况下，反应罐内温度持续缓慢升高；当反应罐内温度超过38℃时，太阳能热水循环系统停止运行，并连续低温进料30min，使得反应罐内温度始终维持在35℃左右的最佳工作温度点。而在每天上午10：00至下午5：00这段高温时间段，如果低温进料半小时以后的5min内反应罐内温度仍超过38℃，则应使系统朝55℃最佳工作温度点方向控制，此时当太阳能热水温度高于反应罐内温度5℃时，太阳能系统恢复运行，并采用间歇式进料模式，即进料泵每2h进料20min，加快搅拌效率，提高产气速度。在其他季节，当反应罐内温度超过35℃时，连续低温进料30min，使得反应罐内温度始终维持在35℃。

（2）厌氧发酵pH值控制

沼气微生物的生长、繁殖要求发酵原料的酸碱度保持中性，或者微偏碱性，过酸、过碱都会影响产气。测定表明：pH 6—8时，均可产气，以pH 6.8—7.4产气量最高，pH值低于6或高于8时均不产气。

沼气池发酵初期由于产酸菌的活动，池内产生大量的有机酸，导致pH值下降。随着发酵持续进行，氨化作用产生的氨中和一部分有机酸，同时甲烷菌的活动，使大量有机酸转化为甲烷和二氧化碳，使pH值逐渐回升到正常值。所以，在正常的沼气发酵过程中，沼气池内的酸碱度变化可以自行调节，一般不需要人为调节。当正常发酵过程受到破坏的情况下，才可能出现有机酸大量积累，发酵料液过于偏酸的现象。

本系统检测厌氧反应罐内pH值，以期运行在pH 7.3左右，设置pH值高低报警阈值进行监控。当pH < 6.6时，在进料处适当加入碱液（草木灰或澄清石灰水），当pH > 8时，在进料处适当加入温水，通过调节进料pH值进而将反应罐内料液的pH值控制在7.3左右，如图3-21所示。

厌氧发酵反应罐UBF的pH值控制采用分程控制，由pH值测量变送元件，pH值控制器，2个调节阀（碱液调节阀和温水调节阀）和被控过程（UBF）四部分组成。pH值测量采用pH

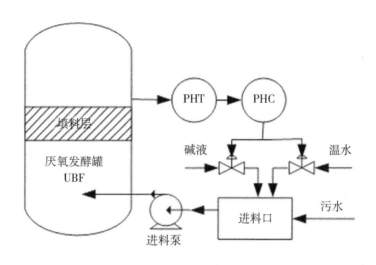

图 3-21　厌氧发酵罐 pH 值控制系统示意图

分析仪（电化学式分析仪），安装在填料层上部。当 pH 值偏高时，关闭碱液调节阀，开大温水调节阀，降低 pH 值；当 pH 值偏低时，关闭温水调节阀，开大碱液调节阀。

（3）厌氧发酵进料控制

为保证发酵充分，需对进料进行控制，进料基本原则：勤出料，勤进料，出多少进多少，以保持发酵料液总体的平衡。本项目进料方式采用半连续（间歇）进料分时控制，如图 3-22：污水通过开关泵分时进入厌氧发酵罐，可通过每天分时分段开启泵，通过时间控制污水进料。目前进料泵为开关泵，在进料泵的入口处安装 1 台管径 DN100 的电磁流量计，用于计量物料进量，流量的计量数据传至 PLC 也可就地显示。同时，在酸化池设立液位计，通过 PLC 控制酸化池液面高度，避免酸化池储量不够，进料泵处于干运转状态，损坏设备。

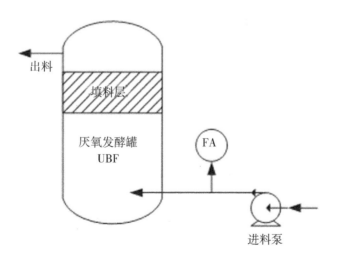

图 3-22　间歇进料分时控制示意图

（4）反应发酵浓度控制

在沼气发酵中保持适宜的发酵料液浓度，对于提高产气量，维持产气高峰是十分重要的。发酵料液浓度是指原料的总固体（或干物质）重量占发酵料液重量的百分比。夏季由于气温高、原料分解快，料液浓度一般为6%—8%，冬季由于原料分解缓慢，浓度一般为8%—10%。

在系统中引入"产气"和"环保"两种工作模式。在粪污收集池流出口，安装两个电动阀门，一个口直接流向酸化池，另一个流入固液分离池。当要求尽可能提高产气量时，系统工作在"产气"模式打开1#电动阀，关闭2#电动阀，此时流入酸化池的沼液是未经过固液分离的；当要求实现达标排放时，系统工作在"环保"模式，关闭1#电动阀，打开2#电动阀，此时流入酸化池的发酵液是经过固液分离处理的。

（5）搅拌控制

沼液搅拌越充分，反应罐内的厌氧反应越快，产气量越高。在系统通过增加空压机和储气罐构成的反馈回路，将产生的沼气经空压机增压后进入储气罐，并经搅拌电磁阀，由进料管路将增压后的沼气压入厌氧反应罐，使得反应罐内充分搅拌。具体控制策略主要如下：当进料泵开启时，保持搅拌电磁阀关闭；其他时候，搅拌电动阀每30min打开30s，使得反应罐内间歇式灌气搅拌。

（6）沼气利用系统控制

生产的沼气主要有两种应用途径：沼气集中供气和沼气发电。沼气集中供气是首先需要满足的，多余的沼气用于沼气发电以满足猪场工作生产用电，节约能源和运行成本。因此，在沼气集中供气时，沼气发电机不运行。只有提供给沼气发电机的沼气达到一定的压力时，才能稳定地进行沼气发电。所采用的控制策略如下：在每天的早上6：30—7：30，中午11：00—12：30和下午17：30—19：00三个时间段，沼气发电机不工作；其他时间段，且当沼气压力达到80kPa时，PLC通过modbus总线向沼气发电机发送启动命令，使得沼气发电机启动运行。

二、各处理工艺控制过程详细描述

1. 粪污预处理系统

猪舍实施干清粪工艺，日产日清。剩余猪栏猪粪和尿液用水一起冲入下水道变成废水。养猪场污水通过沟管自然流入沉沙池，经过沉沙池后流入收集池，该池出口分别安装两个出水阀门，一出水阀门流入固液分离池，通过筛网实现固液分离。固液分离池筛网下部连通，分离后污水流入酸化池，另一口直接流入酸化池，出水阀开、停可根据酸化池的液位进行自动控制，设计水力停留时间为0.5—1d，酸化池间歇进水，也可由中控室根据延续时间进行设定。

酸化调节池对污水进行混合、储存和调节，起到初步酸化水解作用，以满足厌氧发酵工艺的技术要求。调节污水水量、水质（温度、浓度、酸碱度），使集中、间歇性进水变成可控式进水。增设pH计1台，液位计1台，测量数据经传感器送至中控室显示。

（1）监控的设备及相关的I/O点

监控的设备及相关的I/O点如表3-7。

表 3-7　监控的设备及相关的 I/O 点

系统名称	系统数量	系统内监控设备	设备数量	DI	DO	AI	AO
固液分离池	2	出水电动阀	2	手动/自动 开到位 关到位 故障	开 关		
酸化池	1	液位计	1			液位	
		pH 计	1			pH 值	

（2）主要设备控制功能

固液分离池出水调节需满足以下功能及原则：①保证酸化池保持高液位，实现系统高负荷运行。②保持两出水阀最多只有一台处于开启状态。③及时监视判断故障的隐患，并及时采取保护措施。

（3）收集池进水电动阀

实时监测其运行、故障等状态，通过监控画面上不同的颜色显示。具有就地、远程手动和自动三种控制方式。

①就地：将控制柜上的转换开关转为手动脱离 PLC，由就地操作按钮实现电动阀的开、停操作；

②远程手动：将控制柜上的转换开关转为远程，通过监控画面上的开、停按钮在上位机手动操作；

③自动：当运行在"产气"模式时，1# 电动阀处于自控状态，2# 电动阀始终保持关闭状态；当运行在"环保"模式时，2# 电动阀处于自控状态，1# 电动阀始终保持关闭状态；转入自动后，当酸化池液位高于设定值时根据时间间隔控制收集池出水电动阀的启停时间，当酸化池液位低于设定值时采用液位控制器控制收集池出水电动阀的启停。

（4）参数检测

液位计用于监测酸化池中的液位。画面实时数值显示并通过曲线显示。设置数值的下限警告、上限警告和报警，并登录入报警清单。

pH 计用于监测酸化池中的 pH 值。画面实时数值显示并通过曲线显示。设置数值的下限警告、上限警告和报警，并登录入报警清单。

PLC 检测到设备的故障信号，立即送信号至中控室计算机声光报警，记忆并打印故障，同时 PLC 对被控设备进行保护控制。

2. 厌氧反应器

污水通过泵提升从厌氧复合反应器（UBF）的底部通过布水器进入，依次经过污泥床、填料层、悬浮层进行生化反应后，沼气自动从其顶部排出，沼液从侧面溢流管自动溢出，沼渣自动从底部排出。在 UBF 进口管道安装流量计（DN80），UBF 反应器的污泥层、填料层和悬浮层分别安装 3 个温度传感器，在填料层上部安装 1 个 pH 值传感器。厌氧反应器侧面取样口可进行人工取样，离线测量 SS、COD_{Cr}、BOD_5、NH_3-N、TP 值。

（1）监控的设备及相关的 I/O 点

监控的设备及相关的 I/O 点如表 3-8。

表 3-8　监控的设备及相关的 I/O 点

系统名称	系统数量	系统内监控设备	设备数量	I/O 点信息			
				DI	DO	AI	AO
厌氧反应器	1	流量计	1			流量	
		PT100	3			温度	
		pH 计	1			pH 值	
		进料泵	1	故障			
				手动/自动	开		
				运行	关		
太阳能集热器	1	循环水泵	1	故障			
				手动/自动	开		
				运行	关		

（2）主要设备控制功能

反应罐的调节需满足以下功能及原则：

①保证系统高负荷运行。

②进料泵的开停次数不宜过于频繁。

③能够及时监视判断故障的隐患，并及时采取保护措施。

④通过温度计可实时监测反应罐中的温度，三个采样点温度取均值，通过控制太阳能集热器管道循环水泵的开启，进行增温。

⑤通过 pH 计可实时监测反应罐中的 pH 值，通过在进料口手动开启碱液阀或温水阀，进行 pH 值调整。

（3）进料泵

实时监测其运行、故障等状态，通过监控画面上不同的颜色显示。具有就地、远程手动、自动三种控制方式。

①就地：将控制柜上的转换开关转为手动，脱离 PLC，由就地操作按钮实现对泵机的开、停操作。

②远程手动：将控制柜上的转换开关转为远程，通过监控画面上的开、停按钮在中控室手动操作。

③自动：当该泵转入自动后，由 PLC 程序根据管道流量、运行时间及相应的控制策略，

进行进料泵的启停控制。

④泵机开启过程：有开泵指令（远程指令，PLC 根据管道流量、运行时间及相应的控制策略判定开泵指令，故障切换开泵指令）；检查主令开关是否全闸送电；主令开关合闸送电后，启动。

（4）循环水泵

实时监测其运行、故障等状态，通过监控画面上不同的颜色显示。具有就地、远程手动、自动三种控制方式。

①就地：将控制柜上的转换开关转为手动，脱离 PLC，由就地操作按钮实现对泵机的开、停操作。

②远程手动：将控制柜上的转换开关转为远程，通过监控画面上的开、停按钮在中控室手动操作。

③自动：当该泵转入自动后，由 PLC 程序根据反应器温度及相应的控制策略，进行进料泵的启停控制。

④泵机开启过程：有开泵指令（远程指令，PLC 根据反应器温度及相应的控制策略判定开泵指令，故障切换开泵指令）；检查主令开关是否全闸送电；主令开关合闸送电后，启动。

（5）参数检测

流量计用于监测进料泵流量；3 路 PT100 传感器用于监测发酵罐不同层的温度；pH 计用于监测发酵罐污泥层 pH 值的变化。

画面实时数值显示并通过曲线显示。设置数值的下限警告、上限警告和报警，并登录入报警清单。

PLC 检测到设备的故障信号，立即送信号至上位机声光报警，记忆并打印故障，同时 PLC 对被控设备进行保护控制。

3. 沼气利用系统

沼气利用系统包括贮气柜、阻火柜、脱硫器、输配管道和沼气发电机。沼气经气水分离器脱水后进入脱硫装置进行脱硫，脱硫后的沼气计量后进入贮气柜贮存。沼气经干式阻火器后可用于发电。浮罩式贮气柜恒压，可自动进气和排气。安装压力传感器检测储气柜压力，在进气管道安装流量计进行沼气计量。

通过压力传感器检测，当沼气压力达到 80kPa 时，且在每天的早上 6:30—7:30，中午 11:00—12:30 和下午 17:30—19:00 三个时间段以外的时间段，PLC 通过 modbus 总线向沼气发电机发送启动命令，使得沼气发电机启动运行。

（1）监控的设备及相关的 I/O 点

监控的设备及相关的 I/O 点如表 3-9 所示。

表 3-9　监控的设备及相关的 I/O 点

系统名称	系统数量	系统内监控设备	设备数量	DI	DO	AI	AO
储气罐	1	压力传感器	1			压力	
		流量传感器	1			流量	

（2）参数检测

压力传感器用于监测贮气罐中的压力，流量传感器用于测量产出的沼气量。

画面实时数值显示并通过曲线显示。设置数值的下限警告、上限警告和报警，并登录入报警清单。

PLC 检测到设备的故障信号，立即送信号至上位机声光报警，记忆并打印故障，同时 PLC 对被控设备进行保护控制。

4. 空压机增压搅拌系统

空压机增压搅拌系统主要包括脱硫器、空压机、储气罐、电磁阀。沼气进入脱硫装置进行脱硫，脱硫后的经空压机增压后进入储气罐贮存，增压后的沼气经电磁阀由厌氧反应罐进料管路压入反应罐内，使得罐内沼液充分搅拌，提高产气量。安装压力传感器检测储气罐压力。

（1）监控的设备及相关的 I/O 点

监控的设备及相关的 I/O 点如表 3-10。

表 3-10　监控的设备及相关的 I/O 点

系统名称	系统数量	系统内监控设备	设备数量	I/O 点信息			
				DI	DO	AI	AO
增压系统	1	压力传感器	1			压力	
		电磁阀	1	打开/关闭			

（2）参数检测

压力传感器用于监测储气罐中的压力。

画面实时数值显示并通过曲线显示。设置数值的下限警告、上限警告和报警，并登录入报警清单。

PLC 检测到设备的故障信号，立即送信号至上位机声光报警，记忆并打印故障。

■ 三、小结

系统安装了温度、流量、液位、压力等传感器，由 S7-200 PLC 进行数据的采集和控制，通过基于 Intouch 组态软件开发的上位机系统进行系统实时监测与控制，以及数据存储等功能，并可通过互联网实现系统的远程监测和控制。系统具有可扩展性强、运行可靠、操作方便、交互性好等特点。经过一段时间的实际运行，本大型沼气池高效产气自控系统满足了大型沼气池的工艺要求，实现了沼气生产过程的自动化监测与控制，达到了高效的产气要求，提升了经济效益。

第四节 智能化上流式玻璃钢沼气池运行效果

试验运行时间为2011年1月1日至12月31日。试验对象为新星种猪养猪场智能化上流式玻璃钢沼气池（具体见智能化上流式玻璃钢沼气池工艺流程介绍）和永盛农牧养猪场加热玻璃钢沼气池。新星种猪养猪场上流式玻璃钢沼气池开启太阳能真空面板加热装置以及智能化控制仪器和设备，通过智能化大型沼气池高效产气与远程监控自控系统，实现对沼气池进料流量、进料浓度、发酵液温度、发酵液pH值，沼气产气流量等运行指标进行在线监测，通过多源信息融合技术，实现当前条件下沼气池产沼气最佳运行条件，从而实现高效产沼气。永盛农牧养猪场沼气池开启太阳能真空面板加热装置。池温测量采用西安仪器厂防爆型PT100温度计深入沼气池出口液面下每隔1m测量1次，发酵池温为6次平均温度。环境温度采用现场悬挂气温温度计测量。沼气产量采用上海华强浮罗仪表有限公司管道式涡街流量计进行测量。每天中午12:00记录环境温度、沼气池发酵温度以及产气量。

一、工艺流程

智能化上流式沼气工程普通沼气工程的工艺流程一致，包括进料前处理、进料、发酵、储存和进化、输送、沼液沼渣处理等，但在运行过程中的技术装备存在较大差异，使得沼气工程管护从普通工程模式的手工操作转变为智能化操作。智能化上流式沼气工程技术系统具有显著的先进性：安装了酸化池和沼气池的pH值监测计、酸化池水位监测计、分批进料抽液计、温度自动控制系统、太阳能加热系统、沼气搅拌系统、沼气流量监测计、互联网远程控制系统（电脑、PLC控制柜、宽带、数据储存系统等）等，使得沼气池实现智能化自动分批进料，自动控制沼气池沼气搅拌工作，自动为沼气池发酵液加热，电脑实时记录酸化池水位、沼气池温度、酸化池和沼气池的pH值、沼气池和储气柜气压值，并将以上数据实时传至养猪场管理负责人的电脑和技术服务机构，通过智能系统自动调整运行状态，达到提高产气的目的，方便养猪场进行沼气工程的远程控制与管理以及技术服务机构对工程运行的远程控制和技术服务。智能化上流式沼气工程的工艺运行流程如图3-23所示。

多源信息融合作为一种可消除系统的不确定因素、提供准确的观测结果综合信息的智能化数据处理技术，在工业监控、智能检测、机器人、战场观测、自动目标识别和多源图像复合等领域获得广泛应用。多源信息融合过程充分利用并合理分配多传感器资源，检测并提取数据信息，然后把多传感器在时间或空间上的冗余、竞争、互补和协同信息，在领域知识的参与指导下，依据相关准则来指导及管理传感器以最佳能效比进行融合。相比单个传感器以及系统各组成部分的子集，整个系统不但具有更精确、更明确的推理及更优越的性能，而且还具有减少状态空间的维数、改善量测精度、降低不确定性等特点。从广义出发，多源信息融合技术涉及传感器、信号处理、概率统计、信息论、模式识别、决策论、不确定性推理、估计理论、最优化技术、计算机科学、人工智能和模糊数学等研究领域。

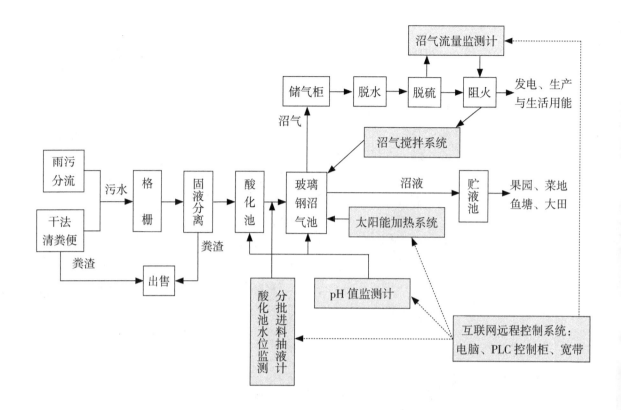

图 3-23 智能化沼气工程的工艺运行流程

本项目智能化大型沼气池高效产气及远程控制自控系统，通过自主开发的智能化大型沼气池高效产气与远程监控系统软件，采用了 pH 传感器、温度传感器、沼液流量传感器、压力传感器、沼气流量传感器等多传感器进行数据采集，并通过软件进行数据融合，提高信息采集的准确性，并得到沼气池产沼气最佳运行条件，使系统具备参数采集、设备控制、自动监测、参数报警以及远程诊断功能，保证系统安全可靠的运行，实现沼气池高效产沼气，并能自动报送生产运行数据至种猪场监控中心和福建省农科院。

二、产沼气效果比较分析

2011 年 1 月至 12 月对新星种猪养猪场 670m^3 智能化上流式玻璃钢沼气池和永盛农牧养猪场 60m^3 玻璃钢沼气池进行跟踪监测，环境温度和发酵温度随运行时间变化情况如图 3-24 所示。由图 3-24 中可以看出，智能化上流式玻璃钢沼气池环境温度高于折流式玻璃钢沼气池环境温度，智能化上流式玻璃钢沼气池发酵温度远低于折流式玻璃钢沼气池。由于智能化上流式玻璃钢沼气池安装太阳能真空面板 300m^2，需要加热的沼气池有效容积 670m^3，而折流式玻璃钢沼气池安装太阳能真空面板 100m^2，需要加热的沼气池有效容积为 60m^3。此外，建瓯市处于内陆山区，阴天比较多，对太阳能的利用也有不利影响，而连江县处于沿海地区，晴天较多，对太阳能的利用非常有利。因此，太阳能热源对于智能化上流式玻璃钢沼气池发酵温度的影响比折流式玻璃钢沼气池的影响小。

将两种沼气池累计产沼气量换算为 500m³ 沼气池产沼气量进行累计产沼气量比较，如图 3-25 所示。经过 1a 运行和试验记录，折流式玻璃钢沼气池累计产沼气量 14.0 万 m³，智能化上流式沼气池累计产沼气量 17.15 万 m³，比折流式玻璃钢沼气池年多产气 22.1%。

由图 3-26 可以看出，智能化上流式大型沼气池年平均池容产气率达到 0.93m³/（m³·d），折流式玻璃钢沼气池年平均池容产气率达到 0.77m³/（m³·d）。智能化上流式大型沼气池在运行过程中体现出了极大的优点：通过沼气池 pH 监测计可保证沼气池的 pH 值被控制在适合厌氧发酵的合理范围内；分批进料流量计通过智能化系统控制沼气池的单次进料量，避免进料过多而影响发酵池温度，过多改变发酵的环境。智能化太阳能加热系统根据沼气池温度自动调节输送热水决策，保证沼气池的最佳发酵温度；沼气自动化搅拌系统在温度较低或粪水不足的情况下可提高沼气池的发酵效率。以上优点保证沼气池的温度和浓度在外部约束条件下达到最佳水平，促成了新星种猪养猪场智能化上流式大型沼气池的高产气率。

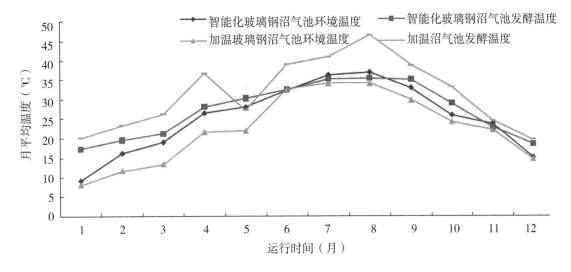

图 3-24 沼气池温度变化曲线

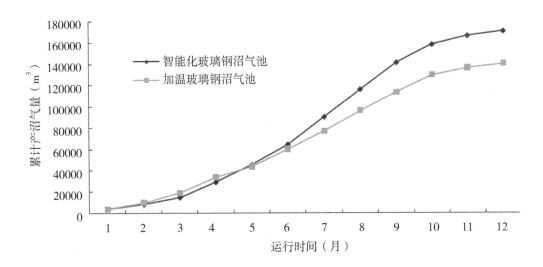

图 3-25 累计产沼气量随时间变化曲线

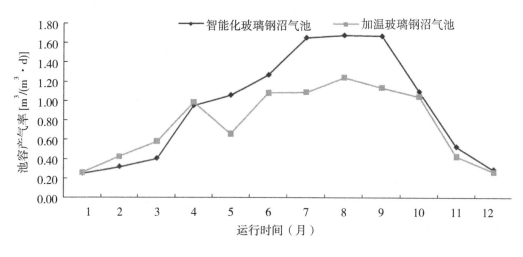

图 3-26 产气率随时间变化曲线

三、粗纤维含量、微生物多样性及沼气产气率相关性分析

规模化沼气技术是可再生能源和环境保护领域关注的重点，而智能化沼气工程技术可以通过智能化控制系统自动优化沼气池发酵条件，实现沼气工程运行的实时控制，通过远程监控系统来实现沼气池远程诊断和远程服务，是传统沼气工程技术工艺的一次升级。养猪场粪污属于高浓度有机废水，利用沼气技术处理规模化养猪场粪污，不但能够有效处理养殖废弃物，避免环境污染，而且可以通过沼气生产向周围用户提供清洁能源，对开发可再生能源及发展农业循环经济都具有重要意义。张国政认为沼气发酵是以纤维素为主要原料的厌氧发酵，沼气发酵不同时间和浓度与粗纤维消耗的关系也是极为密切的。而高效稳定的微生物生态系统是沼气产气率的保证，是沼气池稳定运行的关键。

智能化沼气池以上流式序批式玻璃钢沼气池为依托，通过远程智能化调控系统来控制和调节沼气池的运行，并采集相关运行数据。智能化沼气池建于新星种猪养猪场内，有效容积 $670m^3$，主体结构采用钢筋混凝土，沼气池内外涂刷有机玻璃钢，安装太阳能真空面板 $300m^2$，加热循环水为沼气池发酵液加温，并通过智能化控制系统进行沼气池进料条件控制，污水 COD_{Cr} 为 13500mg/L，水力滞留期（HRT）10d。

对常温条件下运行的智能化沼气池进行研究，通过对智能化沼气池发酵液中粗纤维含量、微生物多样性以及产气率相关性分析，为进一步优化智能化沼气池沼气发酵智能化控制系统奠定基础。沼液样品采集于新星种猪养猪场上流式智能化大型沼气池（有效容积 $670m^3$）不同发酵层，从下到上 1、2、4、6、7、8 层（1 代表离池底 1m，2 代表离池底 2m，4 代表离池底 4m，以此类推）。2011 年 10 月 22 日进料 $67m^3$ 后 6h、15h、24h、48h、72h 取样，样品为相同发酵时间、相同发酵层 3 点采集后混合为 1 样品，共计 23 个样品，采集样品 4℃ 厌氧保存。沼液粗纤维含量采用 GB/T 6434—2006 饲料中粗纤维的含量测定，pH 值测定采用 pH 玻璃电极法（GB6920—86）。采用 PCR-DGGE 方法测定沼液微生物群落。沼气产量采用上海华强浮罗仪表有限公司管道式涡街流量计（HQ960-1/40A00D1）进行测量。

1. 沼液粗纤维含量变化分析

对智能化沼气池不同发酵层和不同发酵时间的沼液进行粗纤维含量测定,结果见表3-11。

表3-11　沼液粗纤维含量检测结果　　　　　　　　　　　　　　　　　　　　%

发酵时间	取样口					
	1	2	4	6	7	8
6h	0.030	0.074	0.081			
15h	0.023	0.014	0.044			
24h	0.013	0.020	0.030	0.021	0.039	0.040
48h	0.005	0.011	0.020	0.005	0.004	0.008
72h	0.005	0.008	0.006	0.005	0.008	0.003

采用SPSS 17.0数据处理系统对表3-11中粗纤维含量进行方差分析,结果见表3-12。可知,不同层中的沼液粗纤维含量不存在显著差异($P=0.125 > 0.05$),不同发酵时间的沼液粗纤维含量存在极显著差异($P=0.000 < 0.01$);校正模型有统计学意义($P=0.000 < 0.01$)。通过对有显著差异的沼液粗纤维率均数进行各发酵时间的两两比较(S-N-K法,a=0.05)分析,得知发酵时间在72h、48h的粗纤维率在1子集内,发酵48h、15h、24h的粗纤维率在2子集内,发酵6h的粗纤维率在子集3内,故在a=0.05显著水平下,随着发酵时间的增加,沼液中粗纤维被逐渐消耗,粗纤维含量以0—6h、15—48h、48—72h为发酵时间段呈逐级的极显著下降趋势。

表3-12　不同层、不同发酵时间内沼液粗纤维含量方差分析结果

源	Ⅲ型平方和(SS)	自由度(df)	均方(MS)	F值	P(Sig.)值
校正模型	0.009[a]	9	0.001	8.504	0.000
截距	0.013	1	0.013	109.844	0.000
不同层	0.001	5	0.000	2.103	0.125
不同时间	0.007	4	0.002	15.093	0.000
误差	0.002	14	0.000		
总计	0.022	24			
校正的总计	0.010	23			

注:$R^2=0.845$(调整$R^2=0.746$)。

对不同发酵时间间有显著差异的沼液粗纤维率进行两两比较分析,结果见表3-13。从表中可知发酵72h、48h的粗纤维率在1子集内,发酵48h、15h、24h的粗纤维率在2子集内,发酵6h的粗纤维率在子集3内,故在a=0.05显著水平下,随着发酵时间的增加,沼液中粗纤维被逐渐消耗,粗纤维含量呈极显著下降趋势。

表 3-13　各发酵时间间沼液粗纤维率均数的两两比较

不同时间 (h)	N (个)	子集 (%) 1	子集 (%) 2	子集 (%) 3
72	6	0.006		
48	6	0.009	0.009	
15	3		0.027	
24	6		0.027	
6	3			0.062
Sig		0.688	0.061	1.000

注：S-N-K 法，a=0.05。

2. 沼液 pH 变化分析

对智能化沼气池不同发酵层和不同发酵时间的沼液进行 pH 测定，结果见表 3-14。

表 3-14　沼液 pH 检测结果

发酵时间	取样口 1	2	4	6	7	8
6h	7.485	7.380	7.510			
15h	7.535	7.490	7.555			
24h	7.485	7.460	7.535	7.520	7.560	7.550
48h	7.975	7.895	7.800	7.755	7.815	7.890
72h	7.980	8.015	7.840	7.915	7.965	7.930

采用 SPSS 17.0 数据处理系统对表 3-14 中沼液 pH 值进行方差分析，结果见表 3-15。可知，不同层中的沼液 pH 值不存在显著差异（$P=0.669 > 0.05$），不同发酵时间的沼液 pH 值存在极显著差异（$P=0.000 < 0.01$）；校正模型有统计学意义（$P=0.000 < 0.01$）。对有显著差异的各发酵时间间沼液 pH 均数进行两两比较（S-N-K 法，a=0.05）分析，得知发酵 6h、15h、

表 3-15　不同层、不同发酵时间内沼液 pH 值方差分析结果

源	III 型平方和（SS）	自由度（df）	均方（MS）	F 值	P(Sig.) 值
校正模型	0.969[a]	9	0.108	26.602	0.000
截距	1055.594	1	1055.594	260949.879	0.000
不同层	0.013	5	0.003	0.645	0.669
不同时间	0.895	4	0.224	55.313	0.000
误差	0.057	14	0.004		
总计	1424.601	24			
校正的总计	1.025	23			

24h 的 pH 值同在 1 子集内，发酵 48h、72h 的 pH 值同在 2 子集内，故发酵液 pH 值分别在 6—24h 与 48—72h 两发酵时段产生阶段性显著差异。

对不同发酵时间间有显著差异的沼液 pH 进行两两比较分析，结果见表 3-16。从表中可知发酵 6h、15h、24h 的 pH 值在 1 子集内，故发酵 6—24h 时间段内差异不显著，发酵 48h、72h 的 pH 值在 2 子集内，故发酵 48—72h 时间段内差异不显著，但沼液发酵到 48h 后，pH 值即显著上升了 0.5 左右。

表 3-16　各发酵时间间沼液 pH 均数的两两比较

不同时间(h)	N（个）	子集 1	子集 2
6	3	7.458	
24	6	7.518	
15	3	7.527	
48	6		7.855
72	6		7.941
P(Sig.) 值		0.289	0.068

注：S-N-K 法，a=0.05。

3. 沼液微生物菌落生态指数分析

用 Quantity one 软件对 DGGE 指纹图谱进行分析，用 EXCEL（2007）对分析数据进行细菌群落多样性（diversity index，以下简称 Dsh）、均匀度（homogeneous degrees index，以下简称 Jsh）的计算统计，结果见表 3-17。

表 3-17　沼液微生物菌落生态指数分析结果

生态指数	发酵时间	取样口（从下到上）					
		1	2	4	6	7	8
Dsh	6h	3.023	3.311	3.789			
	15h	3.906	4.036	3.866			
	24h	3.984	4.013	3.969	4.050	3.963	3.951
	48h	3.941	3.879	3.842	3.938	3.898	3.871
	72h		3.846	3.947	3.925	3.772	3.602
Jsh	6h	0.939	0.939	0.979			
	15h	0.984	0.982	0.978			
	24h	0.977	0.980	0.982	0.978	0.976	0.977
	48h	0.983	0.982	0.977	0.978	0.977	0.980
	72h		0.978	0.985	0.984	0.985	0.983

（1）微生物多样性指数 Dsh

采用 SPSS 17.0 数据处理系统对表 3-17 中微生物多样性指数 Dsh 进行方差分析，结果见表 3-18。可知，不同层沼液间的 Dsh 指数不存在差异（$P=0.506 > 0.05$）；发酵时间对 Dsh 指数具有极显著差异（$P=0.001 < 0.01$）；校正模型有统计学意义（$F=27.677$，$P=0.008 < 0.01$）。对有显著差异的发酵时间 Dsh 指数进行两两比较分析，得知发酵 6h 的 Dsh 指数在 1 子集内，发酵时间 15h、24h、48h、72h 的 Dsh 指数在 2 子集内，故在 a=0.05 显著水平下，发酵 15h、24h、48h、72h 的 Dsh 间差异不显著，而发酵 6h 的 Dsh 指数与发酵 15—72h 的 Dsh 指数均存在显著差异。即沼液在进料 0—12h 间，微生物群落曾对数生长阶段，发酵到 15h 后沼液中的微生物群落即达到稳定的生长阶段。

表 3-18　不同层、不同发酵时间对微生物多样性指数方差分析

变异来源	III 型平方和（SS）	自由度（df）	均方（MS）	F 值	P（Sig.）值
校正模型	0.937[a]	9	0.104	4.487	0.008
截距	258.377	1	258.377	11135.806	0.000
不同层	0.105	5	0.021	0.907	0.506
不同发酵时间	0.802	4	0.201	8.646	0.001
误差	0.302	13	0.023		
总计	340.390	23			
校正的总计	1.239	22			

注：$R^2=0.756$（调整 $R^2=0.588$）。

采用 SPSS 17.0 数据处理系统对不同发酵时间间有显著差异的 Dsh 指数进行了两两比较分析，结果见表 3-19。从表中可知发酵 6h 的 Dsh 指数在 1 子集内，发酵时间 15h、24h、48h、72h 的 Dsh 指数在 2 子集内，故在 a=0.05 显著水平下，发酵 15h、24h、48h、72h 的 Dsh 间差异不显著，而发酵 6h 的 Dsh 指数与发酵 15—72h 的 Dsh 指数均存在显著差异。即沼液在进料 0—12h，微生物群落曾对数生长阶段，发酵到 15h 后沼液中的微生物群落即达到稳定的生长阶段。

表 3-19　各发酵时间间微生物多样性指数 Dsh 均数的两两比较

不同发酵时间（h）	N（个）	子集 1	子集 2
6	3	3.374	
72	5		3.818
48	6		3.895
15	3		3.936
24	6		3.988
P(Sig.) 值		1.000	0.406

注：S-N-K 法，a=0.05。

(2) 微生物均匀度指数 Jsh

采用 SPSS 17.0 数据处理系统对表 3-17 中细菌群落均匀度指数 Jsh 方差分析，结果见表 3-20。可知，不同层沼液间的 Jsh 指数不存在差异（$P=0.745 > 0.05$），发酵时间对 Jsh 指数具有极显著差异（$P=0.004 < 0.01$）；校正模型有统计学意义（$F=3.539$，$P=0.02 < 0.01$）。对发酵时间有显著差异的 Jsh 指数进行了两两比较分析，可知发酵 6h 的 Jsh 指数在 1 子集内，发酵时间 15h、24h、48h、72h 的 Jsh 指数在 2 子集内，故在 a=0.05 显著水平下，发酵 15h、24h、48h、72h 的 Jsh 间差异不显著，而发酵 6h 的 Jsh 指数与发酵 15—72h 的 Jsh 指数均存在显著差异。

表 3-20　不同层、不同发酵时间对微生物均匀度指数方差分析

源	Ⅲ 型平方和（SS）	自由度（df）	均方（ms）	F 值	P（Sig.）值
校正模型	0.002[a]	9	0.000	3.539	0.020
截距	17.041	1	17.041	232805.671	0.000
不同层	0.000	5	3.930E-5	0.537	0.745
不同时间	0.002	4	0.000	6.644	0.004
误差	0.001	13	7.320E-5		
总计	21.942	23			
校正的总计	0.003	22			

注：$R^2=0.710$（调整 $R^2=0.510$）。

对不同发酵时间间有显著差异的 Jsh 指数进行了两两比较分析，结果见表 3-21。从表中可知发酵 6h 的 Jsh 指数在 1 子集内，发酵时间 15h、24h、48h、72h 的 Jsh 指数在 2 子集内，故在 a=0.05 显著水平下，发酵 15h、24h、48h、72h 的 Jsh 指数间差异不显著，而发酵 6h 的 Jsh 指数与发酵 15—72h 的 Jsh 指数均存在显著差异。

表 3-21　各发酵时间间微生物均匀度指数 Jsh 均数的两两比较

不同发酵时间（h）	N（个）	子集	
		1	2
6	3	0.952	
24	6		0.978
48	6		0.980
15	3		0.981
72	5		0.983
P（Sig.）值		1.000	0.851

注：S-N-K 法，a=0.05。

4. 沼气产气量测定分析

分别记录了发酵时间为 6h、16h、24h、48h、72h 时各时间段内及不同发酵时间的产气情况，结果见图 3-27。从图中可知，各发酵时间段内，产气时间段最高的是 6—16h 每立方米每天产气量为 1.12m³，其次依次为 14—24h、0—6h、24—48h、48—72h 时间段。当发酵 16h 时，产气率为最高值 0.94m³/（m³·d），其次依次为发酵 24h、48h、6h、72h。

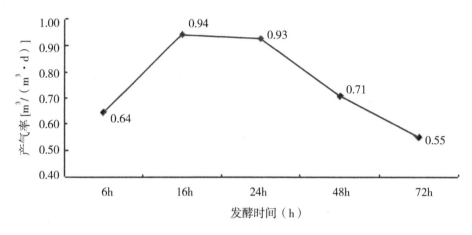

图 3-27 不同发酵时间沼气池的产气情况

5. 各指数间相关性分析

各元素间的相关性分析结果见表 3-22。从中可知，不同发酵时间产气率与粗纤维含量呈显著负相关，P 值为 0.03，与 pH 值、Jsh 指数呈显著正相关，对应 P 值分别为 0.039、0.029；均匀度指数 Jsh 与 pH 呈显著正相关，与粗纤维含量呈显著负相关，其对应 P 值分别为 0.000、0.014。

表 3-22 各指数间相关性分析结果

	不同时间产气率	粗纤维含量	pH 值	Dsh 指数	Jsh 指数
不同时间产气率	1	-0.999[*]	0.998[*]	0.836	0.999[*]
粗纤维含量	-0.999[*]	1	-0.677[**]	-0.339	-0.503[*]
pH 值	0.998[*]	-0.677[**]	1	0.138	0.465[*]
Dsh 指数	0.836	-0.339	0.138	1	0.849[**]
Jsh 指数	0.999[*]	-0.503[*]	0.465[*]	0.849[**]	1

注：** 表示在 0.01 水平（双侧）上显著相关，* 表示在 0.05 水平（双侧）上显著相关。

6. 产气率的逐步回归分析

各步引入影响最大的变量后对其各自的偏回归系数的方差分析见表 3-23。预测变量"Jsh"引入回归方程后，其偏回归系数的 $F=479.769$，P（Sig.）$=0.029 < 0.05$，说明变量"均匀度指数 Jsh"被引入回归方程时对回归方程的影响极显著。

表 3-23　方差分析表

	平方和（SS）	自由度（df）	均方（MS）	F 值	P(Sig.) 值
回归	0.056	1	0.056	479.769	0.029[a]
残差	0.000	1	0.000		
总计	0.056	2			

注：①预测变量：常量，Jsh。②因变量：不同发酵时间产气量。

表 3-24 是当各步引入对回归方程影响最大的变量时有关的偏回归系数及 t 检验。由表可知，当引入变量均匀度指数 Jsh 后，所得的回归方程为 $Y_{(产气率)}=10.416X_{(Jsh)}-9.272$，其 P 值为 0.029，说明该回归检验具有显著性。

表 3-24　偏回归系数及 t 检验

	非标准化系数		标准系数		
	B	标准误差	试用版	t	P(Sig.) 值
（常量）	-9.272	0.462		-20.087	0.032
Jsh	10.416	0.476	0.999	21.904	0.029

注：因变量，为不同发酵时间产气率。

7. 小结

（1）相同发酵时间，不同发酵层的沼液粗纤维含量不存在显著差异；相同发酵层、不同发酵时间的沼液粗纤维含量存在极显著差异。随着发酵时间的增加，沼液中粗纤维被逐渐消耗，粗纤维含量呈极显著下降趋势。粗纤维的降解高峰在发酵开始的 6—15h 时间段内。

（2）相同发酵时间、不同发酵层的沼液 pH 值不存在显著差异；相同发酵层、不同发酵时间的沼液 pH 值存在极显著差异。在整个发酵过程中，pH 值呈现上升趋势，沼液发酵到 48h 后，pH 值上升了 0.5 左右。

（3）不同层沼液间的微生物的多样性指数 Dsh、均匀度指数 Jsh 不存在差异；不同发酵时间多样性指数 Dsh、均匀度指数 Jsh 具有极显著差异。发酵 15h、24h、48h、72h 的 Dsh 指数、Jsh 指数间差异不显著，而发酵 6h 的 Dsh 指数、Jsh 指数与发酵 15—72h 的 Dsh 指数、Jsh 指数均存在显著差异。即沼液在进料 0—12h 间，微生物群落呈对数生长阶段，发酵到 15h 后沼液中的微生物群落即达到稳定的生长阶段。

（4）发酵 16h 时，产气率达到最高值 0.94m³/（m³·d），其次依次为发酵 24h、48h、6h、72h 时。各发酵时间段内，最高产气率是 6—16h 时间段，为 1.12m³/（m³·d），其次依次为 14—24h、0—6h、24—48h、48—72h 时间段。

（5）不同发酵时间产气率与粗纤维含量呈显著负相关，与 pH 值、Dsh 指数、Jsh 指数呈显著正相关。各步引入影响最大的变量后对其各自的偏回归系数的方差分析，可见变量"均匀度指数 Jsh"被引入回归方程时对回归方程的影响极显著。

四、智能化上流式玻璃钢沼气池发酵液养分变化分析

养猪场粪便污水是一种高浓度有机废水，由于我国养猪场集约化快速发展，以及养猪场粪便污水处理技术的相对滞后，导致猪场污水成为重要的污染源。在环境持续恶化的同时，国家对于能源的需求又急剧增加，这促使国家大力发展沼气事业。规模化沼气技术是可再生能源和环境保护领域关注的重点。利用沼气技术处理规模化养猪场粪污，不但能够有效处理养殖废弃物，避免环境污染，而且还可以通过沼气生产向周围用户提供清洁能源，对开发可再生能源及发展农业循环经济都具有重要意义。沼气工程可持续发展的重要因素就是沼液处理问题。沼液是粪便污水通过厌氧发酵后的产物，富含多种氨基酸、吲哚乙酸等能够提高农作物生产的营养物质，是一种兼备速效与长效的微生物有机肥，能有效改良土壤。张媛等的研究表明，在施用沼液后，土壤速效养分在一定阶段会随沼液施入量的增加而有所增加。农作物吸收利用的是土壤速效养分，它们的含量决定了土壤的肥力水平。

通过研究上流式沼气池中不同发酵层和不同发酵时间沼液养分变化，旨在对合理施用沼液和培肥土壤提供依据，同时对上流式沼气池运行参数进行优化调整，以及为后续沼液深度处理与利用奠定基础。上流式沼气池建于福建省新星种猪育种有限公司建瓯市徐墩镇山边村规模化养猪场内，有效容积 $670m^3$，主体结构采用钢筋混凝土，沼气池内外涂刷有机玻璃钢，安装太阳能真空面板 $300m^2$ 用于加热循环水为沼气池发酵液加温，水力滞留期（HRT）10d。经过干清粪、固液分离以及酸化池预处理后，沼气池进出口猪粪便污水 COD_{Cr} 分别为 1959mg/L、1234.5mg/L，BOD_5 分别为 1256mg/L、752.5mg/L。COD_{Cr} 测定采用《水和废水监测分析方法》（第三版）中重铬酸钾法；BOD_5 采用《水和废水监测分析方法》（第三版）五日生化需氧量测定方法。采用 SPSS 17.0 数据处理系统对数据进行方差及均数比较分析。

沼液样品采集于新星种猪养猪场上流式沼气池不同发酵层，从下到上 1、2、3、4、5、6、7、8 层（1 代表离池底 1m，2 代表离池底 2m，3 代表离池底 3m，以此类推），另外，0 为进料口，9 为出料口。2017 年 10 月 13 日进料 $67m^3$ 后 0h、24h、48h 取样，样品为相同发酵时间、相同发酵层 3 点采集后混合为 1 样品，采集样品装入干净塑料瓶中于 4℃厌氧保存。pH 测定采用 pH 玻璃电极法（GB6920—86）；乙酸测定采用气相色谱法；碱解氮测定采用碱解扩散法；有效钾测定采用 1.0mol/L 的 NH_4OAc 浸提 - 火焰光度法测定；有机质测定参照《水溶肥料有机质含量的测定（NY/T 1976—2010）》；有效磷采用碳酸氢钠提取 - 钼锑抗比色法；总氮测定采用碱性过硫酸钾消解 - 紫外分光光度法；总有机碳测定采用 HJ 501—2009 燃烧氧化 - 非色散红外吸收法。

1. pH 变化分析

对沼气池不同发酵层和不同发酵时间的沼液进行 pH 测定，结果见图 3-28。

从图 3-28 中可以看出，相同发酵层、不同发酵时间沼液样品中，发酵时间 48h 沼液样品 pH 值略高于发酵时间 24h 沼液样品，各不同发酵层、相同发酵时间的沼液样品 pH 值变化不大。沼气池进出口沼液样品 pH 值分别为 6.39 和 7.70。

2. 乙酸含量分析

有机物在厌氧发酵过程中，一般分为三个阶段：发酵水解、产氢产乙酸和产甲烷阶段。

产生甲烷的主要原料是乙酸、CO_2、H_2 及甲醇,其中乙酸分解产生的甲烷可以占到总产甲烷总量的 70%,因而厌氧水解酸化产物中乙酸占总挥发性脂肪酸的百分含量多少,可以有效反映厌氧发酵是否稳定以及是否发酵完全。对不同层、不同发酵时间沼液中乙酸含量进行检测,结果见图 3-29。

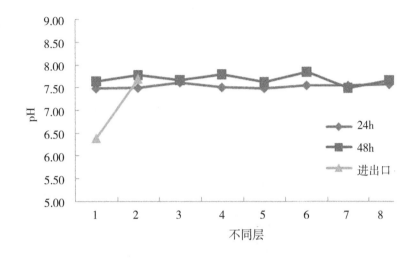

图 3-28 不同层、不同发酵时间沼液 pH 值

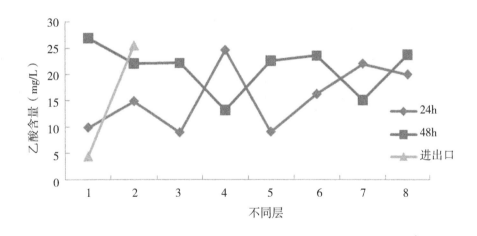

图 3-29 不同层、不同发酵时间沼液乙酸含量

从图 3-29 中可以看出,进水口和出水口沼液乙酸含量分别为 4.45mg/L 和 25.50mg/L,经沼气池发酵后,沼液乙酸含量增加,沼气池中的乙酸含量基本上高于进样中的含量。对其进行方差分析,结果见表 3-25,可以看出,不同发酵时间沼液乙酸含量呈极显著差异(P=0.006 < 0.01),不同层间沼液乙酸含量不存在显著差异(P=0.626 > 0.05)。

表 3-26 为不同发酵时间沼液乙酸均数两两比较结果,可知发酵 0h 时即进样口样品中沼液乙酸与其他发酵时间中的在不同子集内,说明沼液在沼气池发酵后其乙酸含量明显增加。

表 3-25　不同层、不同发酵时间对沼液中乙酸方差分析结果

源	III 型平方和（SS）	自由度（df）	均方（MS）	F 值	P（Sig.）值
校正模型	1548.007[a]	17	91.059	3.761	0.004
截距	7145.622	1	7145.622	295.134	0.000
发酵时间	236.640	1	236.640	9.774	0.006
不同层	151.066	8	18.883	0.780	0.626
发酵时间 * 不同层	707.808	7	101.115	4.176	0.007
误差	435.806	18	24.211		
总计	13716.675	36			
校正的总计	1983.813	35			

注：R^2=0.780（调整 R^2=0.573）。

表 3-26　不同发酵时间沼液乙酸均数的两两比较

发酵时间（h）	N（个）	子集 (mg/L) 1	2
0	2	4.445	
24	16		15.719
48	18		21.640
P（Sig.）值		1.000	0.077

注：S-N-K 法，a=0.05。

表 3-27 为不同取样口中沼液乙酸均数两两比较结果，进样口样品中沼液乙酸与其他不同层取样口中沼液乙酸在不同的子集内，说明进样口中沼液乙酸含量低于其他取样口。

表 3-27　不同层沼液乙酸均数的两两比较

取样口	N（个）	子集 (mg/L) 1	2
0	2	4.445	
3	4		15.543
5	4		15.808
1	4		18.378
2	4		18.510
7	4		18.580
4	4		18.925
6	4		19.913
8	4		21.850
9	2		25.500
P（Sig.）值		1.000	0.247

注：S-N-K 法，a=0.05。

3. 碱解氮含量分析

土壤碱解氮含量是反映土壤供氮能力的重要指标之一，张媛等的研究表明，沼液能有效增加土壤碱解氮含量。对不同层、不同发酵时间沼液中碱解氮进行检测，结果见图3-30。从中可以看出，进水口和出水口沼液碱解氮含量分别为331.00mg/L 和230.00mg/L，经沼气池发酵后，沼液碱解氮含量减少，而沼气池中的碱解氮含量也低于进口沼液中的含量。

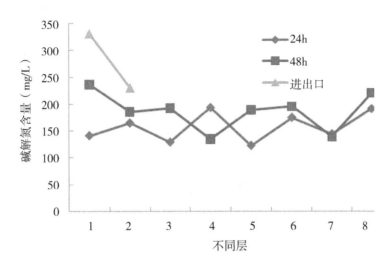

图 3-30　不同层、不同发酵时间沼液碱解氮含量

对其进行方差分析，结果见表3-28。可以看出，不同发酵时间和不同层间沼液碱解氮含量不存在显著差异，其对应 P 值分别为 0.082 和 0.517，均大于0.05。

表 3-28　不同层、不同发酵时间对沼液中碱解氮方差分析结果

源	Ⅲ型平方和（SS）	自由度（df）	均方（MS）	F 值	P(Sig.)值
校正模型	86617.889[a]	17	5095.170	2.541	0.029
截距	1130380.469	1	1130380.469	563.671	0.000
发酵时间	6815.281	1	6815.281	3.398	0.082
不同层	14903.142	8	1862.893	0.929	0.517
发酵时间 * 不同层	16012.969	7	2287.567	1.141	0.382
误差	36097.000	18	2005.389		
总计	1335650.000	36			
校正的总计	122714.889	35			

表 3-29 为不同发酵时间沼液碱解氮均数两两比较结果，可以看出，发酵 0h 时即进样口样品中沼液碱解氮与其他发酵时间中的沼液碱解氮在不同子集内，说明沼液在沼气池发酵后其碱解氮含量降低。

表3-29 不同发酵时间沼液碱解氮均数的两两比较

发酵时间 (h)	N (个)	子集 (mg/L)	
		1	2
24	16	157.000	
48	18	190.778	
0	2		331.000
P(Sig.)值		0.255	1.000

注：S-N-K法，a=0.05。

表3-30为不同取样口中沼液碱解氮均数两两比较结果，进样口样品中沼液碱解氮与其他不同层取样口中沼液碱解氮在不同的子集内，说明进样口中沼液碱解氮含量高于其他取样口。

表3-30 不同层沼液碱解氮均数的两两比较

取样口	N (个)	子集 (mg/L)	
		1	2
7	4	141.250	
5	4	155.250	
3	4	160.250	
4	4	163.500	
2	4	174.500	
6	4	184.500	
1	4	188.250	
8	4	205.250	
9	2	227.500	
0	2		331.000
P(Sig.)值		0.300	1.000

注：S-N-K法，a=0.05。

4. 有效磷含量分析

对不同层、不同发酵时间沼液中有效磷含量进行检测，结果见图3-31。从中可以看出，进水口和出水口沼液有效磷含量分别为87.05mg/L和40.70mg/L，经沼气池发酵后，沼液有效磷含量下降，沼气池中的有效磷含量基本上低于进样中的含量。

不同层、不同发酵时间对沼液中有效磷方差分析结果见表3-31。可以看出，不同发酵时间和不同层间沼液有效磷含量均不存在显著差异，其P值分别为0.108和0.613，均大于0.05。

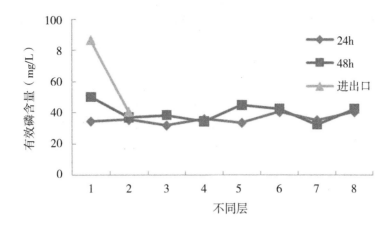

图 3-31　不同层、不同发酵时间有效磷解氮含量

表 3-31　不同层、不同发酵时间对沼液中有效磷方差分析结果

源	III 型平方和（SS）	自由度（df）	均方（MS）	F 值	P(Sig.)值
校正模型	5254.190ª	17	309.070	5.957	0.000
截距	60741.707	1	60741.707	1170.774	0.000
发酵时间	148.350	1	148.350	2.859	0.108
取样口	330.706	8	41.338	0.797	0.613
发酵时间*取样口	292.812	7	41.830	0.806	0.593
误差	933.870	18	51.882		
总计	66999.620	36			
校正的总计	6188.060	35			

注：R^2=0.849（调整 R^2=0.707）。

表 3-32 为不同发酵时间沼液有效磷均数两两比较结果，可以看出，发酵 0h 时（即进样口）样品中沼液有效磷与其他发酵时间中的沼液有效磷在不同子集内，说明沼液经沼气池发酵后其有效磷含量下降。

表 3-32　不同发酵时间沼液有效磷均数的两两比较

发酵时间（h）	N（个）	子集（mg/L）	
		1	2
24	16	36.100	
48	18	40.439	
0	2		87.050
P(Sig.)值		0.360	1.000

注：S-N-K 法，a=0.05。

表 3-33 为不同取样口中沼液有效磷均数两两比较结果，进样口（即取样口为 0）中沼液有效磷与其他不同层取样口中沼液有效磷在不同的子集内，说明进样口中沼液有效磷含量高于其他取样口。

表 3-33　不同层沼液有效磷均数的两两比较

取样口	N（个）	子集（mg/L）	
		1	2
7	4	34.025	
3	4	35.200	
4	4	35.275	
2	4	36.275	
5	4	39.425	
9	2	40.700	
8	4	41.650	
6	4	41.675	
1	4	42.500	
0	2		87.050
P(Sig.)值		0.833	1.00

注：S-N-K 法，a=0.05。

5. 有效钾含量分析

土壤中全钾测定可以反映出土壤含钾量，有效钾测定可以反映出土壤实际供钾状况。祝延立等利用沼液种植玉米研究沼液对土壤理化性质的影响，实验结果显示在一定施用量范围内，沼液能够有效增加土壤全钾、速效钾含量。对不同层、不同发酵时间沼液中有效钾含量进行检测，结果见图 3-32。从中可以看出，各样品中有效钾含量在 0.35—0.55mg/L。

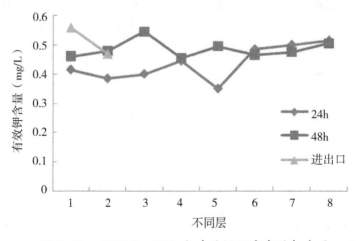

图 3-32　不同层、不同发酵时间沼液有效钾含量

对其进行方差分析，结果见表3-34。可以看出，不同发酵时间沼液有效钾含量呈极显著差异（P=0.005＜0.01），不同层间沼液有效钾含量不存在显著差异（P=0.146＞0.05）。

表3-34 不同层、不同发酵时间对沼液中有效钾方差分析结果

源	III型平方和（SS）	自由度（df）	均方（MS）	F值	P(Sig.)值
校正模型	0.098[a]	17	0.006	3.182	0.010
截距	6.231	1	6.231	3424.475	0.000
发酵时间	0.019	1	0.019	10.183	0.005
不同层	0.026	8	0.003	1.786	0.146
发酵时间*取样口	0.036	7	0.005	2.811	0.037
误差	0.033	18	0.002		
总计	7.981	36			
校正的总计	0.131	35			

注：R^2=0.750（调整R^2=0.514）。

表3-35为不同发酵时间沼液乙酸均数两两比较结果，可以看出，发酵0h时即进样口样品中沼液有效钾与其他发酵时间中的沼液有效钾在不同子集内，说明沼液在沼气池发酵后其有效钾含量明显降低。

表3-35 不同发酵时间沼液有效钾均数的两两比较

发酵时间（h）	N（个）	子集（mg/L）	
		1	2
24	16	0.437	
48	18	0.483	
0	2		0.560
P(Sig.)值		0.107	1.000

注：S-N-K法，a=0.05。

表3-36为不同取样口中沼液有效钾均数两两比较结果，进样口（即取样口为0）与取样层3、6、7、8出样口在同一子集，但1—8层及出样口同在另一子集，说明除了进样口，各取样口沼液中有效钾含量变化不明显。

表 3-36　不同层沼液有效钾均数的两两比较

取样口	N（个）	子集（mg/L）	
		1	2
5	4	0.423	
2	4	0.4325	
1	4	0.438	
4	4	0.450	
9	2	0.470	0.470
3	4	0.473	0.473
6	4	0.475	0.475
7	4	0.488	0.488
8	4	0.510	0.510
0	2		0.560
P(Sig.)值		0.234	0.119

注：S-N-K 法，a=0.05。

6. 有机质含量分析

对不同层、不同发酵时间沼液中有机质含量进行检测，结果见图 3-33。从中可以看出，进水口和出水口沼液有机质含量分别为 35.60% 和 19.57%，经沼气池发酵后，沼液有机质含量降低，沼气池中的有机质含量基本上低于进样中的含量。

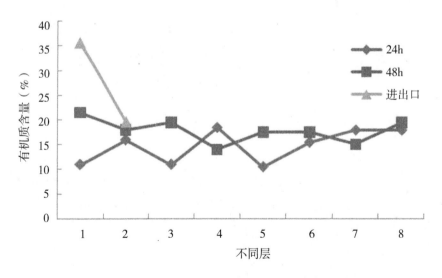

图 3-33　不同层、不同发酵时间沼液有机质含量

对其进行方差分析，结果见表 3-37。可以看出，不同发酵时间沼液有机质含量呈显著差异（$P=0.031 < 0.05$），不同层间沼液有机质含量不存在显著差异（$P=0.788 > 0.05$）。

表 3-37　不同层、不同发酵时间对沼液中有机质方差分析结果

源	III 型平方和（SS）	自由度（df）	均方（MS）	F 值	P (Sig.) 值
校正模型	0.099[a]	17	0.006	4.417	0.002
截距	1.078	1	1.078	815.361	0.000
发酵时间	0.007	1	0.007	5.445	0.031
取样口	0.006	8	0.001	0.571	0.788
发酵时间 * 取样口	0.020	7	0.003	2.150	0.090
误差	0.024	18	0.001		
总计	1.233	36			
校正的总计	0.123	35			

注：$R^2=0.807$（调整 $R^2=0.624$）。

表 3-38 为不同发酵时间沼液有机质均数两两比较结果，可以看出，发酵 0h 时，进样口样品中沼液有机质与其他发酵时间中的沼液有机质在不同子集内，说明沼液在沼气池发酵后其有机质含量明显下降。

表 3-38　不同发酵时间沼液有机质均数的两两比较

发酵时间（h）	N（个）	子集	
		1	2
24	16	0.148	
48	18	0.181	
0	2		0.350
P (Sig.) 值		0.182	1.000

注：S-N-K 法，$a=0.05$。

表 3-39 为不同取样口中沼液有机质均数两两比较结果，进样口中沼液有机质与其他不同层取样口中沼液有机质在不同的子集内，说明进样口中沼液有机质含量高于其他取样口。

表 3-39 不同层沼液有机质均数两两比较结果

取样口	N（个）	子集 1	2
5	4	0.140	
3	4	0.153	
4	4	0.163	
1	4	0.163	
6	4	0.1653	
7	4	0.1653	
2	4	0.1703	
8	4	0.188	
9	2	0.200	
0	2		0.350
P(Sig.)值		0.485	1.000

注：S-N-K 法，a=0.05。

7. 总氮含量分析

对不同层、不同发酵时间沼液中总氮含量进行检测，结果见图 3-34。从中可知，进水口和出水口沼液总氮含量分别为 552.50mg/L 和 322.00mg/L。

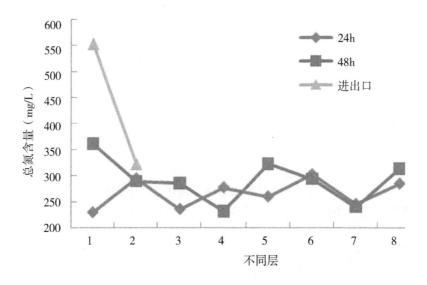

图 3-34 不同层、不同发酵时间沼液总氮含量

对不同层、不同发酵时间沼液总氮进行方差分析，结果见表3-40。从中可知，其 P 值分别为0.075和0.261，均高于0.05，不同发酵时间、不同层间沼液总氮含量不存在显著差异。

表3-40 不同层、不同发酵时间对沼液中总氮方差分析结果

源	III型平方和（SS）	自由度（df）	均方（MS）	F值	P（Sig.）值
校正模型	184071.000[a]	17	10827.706	7.491	0.000
截距	2982305.364	1	2982305.364	2063.245	0.000
发酵时间	5176.531	1	5176.531	3.581	0.075
取样口	16224.719	8	2028.090	1.403	0.261
发酵时间*取样口	21650.219	7	3092.888	2.140	0.092
误差	26018.000	18	1445.444		
总计	3367818.000	36			
校正的总计	210089.000	35			

注：R^2=0.876（调整 R^2=0.759）。

相同发酵层、不同发酵时间沼液总氮均数两两比较，结果如表3-41。从中可知，发酵0h时即进样口样品中沼液总氮与其他发酵时间中的沼液总氮在不同子集内，说明沼液在沼气池发酵后其总氮含量下降。

表3-41 不同发酵时间沼液总氮均数的两两比较

发酵时间（h）	N（个）	子集（mg/L）	
		1	2
24	16	265.813	
48	18	294.667	
0	2		552.500
Sig.		0.252	1.000

注：S-N-K法，a=0.05。

相同发酵时间、不同发酵层沼液总氮均数两两比较，结果如表3-42。从中可知，进样口（即取样口为0）中沼液总氮与其他不同层取样口中沼液总氮在不同的子集内，说明进样口中沼液总氮含量高于其他取样口。

表 3-42　不同层沼液总氮均数的两两比较

取样口	N（个）	子集 (mg/L)	
		1	2
7	4	242.000	
4	4	253.750	
3	4	259.750	
5	4	290.500	
2	4	291.500	
1	4	294.500	
6	4	297.750	
8	4	298.500	
9	2	322.000	
0	2		552.500
P(Sig.)值		0.209	1.000

注：S-N-K 法，a=0.05。

8. 总有机碳含量分析

对不同层、不同发酵时间沼液中有机碳含量进行检测，结果见图 3-35。从中可知，进水口和出水口沼液有机碳含量分别为 939.50mg/L 和 320.55mg/L。

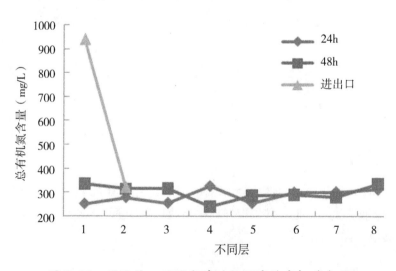

图 3-35　不同层、不同发酵时间沼液总有机碳含量

对不同发酵层、不同发酵时间沼液中有机碳含量进行方差分析，结果见表3-43。从中可知，其 P 值分别为 0.296 和 0.795，均大于 0.05，不同发酵时间、不同层间沼液有机碳含量不存在显著差异。

表 3-43　不同层、不同发酵时间对沼液中总有机碳方差分析结果

源	III 型平方和（SS）	自由度（df）	均方（MS）	F 值	P(Sig.) 值
校正模型	816480.121[a]	17	48028.242	29.443	0.000
截距	4632486.317	1	4632486.317	2839.837	0.000
发酵时间	1888.051	1	1888.051	1.157	0.296
取样口	7326.432	8	915.804	0.561	0.795
发酵时间 * 取样口	19916.849	7	2845.264	1.744	0.161
误差	29362.515	18	1631.251		
总计	4766968.670	36			
校正的总计	845842.636	35			

注：R^2=0.965（调整 R^2=0.933）。

相同发酵层、不同发酵时间沼液有机碳均数两两比较，结果表3-44。从中可知，发酵0h时即进样口样品中沼液有机碳与其他发酵时间中的沼液有机碳在不同子集内，说明沼液在沼气池发酵后其有机碳含量明显下降。

表 3-44　不同发酵时间沼液总有机碳均数的两两比较

发酵时间 (h)	N （个）	子集 (mg/L)	
		1	2
24	16	284.850	
48	18	302.472	
0	2		939.500
P(Sig.) 值		0.505	1.000

注：S-N-K 法，a=0.05。

相同发酵时间、不同发酵层沼液有机碳均数两两比较，结果表3-45。从中可知，进样口（即取样口为0）沼液有机碳与其他不同发酵层取样口沼液有机碳在不同的子集内，说明进样口沼液有机碳含量高于其他取样口。

表 3-45　不同层沼液总有机碳均数的两两比较

取样口	N（个）	子集 1	2
5	4	270.750	
4	4	283.350	
3	4	285.625	
7	4	290.775	
1	4	294.075	
6	4	294.550	
2	4	296.750	
9	2	320.550	
8	4	324.375	
0	2		939.500
P(Sig.)值		0.731	1.00

注：S-N-K 法，a=0.05。

9. 碳氮比分析

对不同发酵层、不同发酵时间沼液中碳氮比进行检测分析，结果见图 3-36。从中可知，进水口和出水口沼液碳氮比分别为 1.70 和 1.03。经沼气池发酵后，沼液碳氮比下降，沼气池中的碳氮比基本上低于进样中的含量。

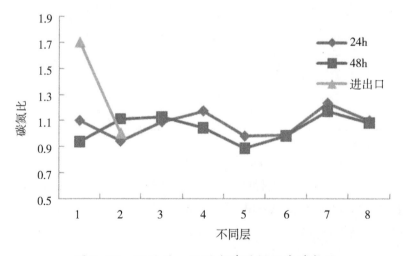

图 3-36　不同层、不同发酵时间沼液碳氮比

对其进行方差分析，结果见表3-46。从中可知，不同发酵时间沼液碳氮比不存在显著差异，其$P=0.218 > 0.05$，不同层间沼液碳氮比呈极显著差异（$P=0.002 < 0.01$）。

表3-46　不同层、不同发酵时间对沼液中碳氮比方差分析结果

源	III型平方和（SS）	自由度（df）	均方（MS）	F值	P(Sig.)值
校正模型	1.077[a]	17	0.063	13.050	0.000
截距	36.726	1	36.726	7567.683	0.000
发酵时间	0.008	1	0.008	1.639	0.218
取样口	0.205	8	0.026	5.273	0.002
发酵时间*取样口	0.080	7	0.011	2.356	0.071
误差	0.082	17	0.005		
总计	42.983	35			
校正的总计	1.159	34			

注：$R^2=0.929$（调整$R^2=0.858$）。

相同发酵层、不同发酵时间沼液碳氮比均数两两比较，结果见表3-47。从中可知，发酵0h时即进样口样品中沼液碳氮比与其他发酵时间中的沼液碳氮比在不同子集内，说明沼液在沼气池发酵后其碳氮比下降。

表3-47　不同发酵时间沼液碳氮比均数的两两比较

发酵时间（h）	N（个）	子集 1	子集 2
48	17	1.038	
24	16	1.076	
0	2		1.700
P(Sig.)值		0.416	1.000

注：S-N-K法，$a=0.05$。

相同发酵时间、不同发酵层沼液碳氮比均数两两比较，结果见表3-48。从中可知，进样口（即取样口为0）中沼液碳氮比在3子集内，沼气池7、3、4、8层中取的沼液样中碳氮比在子集2内，3、4、8、2、1、6、5及出样口（即取样口为9）沼液样中碳氮比在子集3内，说明不同发酵层沼液碳氮比存在显著差异。

表 3-48 不同层沼液碳氮比均数的两两比较

采样口	N（个）	子集 1	子集 2	子集 3
5	4	0.933		
6	4	0.983		
1	4	1.018		
2	4	1.025		
9	2	1.030		
8	3	1.100	1.100	
4	4	1.108	1.108	
3	4	1.108	1.108	
7	4		1.203	
0	2			1.700
P(Sig.) 值		0.078	0.275	1.000

注：S-N-K 法，a=0.05。

10. 小结

沼气池进水口沼液 pH 值为 6.39，乙酸含量为 4.45mg/L，碱解氮含量为 331.00mg/L，有效磷含量为 87.05mg/L，有效钾含量为 0.56mg/L，有机质含量为 35.60%、总氮含量为 552.50mg/L，有机碳含量为 939.50mg/L，碳氮比为 1.70。经沼气池发酵后，沼液 pH 值上升，乙酸含量增加，沼液碱解氮含量、有效磷含量、有效钾含量、有机质含量、总氮含量、有机碳含量、碳氮比均减少，出水口沼液 pH 值为 7.70，乙酸含量为 25.50mg/L，沼液碱解氮含量为 230.00mg/L，有效磷含量为 40.70mg/L，有效钾含量为 0.47mg/L，有机质含量为 19.57%，总氮含量为 322.00mg/L，有机碳含量为 320.55mg/L，碳氮比为 1.03。

相同发酵时间、不同发酵层的沼液乙酸含量、沼液碱解氮含量、有效磷含量、有效钾含量、有机质含量、总氮含量、有机碳含量均不存在显著差异；沼液碳氮比呈显著差异。

相同发酵层、不同发酵时间的沼液乙酸含量、有效钾含量、有机质含量、碳氮比均呈显著差异；相同发酵层、不同发酵时间的沼液碱解氮含量、有效磷含量、总氮含量、有机碳含量均不存在显著差异。

经计算得知，沼气池进出口猪粪便污水可生化性指标 BOD_5、COD_{Cr} 分别为 0.64 和 0.61，说明粪便污水经过上流式沼气池厌氧发酵处理后，沼液仍具有极好的可生化性，有利于下步好氧深度处理。

五、智能化上流式玻璃钢沼气池微生物多样性分析

近年来，规模化养猪场的环境污染问题也引起了越来越多的关注。沼气工程是养猪场废

弃物污染治理的最主要解决办法。通过发展沼气工程，规模化养猪场不但可以治理污染，还可以取得一定的经济效益。高效稳定的微生物生态系统是沼气产气率的保证，是沼气池稳定运行的关键。然而沼气发酵微生物研究进展缓慢，对于沼气微生物群落结构与功能关系认识有待进一步发展。因此，研究沼气发酵过程的沼气微生物生态系统及其功能，有利于合理调控各发酵功能菌群活性，使沼气发酵在畜禽养殖场粪污治理中得到科学合理应用。绝大多数沼气发酵微生物是不可培养的，无法采用统纯培养方法来研究微生物群落结构和代谢关系。利用 PCR-DGGE 技术研究分子微生态系统，操作上简单快速，不需对细菌进行分离培养，同时还能够直观有效地再现样品中复杂微生物群落结构及其多样性等，现已被广泛用于环境科学、医学、食品科学等行业微生物群落研究。师晓爽等人利用 PCR-DGGE 技术研究农村户用沼气发酵微生物，魏勇等人优化 PCR-DGGE 技术用于猪场沼气池细菌群落分析，王彦伟等人用 PCR-DGGE 研究低温沼气池中产甲烷古菌群落，徐彦胜等人应用 DGGE 技术研究沼气池中产甲烷菌多样性。目前很多规模养猪场沼气工程经济效益较低，严重威胁沼气工程的可持续运行，主要原因在于沼气工程运行、维护及管理跟不上。而智能化沼气工程技术可以通过智能化控制系统自动优化沼气池发酵条件，实现沼气工程运行的实时控制，通过远程监控系统来实现沼气池远程诊断和远程服务，是传统沼气工程技术工艺的一次升级。本研究在前人研究的基础上，利用 PCR-DGGE 技术对常温条件下运行的智能化沼气池不同发酵层及不同发酵时间微生物群落多样性进行研究，这为深入研究智能化沼气池沼气发酵微生物生态系统等奠定了基础。

沼液样品采集于新星种猪养猪场上流式智能化大型沼气池（有效容积 $670m^3$）不同发酵层，从下到上 1、2、4、6、7、8 层（1 代表离池底 1m，2 代表离池底 2m，4 代表离池底 4m，以此类推）。2011 年 10 月 22 日进料 $67m^3$ 后 6h、15h、24h、48h、72h 取样，样品为相同发酵时间、相同发酵层 3 点采集后混合为 1 样品，共计 23 个样品，采集样品 4℃厌氧保存。

采用 Wizard 基因组 DNA 纯化试剂盒（Promega），提取沼液样品中微生物总 DNA，用 1% 琼脂糖凝胶电泳进行检测。采用引物 Muy R534：5′-ATT ACC GCG GCT GCT GG-3′，Muy F341-GC：5′-CGC CCG CCG CGC GCG GCG GGC GGG GCG GGG GCA CGG GGG CCT ACG GGA GGC AGC AG-3′，对提取好的基因组 DNA 的 16S rDNA 片段进行了扩增，扩增长度约为 250bp。PCR 扩增程序：94℃预变性 5min，然后 94℃变性 1min，55℃退火 1min，72℃延伸 1min，共 35 个循环，最后 72℃充分延伸 10min，4℃条件下保存。扩增产物用 2% 琼脂糖凝胶电泳进行检测。

应用 D-code 通用免疫突变检测系统（Bio-Rad Laboratories, Hercules, USA）对细菌 16S rRNA 基因片段的 PCR 产物进行分离。采用 Quantity one 软件对 DGGE 指纹图谱进行分析。

①变性胶的制备：使用梯度胶制备装置，制备变性胶浓度从 40% 到 70%［化学变性剂为 100% 尿素 10mol/L 和 40%（V/V）的去离子甲酰胺］的 8% 的聚丙烯酰胺凝胶，其中变性剂的浓度从胶的上方向下方依次递增。

② PCR 样品的加样：待胶完全凝固后，将胶板放入装有电泳缓冲液的装置中，往每个聚丙烯酰胺凝胶孔分别加入 8μL 的 16S rRNA 基因 PCR 产物进行 DGGE 分析。

③电泳及染色：在 1×TAE 缓冲液中 150V 电压下，60℃电泳 7h。电泳后，用 50mL 的 SyBR green I（Sigma, USA）（稀释 10000 倍）核酸染料均匀染色 30min。

④将染色后的凝胶用 GelDoc XR（Bio-Rad，USA）凝胶成像系统拍照分析，观察每个样品的电泳条带。

对 DGGE 图谱中比较明显的共有和特有条带的 DNA 片段在紫外光下进行切割回收，用引物 Muy F341：5′-CCT ACG GGA GGC AGC AG-3′，Muy R534：5′-ATT ACC GCG GCT GCT GG-3′ 对其进行了扩增，并将所得的 PCR 产物送上海生物工程技术服务有限公司进行测序分析，将测序结果与 Genbank 数据库中已有的核酸序列进行比对分析。将各菌株和应用 Blast 检索到的与之有较高同源性菌株的 16S rDNA 序列利用 MEGA4 软件做最大同源性比较分析，并以软件 N-J 法（neighbor-joining）构建系统发育树，确定菌株的分类地位。对以上沼液进行了基因组总 DNA 的提取，对 16S rDNA 进行扩增，长度 250bp 左右，对扩增片段进行了双向电泳（DGGE），对 DGGE 图谱进行统计及细菌群落多样性（Dsh）、均匀度（Jsh）、条带数等方差分析。

1. DNA 的提取与 PCR 扩增

采用 Wizard 基因组 DNA 纯化试剂盒（Promega）对沼液中的 DNA 进行了提取，提取效果较好，后续的实验结果表明，DNA 的质量也可以满足 PCR-DGGE 分析的需要，如图 3-37。图片样品编号由大写英文字母及数据组成，英文字母 A、B、C、D、E 依次代表发酵时间为 6h、15h、24h、48h、72h 时的样品，数据 1、2、4、6、7、8 分别代表沼气池中从下到上 1、2、4、6、7、8 层的沼液样品，下同。

图 3-38 显示，对提取好的基因组 DNA 的 16S rDNA 片段进行了扩增，23 个样品均已扩出，且亮度和纯度都比较好，未出现非特异性扩增，通过与 DNA Marker 相比，扩增长度约为 250bp，且阴性对照未有产物出现，说明 PCR 扩增效果良好。

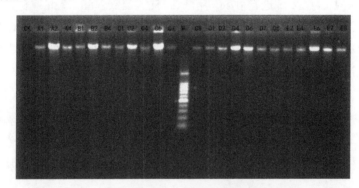

图 3-37 基因组 DNA 的琼脂糖凝胶电泳图谱

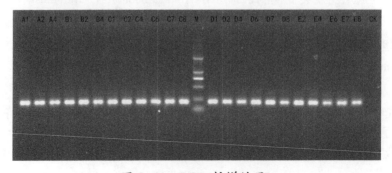

图 3-38 PCR 扩增结果

2. 细菌群落多样性分析

（1）DGGE 图谱

各个样品的 DGGE 图谱如图 3-39 所示。微生物种群多样性通过条带数目反映，微生物种群丰富度通过条带粗细反映。从 DGGE 条带图谱上可以看到，样品经过 DGGE 后分离出电泳条带，每个样品的条带数目都在 29 条以上，所有样品均显示出较复杂的多样性，说明沼气池中细菌种群多样性丰富；各样品经 DGGE 分离后，所得到的条带强度及迁移位置不尽相同，不同的细菌种群在图 3-39 中显示在不同位置条带；电泳条带多少反映分离的细菌种群的多少，条带粗细代表该条带代表的相应细菌数量的多少。每个样品的图谱中均有几条明显的优势条带（颜色深的条带）表明，尽管沼气发酵细菌种群数量多，但是有几个占优势的细菌种群。

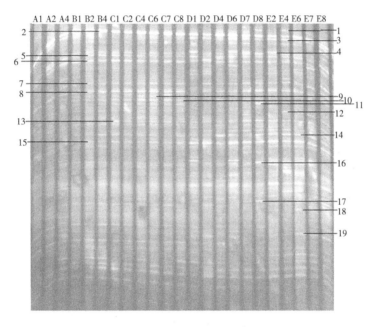

图 3-39　DGGE 图谱

图 3-40 为用 Quantity one 软件对图 3-39 进行分析所得 DGGE 图谱条带强度比较图，并以 C7 样品条带图谱作参照。图 3-40 直观反映出各样品的细菌种属的多样性及分布状况。其中，可见条带数最多的是 C6 样品，共有条带 68 条，A1 样品的可见条带数最少共 29 条，C4 样品中优势菌的数量较其他的样品多。从图 3-39、图 3-40 可以看出，不同样品中的优势条带强弱程度有所不同，例如编号为 98 的条带，在 D6、E4 和 A2 样品中的强度比其他 20 个样品中的大，表明该种类细菌在 D6、E4 和 A2 样品中的数量更多。从整体来说，各样品所包含的细菌种类数量比较相似，但不同种类细菌在不同样品的分布数量则存在较明显的差异。

（2）部分优势条带测序结果

① DGGE 回收条带测序分析

根据变性梯度凝胶电泳（DGGE）对不同 DNA 片断分离原理，对微生物 16S rDNA 片断测序，经与国际标准核酸库比对，就可以得到 DNA 片断所代表的微生物的种属关系，从而得出其中微生物多样性信息。

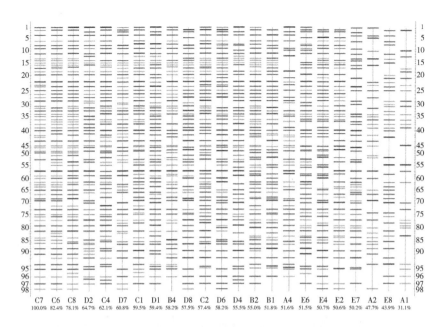

图 3-40　DGGE 图谱条带强度示意图

根据图 3-39 可以看出，各个样品有多条共同的条带，如图 3-39 中的条带 2、5、6、7、8、13、15 等，说明在各个样品中均可能存在着几种条带所代表的基本的微生物类型。条带 1、3、4、9、10、11、12、14、16、17、18、19 为部分样品特有条带，这些现象可以说明各种样品中既共有几种微生物种群，主要是不可培养拟杆菌门细菌、不可培养厌氧菌、不可培养稳杆菌属和不可培养芽孢杆菌属，同时也有自己独特的微生物种群。

DGGE 图谱中比较明显的共有和特有条带进行切胶回收，克隆测序，Blast 比对后，序列分析结果见表 3-49。从中可以看出，检测到的具有明显条带的 DNA 片段多为不可培养的微生物，其中与不可培养的细菌相似度高的居多，在各类共有条带 2、5、6、7、8、13、15 均显示与不可培养的细菌有极高的同源性，但条带 5 与芽孢杆菌有 83% 的同源性，条带 8 不仅与不可培养的细菌有 100% 的同源性，与不可培养拟杆菌门细菌和不可培养厌氧菌也有 100% 的同源性；在特有条带中，与不可培养细菌同源性极高的各类条带亦占有绝大多数，但也有不少与其他不可培养的微生物存在极高的同源性，来自 A2、B1、B2、B4、C1、C2、D1、D6-E8 的条带 4 与不可培养稳杆菌属有 96% 的同源性，来自 E4、E7、E8 的条带 12，来自 B1-E8 的条带 14 和来自 E2、E4、E8 的条带 16，分别与不可培养热单胞属有 85%、84% 和 93% 的同源性，来自 D1、D2、D8、E6、E7、E8 的条带 19 与不可培养杜擀氏菌属、不可培养 α 蛋白菌均有 88% 的同源性。来自 A2、A4、C4、C6、D1-E8 的条带 3，C1-C8、D8 的条带 11 及 E6 的条带 18 在 Genbank 数据库中未找到匹配的微生物，可能因其条带中的纯度不够影响所测定的 DNA 序列精度所致。当微生物的 16S rDNA 序列同源性小于 98% 时，一般可以认为这些微生物属于不同的种，当微生物的 16S rDNA 序列同源性小于 93%，可以认为属于不同属。本次结果中有相当一部分条带序列与 Genbank 数据库比对后与相应的微生物最高的同源性小于 93%，因此需要对小于 93% 同源性的条带进行克隆、转化以得到更精确的结果。以上分析表明，除条带 3、11、18 未能找到匹配菌外，其他条带最相似菌属菌为不可培养细菌。

表 3-49　DGGE 回收条带序列分析结果

条带编号	来 源	菌名	相似度（%）
1	D7 D8 E4 E7 E8	Uncultured bacterium	98
2	全部样品	Uncultured bacterium	99
3	A2 A4 C4 C6，D1-E8	未找到匹配菌	
4	A2 B1 B2 B4 C1 C2 D1 D6-E8	Uncultured bacterium Uncultured *Empedobacter* sp.	97 96
5	全部样品	*Bacillus* sp. Uncultured bacterium	83 90
6	全部样品	Uncultured bacterium	97
7	全部样品	Uncultured bacterium Uncultured soil bacterium	93 87
8	全部样品	Uncultured bacterium Uncultured *Bacteroidetes bacterium* Uncultured anaerobic bacterium	100 100 100
9	A1-C2 C4 C6	Uncultured bacterium	97
10	C1 C2 C4 C6 C7 C8 D4 D7 D8	Uncultured bacterium	85
11	C1-C8 D8	未找到匹配菌	
12	E4 E7 E8	Uncultured *Thermomonas* sp. Uncultured bacterium	85 85
13	全部样品	Uncultured bacteria Uncultured bacterium	88 86
14	B1-E8	Uncultured bacterium Uncultured *Duganella* sp.	84 84
15	全部样品	Uncultured bacterium	86
16	E2 E4 E8	Uncultured alpha proteobacterium Uncultured bacterium	93 93
17	D7 D8	Uncultured bacterium Uncultured soil bacterium	100 100
18	E6	未找到匹配菌	
19	D1 D2 D8 E6 E7 E8	Uncultured alpha proteobacterium Uncultured *Gordonia* sp.	88 88

② DGGE 回收条带系统进化树分析

将各共有条带和特有条带对应的菌株和应用 Blast 检索到的与之有较高同源性菌株的 16S rDNA 序列利用 MEGA4 软件做最大同源性比较分析，并以软件 NJ 法（neighbor-joining）构建系统发育树，确定菌株的分类地位，结果见图 3-41。各细菌种类主要有：稳杆菌属（*Empedobacter* sp.）、热单胞属（*Thermomonas* sp.）、杜擀氏菌属（*Duganella* sp.）、戈登氏菌属（*Gordonia* sp.）、芽孢杆菌属（*Bacillus* sp.）、拟杆菌门（Bacteroidetes bacterium）、变形菌门的 α 类群和厌氧细菌门（Anaerobic bacterium）。

从图 3-41 中可知，条带 8 与不可培养厌氧菌（Uncultured anaerobic bacterium）相似性高达 98%，基本确定为同一种，条带 2 与 10、7 与 16、14 与 17、3 与 6、5 与 13 分别聚于同一分枝，相似性高于 60%，其余条带各处分枝中。

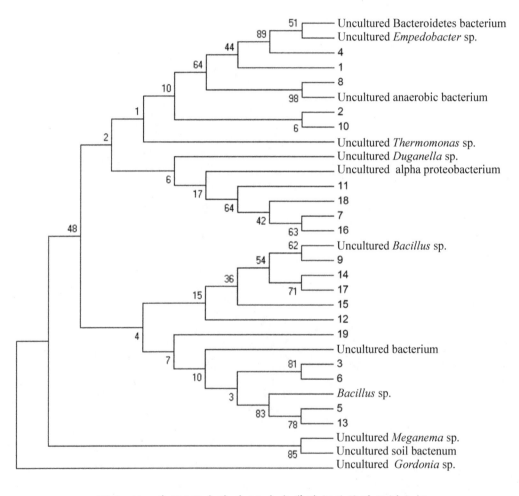

图 3-41　采用 NJ 方法对 19 个条带进行系统进化树分析

3. 小结

从以上的鉴定结果可以看出：在智能化沼气池系统的运行过程中，微生物种群繁多。由于序列长度只有约 250bp，通常情况下只能鉴定到属。DGGE 技术是在聚丙烯酰胺凝胶体系中加入了变性剂，其浓度呈线性递增。由于 DNA 分子中碱基的组成和排列不同，因此不同序列的 DNA 分子具有不同的解链浓度。当双链 DNA 分子通过变性剂浓度梯度时，因为解链行为不同，因而不同序列 DNA 片断滞留于凝胶的不同位置，从而使长度相同而序列不同的双链 DNA 分子得到区分。不同的 DNA 分子代表不同的微生物类群，应用 Quantity one 软件分析得到的 DGGE 图谱，即可得到图谱中电泳条带数量、密度和位置，从而通过分析得到样品中微生物种类、数量和微生物种群结构等信息。因此，PCR-DGGE 技术能直观再现样品中微生物种群结构和生物多样性。

由于 DNA 提取和 PCR 扩增某些未知种群在定量方面的限制，以及不同序列的 DNA 存在共迁移的可能性，因此，由该方法得出的定量结果存在偏差。另外，DGGE 在进行环境样品分析时也存在一些问题，Muyzer 等认为只有微生物群落中数量上大于 1% 的优势种群，才能应用 DGGE 法进行分析。

据研究，PCR-DGGE 对细菌群落的检出率为 95%—99%，难以检出一些丰度很低的菌种。所以，PCR-DGGE 法在微生物多样性应用方面存在一些偏差，但 DGGE 图谱中条带的丰富度确实能在一定程度上作为细菌群落多样性的一个量度。而且，DGGE 图谱确实提供了一个评价微生物群落多样性的方法。与传统的培养技术相比，PCR-DGGE 法有着简单、快速、不需要培养、直观等优势。

样品 DGGE 图谱分析结果显示：不同发酵层、不同发酵时间的沼液样品细菌群落的多样性存在差异，C4 样品中优势菌的数量较其他的样品多。可能是因为沼气发酵原料经水解、产氢产乙酸阶段和产甲烷等不同阶段造成了沼液物质种类的改变，当发酵层离智能化沼气池底 4m、发酵时间 24h 时，优势微生物可以利用的原料基质数量最多。

通过微生物生长曲线（如图 3-42）可以实时了解到沼气发酵程度，微生物生长曲线按微生物生长速度的情况来划分，可分为四个时期：①停滞期（调整期），这是微生物培养的最初阶段。在这个时期，微生物刚接入，细胞内各种酶系要有一个适应过程。此阶段在沼气发酵中的实际意义不太大。②对数期（生长旺盛期），细胞经过一定时期调整适应后，就可以最快的速度进行增殖，细胞的生长亦就进入了生长旺盛期。在此时期，细菌数以几何级数增加。在该期间内，细菌的生长速度最大。微生物周围的营养物质较丰富，生物体的生长，繁殖不受底物限制。在这期间内，死菌数相对来说是较小的，一般在工程实际中，可略去不计。③静止期（平衡期），细胞经过对数期大量繁殖后，污水中的营养物质逐渐被消耗，减少，细胞繁殖速度逐渐减慢，故有时亦称为减速生长期。在此期间，细胞繁殖速度几乎和细胞死亡速度相等，活菌数趋近稳定。这个现象的出现，主要是由于环境中的养料减少，代谢产物积累过多所致。如果在此期间，继续再增加营养物质，并排除代谢产物，那么，菌体细胞又可恢复过去对数期的生长速度。此时期的沼液悬浮物具有良好的沉降性能，考虑到生产沼气和沼液出水的要求，可将微生物固定在本时期。④衰老期（衰亡期），在静止期后，由于污水中的营养物质近乎耗尽，细菌将得不到营养而只能利用菌体内的储存物质或以死菌体作为养料，进行着内源呼吸，维持生命，故亦称为内源呼吸期。在这期间，活细胞数急剧下降，只有少数细胞能继续分裂，大多数细胞出现自溶现象并死亡。菌体细胞的死亡速度超过分裂速度，生长曲线显著下降。在细菌形态方面，此时是退化型较多，有些细菌在这个时期也往往产生芽孢。处于此时期的污泥没有什么活性，对生产沼气基本没什么贡献。

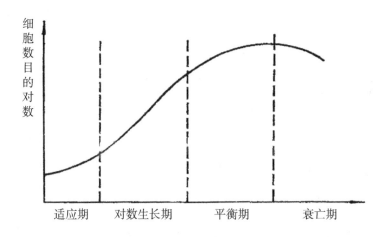

图 3-42　微生物生长规律曲线

根据 DGGE 图谱对智能化上流式大型沼气池中不同层微生物分析结果，在进料后 0—12h，池内微生物生长处于生长适应期和对数生长期，进料 15—72h，池内微生物生长处于平衡期。因此，根据研究结果和微生物生长特点，通过多源信息融合技术，控制沼气池进料间隔，通过多次少量进料原则，保证池内微生物生长平衡期内，从而达到最优产气效果和出水水质。

利用 PCR-DGGE 法对新星种猪养猪场智能化沼气池中发酵微生物动态变化进行了短期监测，结果表明，智能化沼气池中微生物种类丰富，并且拥有优势种群。不同发酵层、不同发酵时间对微生物多样性存在影响。PCR-DGGE 法研究智能化沼气池微生物多样性是可行的。

第五节　联动沼气池研发与运行

在有些养猪企业，同时建设有上流式沼气池和推流式沼气池，如果能够把上流式沼气池和推流式沼气池组合起来，一方面可以有效利用推流式沼气池 20% 左右的储气空间，另一方面通过沼气回流还可以对沼气发酵液进行搅拌。现有养猪企业沼气工程如果建有沼气储气柜，通常采用钢制柜，这种储气柜很重不利于运输和安装，而且纯钢结构较易生锈腐烂，寿命较短，防腐和检护工作量大，更重要的是现有的沼气柜压力配重在沼气储气柜应用前先设计配好，压力调整改变困难。根据养猪企业沼气工程应用情况以及存在的一些问题，通过在新星种猪养猪场的实践应用：上流式沼气池和推流式沼气池联合应用形成联动沼气池，建设玻璃钢沼气储气柜代替钢制沼气储气柜，形成联动高效沼气池发酵技术工艺。

一、联动沼气池设计

厌氧发酵技术是整个粪污处理工艺的关键技术，污水中大部分 COD_{Cr} 和 BOD_5 在此过程中被消化去除，直接影响整个沼气工程的运行，而且也直接影响后处理各单元的工程投入。如图 3-43 所示，联动高效沼气池由上流式沼气池和推流式沼气池组合构建而成，在实际应用中，两种类型沼气池组合采取的是进料并联。其特征在于，上流式沼气池顶部设有沼气输出管路，与推流式沼气池储气室上腔相连通，储气室两旁侧设有水压间，与储气室底部相连通，通过水压间控制上流式沼气池和推流式沼气池储气室内沼气气压。具体如图 3-43 所示。

上流式沼气池主体采用混凝土钢筋浇筑，体积 700m^3，有效容积 670m^3，池体为圆柱体，池半径 4.6m，池内高度 12m，池体内外均涂刷有机玻璃钢材料进行密封和保温，并在池内设置气水分离器和排渣装置，在距池底 2.45m 高处设置聚乙烯填料层，填料层高 2m，填料间隔 0.1m。距离厌氧发酵池底部 2m 处预埋热交换盘管，安装太阳能集热站 300m^2，对发酵池底部循环管内水进行加热，通过热交换对厌氧发酵池内的污水进行温度调节。推流式沼气池采用混凝土钢筋整体浇筑，为地埋式长方形结构，有效容积 500m^3，大池分割成 5 个单池并联而成，发酵液折流通过，单池有效容积 100m^3，长、宽、高为 11m × 3.6m × 2.7m，池体内外均涂刷玻璃钢材料进行密封和保温，并在池内设置破壳装置和排渣装置，池内装有聚乙烯填料，填料间隔 0.2m，占整个池体容积的 1/3。推流式沼气池中沼气应用空压机等加压设备回流至上流式沼气池底部进料口，对上流式沼气池发酵液进行搅拌，相辅相成，不但有效利用了沼气池的储气空间，而且提升了沼气池沼气发酵液搅拌效果，提高了沼气容积产气效率，非常适合于畜禽粪便污水处理。整个沼气池水力停留时间（HRT）为 10d。

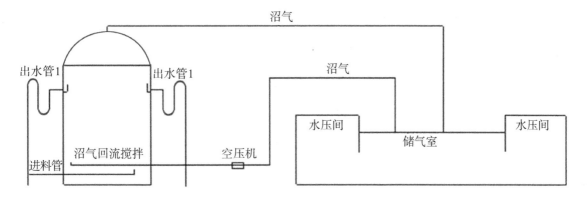

图 3-43 联动高效沼气池示意图

■ 二、运行效果与分析

2014 年 1 月 1 日至 12 月 31 日，每天中午 12：00 记录沼气池发酵温度以及产气量，每月检测沼气池进出口发酵液 COD_{Cr} 浓度，每次平行取 3 个样品。采用塑料瓶保存，加硫酸酸化至 pH < 2，2—5℃冷藏保存（测定 BOD_5 样品不加酸）。池温测量采用西安仪器厂防爆型 PT100 温度计深入沼气池出口液面下每隔 1m 测量 1 次，沼气池发酵温度为 8 个不同发酵层平均温度，沼气产量采用上海华强浮罗仪表有限公司管道式涡街流量计进行测量。

COD_{Cr} 测定采用《水和废水监测分析方法》（第三版）中重铬酸钾法；BOD_5 采用《水和废水监测分析方法》（第三版）五日生化需氧量测定方法；NH_3-N 测定采用《水和废水监测分析方法》（第三版）中纳氏试剂光度法；SS 采用过滤烘干法。

1. 水质检测结果及分析

联动高效沼气池运行效果较稳定，在2014年1—12月对该固液分离池进出口和联动高效沼气池进出口等监测点多次采样检测，主要污水指标参数SS、COD_{Cr}、BOD_5和NH_3-N见表3-50所示。粪便污水经过固液分离池后，悬浮物指标SS去除率达到55.9%，污水得到了较好的预处理。在厌氧发酵中，COD_{Cr}和BOD_5的去除率分别达到77.3%和82.2%，说明联动高效沼气池运行效果较好，同时也说明厌氧发酵是污水处理中的重要环节。

表3-50　污水处理水质的检测结果

点位、去除率		COD_{Cr}（mg/L）	BOD_5（mg/L）	SS（mg/L）	NH_3-N（mg/L）
固液分离池	进口	18803.3	13081.2	9504.7	1420
	出口	7901.6	5891.2	4196.1	847.15
	去除率（%）	58.0	55.0	55.9	40.3
联动高效沼气池	出口	1791.3	1047.7	1188.4	743.9
	去除率（%）	77.3	82.2	71.7	12.2

注：①表中数据为2014年1—12月12次测量平均值。②每次测量平行取3个点。

2. 联动高效沼气池发酵温度、COD_{Cr}和容积产气率

2014年1月1日至12月31日，联动高效沼气池发酵温度、COD_{Cr}和容积产气率随时间变化情况运行效果如图3-44、图3-45所示。全年沼气池平均进料COD_{Cr} 7901.6mg/L，全年沼气池平均出料COD_{Cr} 1791.3mg/L，COD_{Cr}去除率77.3%；全年平均沼气发酵温度24.8℃，沼气容积产气率为0.75m³/（m³·d）。

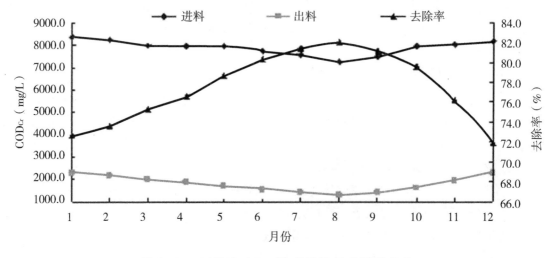

图3-44　沼气池COD浓度随运行时间的变化

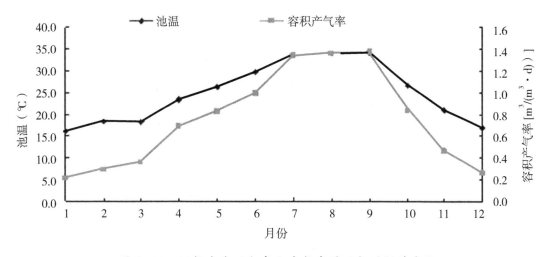

图 3-45　沼气池池温和容积产气率随运行时间的变化

三、联动沼气池系统工程经济效益分析

1. 成本核算

（1）总投资成本

联动沼气池系统工程总投资 147.61 万元，项目寿命为 20a，项目残值为 15 万元。具体如表 3-51 所示。

表 3-51　主要构筑物及设备表

	编号	名称	规模（m³）	金额（万元）	备注
构筑物	1	格栅池	10	0.26	
	2	固液分离池	100	1.00	
	3	水解酸化池	100	3.10	
	4	联动沼气池	1200	96.00	含填料
	5	贮气柜水封池	180	7.20	
设备	1	潜污泵	2 台	0.90	购置
	2	布水装置	3 个	1.60	购置
	3	保温材料	玻璃钢内外保温层	18.00	自制
	4	玻璃钢贮气柜	150	12.00	自制
	5	脱硫器	2 个	2.00	购置
	6	阻火柜	1 个	0.55	购置
	7	沼气管道等配件	1 套	5.00	购置
工程总投入				147.61	

（2）运行费用

联动沼气池系统工程的运行费用主要包括人工费用、修理费用和动力费。

人工费用：工程运行需2人，人均年工资1.2万元，共需2.4万元。

修理费用：按折旧费的40%计算。年维修费=（147.61-15）/20×40%=2.65万元。联动沼气池3a清渣一次，费用2100元，则年清渣费用0.07万元。

动力费：本工程污水处理设备总装机容量大约为22.5kW，所用设备平均日运行4h，电费按0.6元/（kW·h），则年动力费为1.97万元。

则联动沼气池系统工程总的年运行费用为7.09万元。

2. 沼气收益

联动沼气池年平均产气率为$0.75m^3/(m^3 \cdot d)$，年产沼气32.85万m^3，沼气主要供应猪场沼气发电以及周边150户农户日常生活用能。按沼气热值换算，以1.0元/m^3计算，则沼气代替常规能源收益合计32.85万元。

3. 技术经济评价

根据技术经济学原理，对联动沼气池系统工程的经济效益进行财务评价，其使用寿命按20a计算，社会贴现率为10%，其财务评价现金流见表3-52。

表3-52 财务评价现金流表　　　　　　　　　　　　　　　　　　　万元

年数	建池总成本	运行成本	总成本现值	收益	收益现值	净收益现值
0	147.61		147.61			-147.61
1		7.09	6.44	32.85	29.86	23.42
2		7.09	5.86	32.85	27.13	21.28
3		7.09	5.32	32.85	24.67	19.35
4		7.09	4.84	32.85	22.44	17.59
5		7.09	4.40	32.85	20.40	16.00
6		7.09	4.00	32.85	18.53	14.53
7		7.09	3.64	32.85	16.85	13.21
8		7.09	3.30	32.85	15.31	12.00
9		7.09	3.01	32.85	13.93	10.92
10		7.09	2.74	32.85	12.68	9.94
11		7.09	2.48	32.85	11.50	9.02
12		7.09	2.26	32.85	10.48	8.22
13		7.09	2.06	32.85	9.53	7.47
14		7.09	1.86	32.85	8.64	6.77
15		7.09	1.69	32.85	7.85	6.16

续表

年数	建池总成本	运行成本	总成本现值	收益	收益现值	净收益现值
16		7.09	1.55	32.85	7.16	5.62
17		7.09	1.40	32.85	6.50	5.10
18		7.09	1.28	32.85	5.91	4.64
19		7.09	1.16	32.85	5.39	4.22
20		7.09	1.06	32.85	4.89	3.84
合计		141.80	207.97		279.65	71.68

从上表可以看出，净现值（NPV）71.68＞0，内部收益率（IRR）20.5%＞社会贴现率，因此，联动沼气池系统工程具有良好的经济效益和较大的市场发展潜力。

通过对新星种猪养猪场联动沼气池系统工程的技术工艺介绍以及经济效益评价分析，结果表明，联动沼气池系统工程具有良好的经济效益，在沼气充分商业化利用的情况下具有较大的市场发展潜力。

■ 四、小结

联动高效沼气池发酵工艺技术，是在新星种猪养猪场现有沼气发酵技术基础上进行的改进和提升。依据物质流和能源流的循环利用进行规划设计，通过合理的技术改进、工艺流程的优化以及沼气综合利用设施和途径的完善，实现粪污能够得到较充分的发酵，有效资源能够得到较充分利用。

联动高效沼气池通过将上流式沼气池的沼气出气口与推流式沼气池储气空间相连接，从而使上流式沼气池内气压与推流式沼气池内沼气气压相同，需要用气时，通过推流式沼气池储气空间输出。玻璃钢储气柜，采用有机玻璃钢材料制作储气罩，材质较轻，便于运输且不易腐烂，使用寿命长，有利于沼气储气柜的推广。

联动高效沼气池发酵工艺技术对发展农业循环经济有重要意义，通过在新星种猪养猪场的应用表明，既显著提高沼气产量，又有助于提升沼气利用效率，是一种实用型生态处理技术。

第六节　三种不同类型沼气池成本分析与评价

■ 一、分析对象

（1）新星种猪养猪场智能化上流式大型沼气池。
（2）永盛农牧养猪场太阳能加热玻璃钢沼气池。
（3）健华养殖场推流式玻璃钢沼气池。

二、经济效益评价指标的设计

经济效益评价时涉及沼气工程建设与运行产生的成本项目与收益项目。其中,成本项主要包括工程总投资、年折旧费、年维修费、年管理费、年人工费、年动力费;收益项主要包括出售沼气收入、生产与生活燃料节支、沼气发电收入、减少环保罚款金额、沼肥收入、自家用肥节支等。通过比较成本项与收益项,计算沼气工程的年净收益。如果当年某个沼气工程的净收益为负,将通过净现值法,求得考虑时间成本的沼气工程投资回收期。

三、三个沼气工程经济效益的评价与比较分析

1. 沼气产气率的比较

根据3家养猪场沼气工程的测试数据,新星种猪养猪场的智能化沼气工程的单位年平均产气率最高为$0.934m^3/(m^3 \cdot d)$,其次是永盛农牧养猪场的有太阳能提供热水加温的推流式沼气工程$0.767m^3/(m^3 \cdot d)$,最低的是健华养殖场无太阳能提供热水加温的玻璃钢沼气工程$0.51m^3/(m^3 \cdot d)$。

2. 三个沼气工程经济效益的评价结果分析

通过对3个养猪场沼气工程建设与运行的成本项目与收益项目进行汇总,假设各个沼气工程均可运行20a,且残值为0元,沼气工程的经济效益评价结果如表3-53所示。由表3-53可知,3个沼气工程养猪场的工程净收益值均大于0,处于盈利状态。其中,智能化沼气工程的净收益最大,达25.67万元/a;其次是健华养殖场沼气工程,净收益为12.82万元/a;最低的是永盛农牧养猪场沼气工程,仅为2.21万元/a。以上数据说明,规模养猪场建设利用养猪废弃物建设沼气工程,具有普遍的经济效益;但是,不同技术水平、不同规模的沼气工程,盈利水平也不同。

表3-53 3个沼气工程的经济效益评价结果

	健华养殖场	永盛农牧养猪场	新星种猪养猪场
工程总投资(万元)	61.7	11.25	100
日产气量(m^3)	200	46	625.14
工程运行费用(万元/a)	9.38	1.20	8.8
其中:年折旧费	3.09	0.56	5.00
年维修费	1.20	0.10	0.50
年管理费	0.72	0.10	0.20
年人工费	2.40	0.36	1.20
年动力费	1.97	0.08	1.9
工程总收益	22.20	3.41	34.47
其中:出售沼气	0	0	8.20

续表

	健华养殖场	永盛农牧养猪场	新星种猪养猪场
沼气单价（元/m^3）	1.20	1.20	1.20
生产生活燃料节支	8.76	2.01	3.50
沼气发电	—	—	7.67
减少环保罚款	3.94	0.40	5.10
沼肥收入	5.30	—	10.00
自家用肥节支	4.20	1.00	—
工程净收益（万元/a）	12.82	2.21	25.67

根据表 3-53 的数据可知，沼气工程的基本特征不同，其整体盈利水平不同，具体有以下结论：

沼气工程建设规模越大，经济效益总和越大，但规模效应因技术水平的不同而存在差异。新星种猪养猪场的智能化沼气池最大，技术含量也最高，所产生的总体经济效益最大，单位效益也最好为 0.0372 万元/m^3；而永盛农牧养猪场沼气池因为比健华养殖场沼气池多安装了太阳能加热系统，使其虽然在经济效益总和上低于健华养殖场沼气池，但在单位效益上表现更佳，比健华养殖场沼气池的 0.0256 万元/m^3 多出 0.0112 万元/m^3。以上数据说明，从经济效益总和出发，应鼓励规模养猪场根据自身的养殖规模，加大沼气池建设规模；同时提高沼气工程的技术含量，以提高沼气池的单位经济效益。

商业化运作和沼肥利用率对沼气工程经济效益的影响很大。健华养殖场沼气工程所产沼气均用于自身的生产和生活用能，在夏天的产气高峰期，沼气得不到充分利用，又无法对外销售沼气，影响了沼气工程的经济效益；然而健华养殖场的沼肥得到充分利用，用于销售和自家果园与菜园用肥，实现创收且减少果园与菜园的花费成本，对其经济效益产生了极大的有利影响。同时，智能化沼气池也因其较高的沼液和沼渣利用率，获得了较好的经济效益，其中沼气发电为其创造了 7.67 万元的收益，出售沼肥创造了 10 万元的收益。

不同类型沼气工程的成本构成项目不同。大中型沼气工程的初始投资大，运行时的折旧费高，成为年运行成本的重要成本项目；同时由于大中型沼气工程的配套设施或配件较多，使其维修费用也较高。健华养殖场的沼气工程未投资建设太阳能加热系统，使其在气温低的时候沼气池温度低，难以保证沼气工程的连续产、供气，其动力费用较高，而永盛农牧养猪场和新星种猪养猪场因为建设了太阳能加热系统，就可以利用太阳能进行沼气池加热，降低动力投入。

智能化沼气工程技术系统具有重要的优越性。第一，由于实现智能化运作，使沼气工程的配套设施在有序的条件下运行，减轻配件的损伤，从而降低设备及配件的维修费用，年维修费仅为 0.5 万元。第二，通过安装远程控制系统和智能化系统，工程管理者或技术人员在办公室就能实时了解沼气工程各环节的运行情况，出现问题时可通过调节自动化系统的设置而解决，减少技术服务人员往返的直接成本，如智能化沼气工程运行的年管理费用仅为 0.2 万元，还可节省维护的时间成本、技术人员误工成本等机会成本。第三，通过安装智能化系统和远程控制系统，可将系统与技术服务机构进行联网，委托其技术人员远程管理和控制沼气工程，仅需安排一个工作人员兼职管理即可，节省了沼气工程运行的人工费用，智能化沼气工程运行的年人工费用仅为 1.2 万元。第四，投资建设太阳能加热系统并实现自动化为沼气池加热，保证沼气池产气稳定性，为沼气发电和供应养猪场和周边农户生活用能提供保障。

3. 三个沼气工程投资回收期的比较

在求得 3 个沼气工程的年净收益后，根据技术经济学原理，考虑货币的时间成本，利用净现值法，对 3 个沼气工程的投资回收期进行比较，以沼气工程的使用年限 20a 计算，贴现率取 10%，其财务评价净现金流见表 3-54。由表 3-54 可知，永盛农牧养猪场沼气工程的投资回收期最长为 8a；接着是健华养殖场沼气工程，投资回收期为 7a；最短的是新星种猪养猪场的智能化沼气工程为 6a。通过净收益评价法和净现值法的计算结果可知，智能化沼气池由于规模较大、产气率高等优点，在整个沼气工程生命周期中将获得最高的净收益。

表 3-54 3 个沼气工程投资回收期的计算结果

年数	初始成本			净收益现值		
	健华养殖场	永盛农牧养猪场	新星种猪养猪场	健华养殖场	永盛农牧养猪场	新星种猪养猪场
0	61.7	11.25	100	0	0	0
1				11.65	2.01	23.34
2				10.60	1.83	21.21
3				9.63	1.66	19.29
4				8.76	1.51	17.53
5				7.96	1.37	15.94
6				7.24	1.25	14.49
7				6.58	1.13	—
8				—	1.03	—
合计				62.41	11.79	111.80

四、结论与政策建议

1. 研究结论

从 3 个沼气工程经济效益评价的结构看，智能化沼气工程技术系统比其他 2 种沼气工程具有显著的优越性，主要表现在：智能控制系统与远程控制系统，减轻沼气工程设备及配件损耗，降低工程运行过程中的维修费用、管理费用与人工费用；提高技术服务机构或技术人员的管理效率与效果，使沼气工程得到更为及时有效的管理和维护；智能加热系统和沼气搅拌系统，保障了沼气池产气效率及稳定性，为沼气发电和生产生活用能平稳供气。总体上讲，智能化沼气工程技术系统可以帮助缓解目前沼气工程因技术服务难导致管理维修出现障碍运营的风险，具有重要的推广价值，应在全省乃至全国范围内推广该沼气工艺模式。

2. 智能化沼气工程技术系统推广的政策建议

（1）加强宣传与示范推广工作。根据本节的研究，智能化沼气工程存在技术可行性，且经济效益和环境效益评价结果较优，与其他沼气工艺模式相比具有一定的先进性。因此，政府可完善对福建省智能化沼气工程的调研工作，总结该类沼气工程的经济效益、社会效益和环境效益，加大示范推广投入，增加该类沼气工程示范点建设，并通过政府会议、政府文件、电视、广播、报刊、报纸等途径，大力宣传智能化沼气工程工艺模式，为该类工艺模式的发展奠定良好的舆论基础。

（2）鼓励规模养殖企业建设大中型沼气工程。本节的分析得到，规模较大的沼气工程的总收益也较大。因此，可鼓励养殖场根据养殖规模及资金实力，建设实际容积达到理论上排污处理要求的沼气池，以满足养殖场的污水处理要求；同时，规模越大，安装智能化系统与远程控制系统的边际效益更高，养殖场安装积极性更高。

（3）鼓励大中型沼气工程实施沼气发电。沼气利用率是养殖场沼气工程净收益的重要影响因素之一。智能化沼气工程的产气率高且稳定性较强，全年产气量高，养殖场的生产和生活用能无法全部消耗所有沼气；而目前沼气工程的公益性强，沼气集中供气的沼气价格低于市场上其他能源产品，制约其对经济效益的贡献度。因此，政府应加大政策扶持力度，对沼气发电工程提供资助和低息贷款，如沼气发电设备购置补贴、入网价格优惠、减免沼气发电设备的进口税等，鼓励大中型智能化沼气工程实施沼气发电。

（4）加大技术创新投入，为智能化沼气工程发展提供技术支撑。目前部分智能化沼气工程的设备及配件仍靠进口获得，成本较高，政府应努力提高智能化沼气工程的相关沼气设备及其配件的标准化，鼓励国内设备生产企业进行技术创新，进行该类设备及配件的生产并保证产品品质，以降低设备及配件的购置成本，降低沼气工程的维修费用和管理费用，延长沼气工程的运行年限，提高养殖场使用的积极性；同时，政府应加快引进和消化吸收发达国家沼气发电技术，降低沼气发电成本，减轻沼气发电上网的难度，提高沼气发电效率与经济效益。

第四章 沼气综合利用

第一节　福建省沼气工程沼气使用情况

一、沼气工程特点分析

采用典型抽样方法调查南平延平区、建阳市、建瓯市、龙岩新罗区、漳州市、福清市、莆田涵江区、沙县等县市，每个县市又采用随机抽样方法分别选取20—50家规模养猪场进行实地考查或电话访谈，对172家规模养猪场进行调查。其基本特征是：沼气池以中等规模为主；建池工艺以简单水压式推流沼气池为主，同时建有UASB、AF、UBF、USR、台湾红泥塑料厌氧发酵装置等高效沼气池，以能源利用为主的全混合发酵工艺也逐渐得到养殖企业的重视；沼气工程沼气综合利用率不高，产出的大部分沼气放空；沼气工程离村落距离较近，大部分可以满足集中供气所需压力要求。详细情况分析如下。

1. 养猪场养殖规模

调查养猪场生猪存栏数如表4-1。从表4-1看出，养猪场存栏数5000头以下占到了82.56%，由此可见，以中等规模养殖为主。

表4-1　调查猪场生猪存栏数分布

生猪存栏数	个数	比例（%）
1000头以下	6	3.49
1000—4999头	136	79.07
5000—9999头	28	16.28
10000头以上	2	1.16
合计	172	100.00

2. 沼气工程规模

调查沼气工程沼气池容积如表4-2。表4-2表明，43.02%沼气池容积在500—999m^3；池容1000m^3以下，占82.55%，说明福建省沼气工程以中等规模沼气池为主。

表4-2　沼气池容积分布

沼气池容积（m^3）	个数	比例（%）
100以下	0	0.00
100—199	16	9.30
200—299	14	8.14
300—399	14	8.14
400—499	24	13.95

续表

沼气池容积（m³）	个数	比例（%）
500—999	74	43.02
1000以上	20	11.63
未建池	10	5.82
合计	172	100.00

3. 建池工艺

调查沼气工程沼气池建池工艺如表4-3。从表4-3看出，水压式沼气池占77.16%，其中折流式沼气池占34.57%、推流式沼气池占42.59%，说明建池工艺整体水平较低。另一方面，混合式工艺占12.35%，说明福建省有较多养猪企业开始重视沼气能源利用。

表4-3 沼气池建池工艺

建池工艺	个数	比例（%）
折流式	56	34.57
推流式	69	42.59
上流式	7	4.32
混合式	20	12.35
其他	10	6.17
合计	162	100.00

4. 沼气利用率

调查沼气工程沼气综合利用率如表4-4。从表4-4中看出，沼气利用率在30%以下的占到81.49%，而沼气利用率在80%以上的沼气工程只有1个，占0.62%，说明福建省大部分沼气工程沼气综合利用率较低，大量的沼气能源白白浪费，同时增加了大气中温室气体排放。

表4-4 沼气利用率

沼气利用率（%）	个数	比例（%）
5以下	4	2.47
6—10	37	22.84
11—20	75	46.30
21—30	16	9.88
31—40	10	6.17
41—50	7	4.32

续表

沼气利用率（%）	个数	比例（%）
51—60	2	1.23
61—79	6	3.70
80 以上	1	0.62
其他	4	2.47
合计	162	100.00

5. 沼气利用方式

调查沼气工程沼气利用方式如表 4-5。表 4-5 表明，98.77% 的沼气工程利用沼气向养猪场职工提供生活用能，还有 1.23% 的沼气工程产出沼气都没有得到利用，仅有 2.47% 的沼气工程向周边农户集中供气，沼气发电的也只占 6.79%，其他利用方式（例如保温、供热等）占 8.64%，说明福建省目前沼气利用领域窄、工业化利用水平低，大部分沼气没有得到有效利用。

我们在南平市延平区实地调查大中型工程沼气利用情况，一些企业配置相应容量双燃料（沼气为主的少量柴油）发电机组发电，技术基本成熟，替代电网供电，用来加工饲料等生产用电。它是充分利用沼气最现实、最便捷的途径，也是增加经济效益最好办法。从 2009 年起，省农业厅和财政厅联合发文将沼气发电设备列入福建省农业机械补贴范围，建设加大补贴力度，激励沼气发电。

表 4-5　沼气利用方式

沼气利用方式	个数	比例（%）
养猪场日常生活自用能	160	98.77
对外集中供气	4	2.47
沼气发电	11	6.79
未利用	2	1.23
其他	14	8.64

6. 沼气工程集中供气条件

调查沼气工程地理位置特征如表 4-6。由表 4-6 可知，福建省占 81.4% 的养猪场与村部的距离在 5km 之内，与村落距离 10km 之内的占 95.4%，多数在 3—4km，大部分沼气工程具备集中供气所需压力。

表 4-6 沼气工程与村部距离

与村部的距离（km）	个数	比例（%）
0—1	17	9.89
1—2	32	18.6
2—3	40	23.26
3—4	35	20.35
4—5	16	9.3
5—6	14	8.14
6—7	2	1.16
7—8	2	1.16
8	2	1.16
10	4	2.33
15	2	1.16
18	1	0.58
不详	5	2.91
合计	172	100

二、沼气充分利用途径

充分利用大量放空沼气是当前亟待解决的问题，主要途径是向周边农户集中供气、供热、发电等工业化应用。我们选择了一些案例进行经济效益分析。

1. 沼气发电——以南平市延平区东顺畜牧发展公司为例

东顺畜牧发展公司生猪年存栏数 6000 头，年出栏数 17000 头，污水量为 90m³/d，建有沼气池 800m³，为砖混结构，工艺采用推流式。平均产气率 0.4m³/(m³·d)。

总体工艺流程为猪粪经干清粪后，粪污再经固液分离机分离，污水进入沼气池。沼气池年产沼气 11.52 万 m³，其中炊饮年用气 1.62 万 m³，占 14%；配套沼气发电机组装机容量 30kW，日发电 8h，每小时发电 24kW，用气 13m³，每千瓦时网电 0.65 元，沼气电每千瓦时柴油成本 0.25 元，年用气量 3.78 万 m³，占 32.8%。

以下技术经济分析不考虑沼渣、沼液以及减少排污等产生的经济效益，只考虑沼气利用产生的经济效益。

①正在运行工程经济核算：基准折现率为 10%，工程和设备使用年限为 20a。

固定投资：52 万元。其中：沼气工程投资 45 万元。发电工程投资 7 万元。

运行成本：3.79 万元。其中：1 人专职管理沼气工程，工资 1 万元/a。沼气发电柴油成本 1.75 万元/a。修理费用按折旧费的 40% 计算，年维修费 1.04 万元。

收益：6.5万元。其中：炊饮用能1.62万m³，气价按1.2元/m²计，节省燃料费用1.94万元。年发电7.01万kW·h，年产电效益4.56万元。年净收益2.71万元。

经济评价指标：静态投资回收期19.2a。净现值NPV 28.93万元（折现率=10%）。内部收益率IRR 0.44%。

该沼气工程效益差。原因在于沼气池产气率不高，年平均沼气利用率只有46.8%。

②改造方案一

发电机组扩容到65kW，年发电用气18.2万m³，全场沼气利用率达到85.2%，其技术经济评价如下。

固定投资：60万元。其中：沼气工程投资45万元。发电工程投资（65kW沼气发电机组）15万元。

运行成本：6.0万元。其中：1人专职管理沼气工程，工资1万元/a。沼气发电柴油成本3.8万元/a。修理费用按折旧费的40%计算，年维修费1.2万元。

收益：11.81万元。其中：炊饮用能1.62万m³，气价按1.2元/m³计，节省燃料费用1.94万元。年发电15.18万kW·h，年产电效益9.87万元。年净收益5.81万元。

经济评价指标：静态投资回收期10.3a。净现值NPV 10.54万元（折现率=10%）。内部收益率IRR 8.4%。

该方案由于提高了沼气利用率，经济效益有较大提升，但静态投资回收期仍大于10a。

③改造方案二

该场应用全混合沼气发酵工艺，建设沼气池1800m³和280kW发电工程，平均沼气产气率0.8m³/(m³·d)以上，年产沼气51.8万m³，发电用气44.15m³，全场沼气利用率88.3%。对其进行技术经济评价如下。

固定投资：150万元。其中：沼气工程投资90万元。发电工程投资（280kW沼气发电机组）60万元。

运行成本：24.44万元。其中：1人专职管理沼气工程，工资1万元/a。沼气发电柴油成本20.44万元。修理费用按折旧费的40%计算，年维修费3万元。

收益：55.08万元。其中：炊饮用能1.62万m³，节省燃料费用1.94万元。年发电81.76万kW·h，年产电效益53.14万元。年净收益30.64万元。

经济评价指标：静态投资回收期4.9a。净现值NPV 110.84万元（折现率=10%）。内部收益率IRR 25.1%。

该方案采用先进发酵工艺，产气率提高1倍以上，沼气利用率也从46.8%提高到88.3%，经济效益大幅提高，电用不完还可以上网，但固定投资增加了98万元。

④结论

由案例一技术经济分析可以看出，沼气工程经济效益不好的一个重要原因就是沼气的利用率不高以及沼气工程的发酵工艺落后。如果提高沼气工程的产气效率和沼气利用率，可以有效地提高整个沼气工程的经济效益，但同时，建池成本也大幅增加，因此，在沼气工程产业化的初期，在一段时间内国家应根据沼气工程不同发酵工艺以及沼气利用率给予适当补贴，为今后产业化打好基础。

2. 集中供气——以福建省南平市延平区筠竹村为例

延平区筠竹村是一个以林业、果树种植为主的经济村，全村人口达1200人左右，总户数260户左右，2001年筠竹村引进南平市茫荡牧业有限公司在筠竹村落户，年存栏母猪400头，出栏商品猪3000头左右。该场于2007年底设计建设600m^{3}ABR型沼气池，沼气池建成后日产沼气240m^3。2008年续建集中供气工程，配置50m^{3}贮气柜，沼气集中输送到筠竹村107户农户作生活燃料。

①正在运行沼气集中供气工程技术经济评价如下。

经济核算设定：基准折现率为10%，工程和设备使用年限为20a。

固定投资：18万元。其中：沼气管道、储气柜、沼气净化设备18万元。政府每户补贴1200元，共补贴12.8万元，其余企业自筹。

运行成本：1.8万元。其中：1人专职管理沼气工程及沼气供气，工资1.2万元/a。修理费用0.6万元/a。

收益：1.28万元。其中：供气107户，每户月平均用气30m^3，气价0.8元/m^3，每月气费24元，107户年费用3.08万元。年净收益1.28万元。

经济评价指标：静态投资回收期14.1a。净现值NPV 7.1万元（折现率=10%）。内部收益率IRR 4.1%。

②以上案例中，集中供气月耗气为2568m^3，占所产沼气35.6%。假设该沼气池同时配备30kW沼气发电机1台，则其技术评价如下。

固定投资：25万元。其中：沼气管道、储气柜、沼气净化设备18万元。30kW沼气发电机7万元。

运行成本：3.55万元。其中：1人专职管理沼气工程及沼气供气，工资1.2万元/a。沼气发电日平均运行8h，每小时耗气13m^3，可发电24 kW·h，每千瓦时柴油成本为0.25元，则年运行费用为1.75万元。修理费用0.6万元/a。

收益：4.09万元。其中：供气107户，每户月平均用气30m^3，气价按0.8元/m^{3}计，每月用气费24元，107户年费用3.08万元。沼气年发电7.01万kW·h，效益4.56万元/a。年净收益4.09万元。

经济评价指标：静态投资回收期6.11a。净现值NPV 9.82万元（折现率=10%）。内部收益率IRR 18.8%。

由以上分析可知，沼气集中供气投入较大，在供应户数较小的情况下，经济效益较差，该案例中，集中供气沼气利用率仅为35.6%。如果配备一台30kW沼气发电机，每天发电8h，则沼气利用率可提高到87.9%，同时，其静态回收期也减少到可接受的6.11a，整体经济效益较好。

三、制约大中型沼气工程发展的主要原因

（1）沼气工程为养殖场的附属工程，大多数养殖企业主建设沼气池的初衷主要是为了应付环保检查，因此，投入有限。

（2）养猪场以中等规模为主，所建的沼气池规模也以中等为主，粪便资源不够集中，没

有达到相应的规模,难以形成商业化利用。

(3)建池工艺以水压式沼气池为主,产气效率较低,冬季山区地区沼气池甚至不产气。

(4)沼气集中供气管理较复杂,收费标准较低,存在安全隐患,企业主怕担风险。

(5)沼气发电规模小上网难以实现,企业自发自用有余,沼气不得不放空。

(6)沼气净化设备价格昂贵,沼气锅炉和沼气发电机等设备性能尚待提高。

第二节 沼气利用系统

一、沼气利用过程工艺流程

沼气是一种资源丰富而又价廉的生物质能源,具有较高的热值,与其他燃气相比,其抗爆性能较好,是一种性能优良的清洁燃料,传统上大多利用沼气进行取暖、炊事和照明。

沼气综合利用包括沼气集中供气和沼气发电。养殖场污水经厌氧发酵后产生的沼气,通过气水分离器脱水后进入脱硫装置进行脱硫,脱硫后的沼气计量后进入贮气罐贮存,经输配系统供应,作为养殖场内生产或生活的补充能源,多余的气体用于发电。沼气锅炉加热水和沼气发电冷却水余热回收交换给沼气生产系统增温,再生产沼气,具体工艺如图 4-1 所示。沼气利用系统包括贮气罐、脱硫器、阻火器、输配管道以及用能设备(如沼气发电机)。

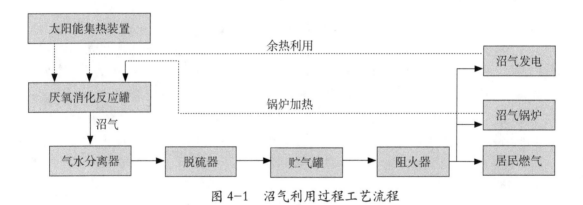

图 4-1 沼气利用过程工艺流程

目前,建设单位已经向建瓯市徐墩镇山边村民 150 户村民提供沼气。输配沼气管采用架空敷设,管道采用 UPVC 管,管道管径不小于 DN30,供气距离达到 3km 以上。在每天的早上 6:30—7:30、中午 11:00—12:30 和下午 17:30—19:00 三个时间段以外的时间段,通过压力传感器检测,当沼气压力达到 80kPa 时,PLC 通过 modbus 总线向沼气发电机发送启动命令,使得沼气发电机启动运行。

二、可调压玻璃钢贮气柜

脱硫后的沼气计量后进入贮气柜贮存,浮罩式贮气柜恒压,可自动进气和排气。安装压力传感器检测储气柜压力,在进气管道安装流量计进行沼气计量。

本设计采用分离浮罩贮气。浮罩既是储存沼气的装置,又具有压送沼气的功能。沼气池产气时,沼气通过输气管道输入浮罩内,随着沼气不断增加,浮罩不断上升;用气时,在浮罩的重量产生的压力下将沼气压出,产气、用气过程气压恒定,气压由浮罩重量决定。

玻璃钢沼气储气柜由两部分组成,半地下式的圆柱形水池和玻璃钢圆柱形浮罩(见图4-2、

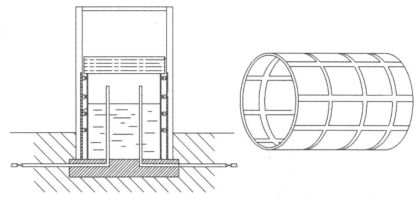

图4-2 玻璃钢沼气储气柜示意图

图4-3)。基础池底用混凝土浇制,两侧为进、出料管,池体呈圆柱状。浮罩由内外双层有机玻璃钢罩和夹于内外层玻璃钢罩之间的环状金属框架构成,储气罩外周部连接有滑轮,金属网架内环面布有与滑轮相对应的导轨,储气罩的顶部设有控制调节储气柜配重的储水槽。沼气贮气柜容积 $150m^3$,可调节压力范围为 800—1500mm 水柱。

可调压玻璃钢储气柜使用有机玻璃钢为主体结构材料,使用寿命长,容易检修,而传统的贮气柜使用铁制,容易被腐蚀,检修不方便。

图4-3 可调压玻璃钢储气柜实物图

三、沼气脱硫装置

沼气中含有一定量的硫化氢(H_2S),硫化氢的腐蚀性很强,如果含有硫化氢气体的沼气采用内燃机发电机组进行发电,会腐蚀内燃机的汽缸壁,还会使内燃机的润滑有变质,加快了内燃机的磨损。为此,在沼气能源化利用之前,要对含有硫化氢的沼气进行脱硫处理,使沼气中的硫化氢含量在我国标准允许的范围之内。脱硫常常采用干法脱硫工艺,本项目采用氧化铁法对沼气进行脱硫。在氧化铁脱硫过程中,沼气中的硫化氢气体在固态氧化铁($Fe_2O_3 \cdot H_2O$)的表面进行反应,沼气在脱硫装置内的流速越小,接触的时间越长,反应进行得越充分,脱硫效果越好。

沼气经脱硫塔净化后含硫量已低于0.009%,经燃烧产生的尾气主要成分为 CO_2 和 H_2O,

无烟尘,对周围大气环境产生的影响较小。沼气脱硫装置如图4-4。

■ 四、沼气集中供气

建设单位已经与建瓯市徐墩镇山边村民委员会签订供气协议,项目产生的沼气除了供养猪场内使用外,剩余部分向山边村100户村民供气,沼气集中供气管道如图4-5,沼气用户终端如图4-6。

沼气池至输配沼气管采用架空敷设,并以5%坡度输入配室,输配室至贮气罐及输气干管均埋地敷设,过路采用沟管,并在最低处安装凝水器,管道管径不小于DN30,坡度不小于1%,管道采用UPVC管,总长达到3000m。

图4-4 沼气脱硫装置

图4-5 沼气集中供气管道

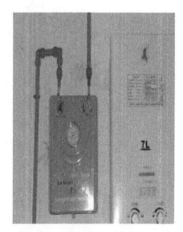

图4-6 沼气用户终端

■ 五、沼气发电

沼气经干式阻火器后可用于发电。通过压力传感器检测,当沼气压力达到80kPa时,且在每天的早上6:30—7:30、中午11:00—12:30和下午17:30—19:00三个时间段以外的时间段,PLC通过modbus总线向沼气发电机发送启动命令,使得沼气发电机启动运行,沼气发电机如图4-7。

图4-7 沼气发电机

第三节 沼气能源可控生态温室

温室是设施农业的一种形式。设施农业是利用围护结构设施,把一定的空间与外界隔离起来,形成一个半封闭系统,在充分利用自然环境条件的基础上,改善或创造更佳的环境条件,进行有效地生产。设施农业包括设施栽培和设施养殖两个方面。设施农业使用工厂化生产和管理方式,高效、均衡的生产各种动植物,通过控制环境因子如温度、光照、湿度、二氧化碳等的方法来获得生物最佳生长条件,从而达到增加作物产量、改进品质、延长生长季节的目的。设施农业的发展不仅有利于合理开发利用国土、淡水、气候等资源,而且能不断提高劳动、技术、资金有机结合的综合集约经营程度,从而获得最大的社会效益、经济效益和生态效益。

一、沼气能源可控生态温室建设

在闽侯县荆溪镇福建省农科院种猪场基地共建有沼气能源可控生态温室,面积160m^2。该大棚以基地养猪场沼气工程所产生沼气为能源,为温室点灯增加作物光照时数,点灯同时提供二氧化碳气肥,并增加温室大棚光照度,加强作物光合作用,结合应用微机单片机来实现对温室大棚的光照、温度、湿度、二氧化碳浓度的调控。该大棚中每5m^2设置1台沼气加热器或沼气灯。沼气能源可控生态温室大棚如图4-8、图4-9、图4-10所示。沼气能源可控生态温室长20m,宽8m,高2.5m。棚中建有介质栽培槽,每个大棚建有大槽10个,间距为20cm,槽长9m,宽1.4m,高50cm,每个大槽用砖块分成2个小槽。介质为鹅卵石、砾石加拌沼渣,同时应用沼液进行浇灌以及清水滴灌,形成一套可调试自动滴灌生态培养系统。沼液可调试自动滴灌系统由沼液过滤装置、沼液储液池以及沼液滴灌管道组成。沼液储液池长方体结构,长、宽均为2.5m,高2m,容积12.5m^3。沼液滴灌管道材质为EPDM橡胶,设置水压1.5m,滴灌管道定时冲洗,每隔7d用清水缓冲冲洗,滴灌管道间隔0.7m,管径2cm,滴灌孔间隔30cm,滴灌孔沼液流量7.2L/d,实现了沼液、沼渣以及沼气的综合利用。

图4-8 沼气能源可控生态温室构造实物图

图 4-9　沼气能源可控生态温室沼气加热器分布　　图 4-10　沼气能源可控生态温室沼气灯分布

二、沼气生态大棚智能控制系统

温室环境包括非常广泛的内容，但通常所说的温室环境主要指空气与土壤的温度、湿度、光照、CO_2 浓度等。温室环境控制的重点就是对这些要素进行控制与管理，为作物创造适宜的生长发育环境。以沼气作为能源，以沼液作肥料是温室环境控制的新课题。

目前对温室环境控制主要采用两种方式：单因子控制和多因子综合控制。单因子控制是相对简单的控制技术，在控制过程中只对某一要素进行控制，不考虑其他要素的影响和变化。例如在控制温度时，控制过程只调节温度本身，而不理会其他因素的变化和影响，其局限性是非常明显的。实际上影响作物生长的众多环境要素之间是相互制约、相互配合的，当某一要素发生变化时，相关的其他因素也要相应改变，才能达到环境要素的优化组合。综合环境控制也称复合控制，可不同程度弥补单因子控制的缺陷。

该生态大棚 ZJK-1 型沼气智能调控系统为多因子控制型综合控制机，如图 4-11。它采用先进的嵌入式控制技术，运行速度快，可以实时采集多路传感器，逻辑运算，综合分析数据处理结果，以优化的方式控制温室内设备的运行。该种控制方法根据作物对各种环境要素的配合关系调控，当某一种要素发生变化时，其他要素自动做出相应改变和调整，这样能更好地优化环境组合条件。它代表着温室控制技术的主要发展方向。

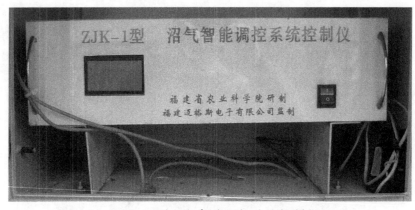

图 4-11　ZJK-1 型沼气智能调控系统控制仪

1. 智能温室控制特点及系统构成

针对智能温室的特点，智能温室控制系统应是一种具有良好控制系统、较好的动态品质和良好稳定性的系统，对植物生长不同阶段的需求制定出检测的标准。对温室环境进行检测，并将测得的参数比较后作相应的调整。

温室生态环境控制系统是由三个部分组成：

（1）信息采集信号输入部分，它包括室内、室外温度、湿度、CO_2浓度及光照等。

（2）信息转换与处理，主要功能是将采集的信息转换成计算机可以识别的标准量信息进行处理，输出决策的指令。

（3）输出及控制部分，控制风机、喷雾系统、遮阳系统及灯的开关等系统，使植物的生长实现车间化的生产控制过程。

2. 智能温室自动控制的系统

智能温室自动控制的系统，包括上位机部分、下位机部分、数据采集及测量部分以及执行部分。

ZJK-1型沼气智能调控系统软件及其实时显示现场参数、参数上下限设置、串口通讯参数设置，见图4-12、图4-13、图4-14和图4-15。

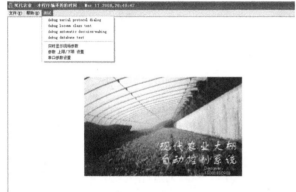

图4-12 ZJK-1型沼气智能调控系统软件

图4-13 实时显示现场参数

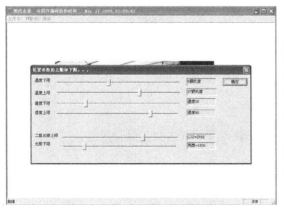

图4-14 参数上下限设置

图4-15 串口通讯参数设置

（1）上位机部分

上位机系统选用个人计算机，主要用于数据处理、通讯、系统控制、实时显示及修改各种控制数据，记录每天的各种采集数据，以备查阅。

由于影响作物生长的因素（如温度、湿度等）大都是一种多输入、多输出、大滞后的非线性控制变量，还需要动态、实时、有效、可靠的人机接口（HMI）的可视化界面，因此，可用VC（可视化语言）作为开发工具，它方便地满足提供以上特点。

除对参数进行检测外，还可将作物生长所需环境因素的范围输入到上位机中，对下位机传上来的数据进行分析，通过对灯、喷雾器、通风等进行开关调节，使温室内的环境达到需求。

由于现场的下位机是安装在控制柜内的，因此还必须设置下位机状态检测，使用户可以清楚地知道下位机的工作状态，加强系统的故障排错能力。

（2）下位机部分

下位机系统可以选用单片机和DSP（数据通信信号处理机），目前市场上主要使用单片机。它主要用于现场实地检测及控制，完成数据处理，同时将控制及测量结果传到上位机，并接受上位机指令。

本系统选用的单片机为LJD-51-XA+单片机。LJD-51-XA+是一款带下载调试软件和在线测试软件的控制板，带128K SRAM，2路独立的标准RS232/RS485串行接口，带40路标准可编程I/O口，8路12位高速A/D，1路10位D/A输出，LCD液晶接口，键盘/显示接口，打印机接口。能满足本系统的要求。

由温室内各传感器采集到的数据通过总线传到上位机，利用上位软件，再通过RS232/485转换器传输给上位机和执行机构动作，完成各项控制功能。

（3）数据采集及测量部分

通过各种高性能传感器（如图4-16）对外界气候环境进行测量及数据采集，对温室内的温度、湿度、CO_2含量及光强进行实时数据采集，并将测量结果通过接口送至上位机中，上位机根据控制要求对整个温室进行综合控制。

图4-16　信息采集传感器

（4）执行部分

执行部分包括CO_2施肥机、分机、加热机、水暖混水调节控制、灯光补光设备，通过上位机输出的控制信号驱动执行机构以实现上述功能。为了保证执行机构的安全，各执行部件的限位开关的常闭点都接在电机线路里，用常开点作为上位机的输入信号，达到双保险目的。

3. 系统特点

（1）两种现场数据显示方式：工作人员既可以在现场看到LCD显示的采集数据，同时也可以在室内观察到计算机显示器上的数据。

（2）采用 RS485 通讯：采用 RS485 通讯，不仅通讯距离远，易于现场安装；而且为以后扩展系统提供方便。

（3）采用单总线结构：主控制器通过单总线采集各类传感器数据，这样不仅硬件连接方便，而且易于扩展其他传感器（只需将数据线接到单总线上即可）。

4. 工作原理

为了实现以上功能要求，系统方框图如图 4-17 所示。

采用目前通用的 STC89C52 作为 CPU 中央处理器，负责采集温湿度传感器、二氧化碳传感器、光强度传感器数据，将采集到的数据显示在 LCD 屏上，同时通过 RS232 转换 485 模块将数据传送给上位机。另外该处理器通过光电隔离器件及继电器驱动执行机构包括排气扇、喷雾器、沼气阀、电加热器、荧光灯等。

PC 即个人计算机是本系统的另外一个核心，它不但负责显示下位机送上来的现场数据，而且根据数据做出决策，将需要让执行机构动作的命令通过 485 给处理，这样就完成了整个智能控制。LCD 主要用来分时显示温湿度、二氧化碳、光强度以及执行机构所处的位置，显示间隔约 5s，适合大部分人的眼睛反映。

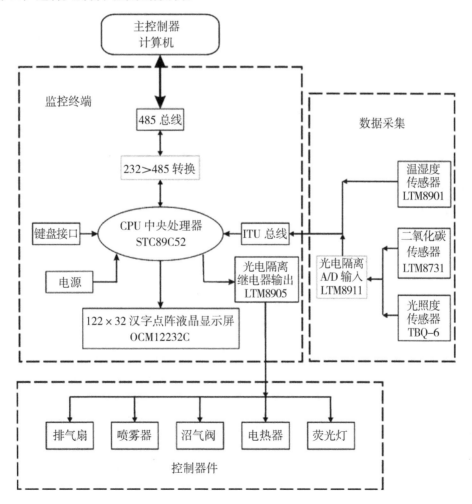

图 4-17　ZJK-1 型沼气智能调控系统方框图

5. 软件流程图

主程序流程如图 4-18 所示。

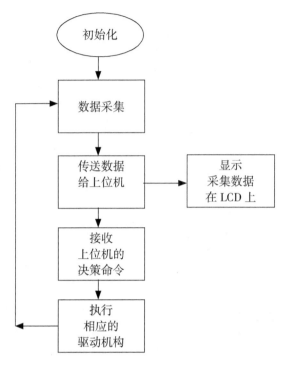

图 4-18　软件流程图

三、ZJK-1 型沼气智能调控系统在番茄生产的示范应用

智能控制系统温室为塑料大棚生态温室（如图 4-19），位于闽侯县荆溪镇福建省农科院种猪场，面积 160m²。智能温室中，设置 10 盏沼气灯。

该智能温室以基地猪场沼气工程所产生沼气为能源，为温室点沼气灯增加作物光照时数，点灯同时提供 CO_2 气肥，并增加温室光照度，增强作物光合作用，结合应用微机单片机来实现对温室的光照、温度、湿度、CO_2 浓度进行调控。

智能温室内种植番茄，设计要求冬季棚内最低温度不低于 8℃，光照大于 100 lx，实现夜间照明 10h，湿度不小于 65%。以沼气为能源，通过智能控制系统对塑料大棚生态温室进行调控，调控对比如表 4-7。

图 4-19　沼气能源生态温室

表 4-7　生态温室夜间调控对比

项目		时间					
		18—20	20—22	22—24	0—2	2—4	4—6
点燃沼气灯数（盏）		6	8	10	10	10	10
温度（℃）	棚内	14	13	12	10	8.5	9.5
	棚外	12	11.5	10	8.5	6	6.5
光照度（lx）	棚内	160	150	140	150	150	180
	棚外	0.4	0.1	0.1	0.1	0.2	0.3
湿度（%）	棚内	81	80	78	74	70	73
	棚外	75	75	76	77	77	78
CO_2（%）	棚内	—	—	—	—	—	—
	棚外	—	—	—	—	—	—

本数据为 2013 年 12 月 20—29 日十天数据平均值。温度、湿度、光照度测定为棚内外各平均取 10 个点测得平均值。由于探头问题，CO_2 浓度没有测出。同样条件大棚，以电加热为能源，如果每天照明 10h，则要耗电 100kW·h，每千瓦时按市价 0.6 元计算，则一天需花费 60 元。以沼气为能源生态大棚，则只需要耗费智能监控系统耗电约 5kW·h，花费 3.0 元/d，在福州地区，年需加热时间约 5 个月，则年可节约费用 8550 元。

四、小结

ZJK-1 型沼气智能温室调控系统为多因子控制型综合控制机，采用先进的嵌入式控制技术，运行速度快，可以实时采集多路传感器，逻辑运算，综合分析数据处理结果，以优化的方式控制温室内设备的运行，为作物的生长创造了适宜的环境，有效提高了作物的产量与质量，是高效农业发展的一个方向，无论是对新建或改造智能温室都有很好的应用前景。

第五章 猪粪堆肥装置与菌种筛选

关于猪粪的处理利用，目前国内外对生猪养殖猪粪资源化利用主要有直接还田、传统堆沤发酵处理生产有机肥、智能高温发酵生产有机肥、异位发酵床处理模式、沼气发酵处理、加工成饲料、饲养蝇蛆蚯蚓等多种方式。由于猪场污水排放量巨大，大部分猪场将建设的沼气池用于沼液的处理，采用固液分离出的猪粪极少采用沼气发电的形式处理。将猪粪加工成饲料让猪粪得到二次利用的技术在许多国家有推广使用，主要通过自然厌氧发酵法、自然干燥法、高温快速干燥、发酵机发酵等生产成饲料，但这一技术在我国鲜有使用。我国目前有使用猪粪饲养鱼的报道，但这一模式对猪粪的处理量有限，加之猪—鱼模式中猪粪中的砷制剂、病原菌的大量残留对鱼有潜在的不良影响，无法大面积推广。另外采用猪粪饲养蝇蛆、蚯蚓等同样无法处理规模猪场庞大的排粪量，这些技术也很少被猪场使用。

目前我国规模猪场最常使用的猪粪处理方式主要为直接还田、传统堆沤发酵处理生产有机肥、智能高温发酵生产有机肥、异位发酵床处理模式这四种模式为主。我国大部分规模猪场将猪粪直接免费或低廉的价格卖给周边的农户，以直接还田的形式处理猪粪，这一方式并不能给猪场带来效益。由于猪粪未经发酵处理，含水量高达70%，给其运输和施肥都带来了极大的不便，同时含有的病原菌和发出的臭味对环境造成极大的污染，未发酵的猪粪直接施用于作物生长容易因发酵与作物产生夺氧现象，而其中的木质纤维素等物质未经过降解处理，对作物的促生作用缓慢，因此直接还田于企业于农户都不是极佳的处理方式。异位发酵床处理模式是近年新流行的猪粪处理模式，该处理模式是将猪粪尿等与农作物秸秆（谷壳、锯末、秸秆等）等辅料混合进行长期发酵，因发酵的高温作用将猪粪尿的水分蒸发，猪粪经发酵后最终加工成有机肥料，实现了猪粪零污染。目前福建省很多小型猪场使用异位发酵床处理废弃物，每年需要谷壳、锯末等垫料巨大，而实际可利用的辅料有限，烟秆、园林修剪枝叶及山场采伐余物等收集渠道零散，无法形成规模，导致辅料短缺，最终导致处理成本增加。另外大量小猪场废弃的异位发酵床垫料，由于使用周期较长（普遍超过2a），重金属积累超标、含盐量过高，生产出的有机肥质量不合格的问题也日渐突出。因此，采用纯猪粪发酵为主的高效有机肥加工模式是规模化养猪场今后可持续发展的方向。

智能高温发酵生产有机肥是近年来新起高温好氧发酵技术，该技术采用精确控制发酵温度、氧气量等方式使猪粪充分发酵，可在较短的时间内生产出优质有机肥，由于可以对猪粪的发酵参数进行精确控制，采用该技术可生产出产品质量有保障的优质有机肥。但由于该技术前期投入大，后期运营成本高，该技术目前在福建省大型猪场推广数量有限。而传统堆沤发酵处理生产有机肥也是目前规模猪场处理粪便的主要方式之一，该方法的优点是生产成本低，但由于发酵启动温度较低，导致发酵处理发酵时间过长，通常一个堆肥周期至少要35d，发酵时间过长，给猪场带来极大的压力，另外生产出的有机肥有效元素含量低，并不能快速满足作物的生长需求。而在自然堆肥发酵中加入适合菌制剂，促进其快速高温发酵则可有效提高有机肥的品质，是一种实用经济易于推广的好方法。

第一节　厌氧干发酵装置的研发

一、堆肥技术发展现状

目前常用的堆肥技术有很多种，分类也很复杂。按照有无发酵装置可分为开放式堆肥系统和发酵仓堆肥系统。根据堆肥操作过程的特点，堆肥技术分为干预过程和非干预过程。Manser 将堆肥系统分为简单条垛式堆肥系统和复杂机械堆肥系统。条垛式堆肥是将原料简单堆积成窄长条垛，在好氧条件下进行分解。

条垛式系统定期使用机械或人工进行翻堆的方法通风。作为一种古老的堆肥系统，条垛式系统一直被普遍采用。美国 1993 年普查，条垛式系统占 321 个堆肥项目的 21.5%。1993 年加拿大普查全国 121 个运行的堆肥厂中，有 90 个是条垛式系统。条垛式系统在美国和加拿大等国使用比例较高的原因是这些国家有足够的土地进行条垛式处理。条垛式系统处理废弃物时会产生强烈的臭味和大量的病原菌。因此，Epstein 等人在条垛系统的基础上开发了通风系统，这就是后来被广泛应用的强制通风静态垛系统的开端。强制通风静态垛系统是通过风机和埋在地下的通风管道进行强制通风供氧的系统。对于强制通风静态垛系统，通风系统决定其能否正常运行，也是温度控制的主要手段。在堆肥过程中，通风不仅为微生物分解有机物供氧，同时也去除二氧化碳和氨气等气体，并蒸发水分使堆体散热，保持适宜的温度。

发酵仓系统是使物料在部分或全部封闭的容器内，控制通风和水分条件，使物料进行生物降解和转化。发酵仓系统有很多分类方法。按物料的流向划分，可分为水平流向反应器、竖直流向反应器。竖直流向反应器包括搅动固定床式、包裹仓式；水平流向反应器包括旋转仓式、搅动仓式。美国环保局 (USEPA) 把发酵仓系统分为：推流式 (plugflow) 和动态混合式 (dynamic)。在推流式系统中，系统是按入口进料、出口出料的原则工作的，每个物料颗粒在发酵仓中的停留时间是相同的。在动态混合式系统中，堆肥物料在堆肥过程中被搅拌机械不停地搅拌至均匀。这两类系统又可以根据发酵仓的形状进一步划分，推流式系统分为圆筒形反应器、长方形反应器、沟槽式反应器；动态混合式分为长方形发酵塔、环形发酵塔。

二、堆肥技术存在问题

堆肥系统的发展方向在国外，堆肥技术正在向着机械化、自动化的方向发展，而为了防止对环境的二次污染，堆肥也趋向于采用密闭的发酵仓方式。但在中国，囿于当前的经济现状，高度机械化、自动化的堆肥设备成本太高，不符合中国的国情。所以要在中国发展堆肥产业和堆肥技术，就必须去寻找一个成本较低、操作方便、维护性较好、真正适合中国国情的堆肥工艺和技术。

本项研究的厌氧干发酵装置，一次性投资较少，基本无运行费用，并且循环利用了沼气，有效杜绝了甲烷气体对大气臭氧层的破坏。同时，有助于解决集约化养猪场猪粪便带来的环境污染问题，促进农业生态平衡，杜绝病原微生物和寄生虫的传播，有利于养猪场的可持续发展，并且生产出的有机肥有利于改善土地结构，减少化肥施用量。干发酵装置对于粪便处理，特别是中小型猪场的粪便资源化、无害化和肥料化有很好的应用前景。本装置创新性如下。

（1）材料上：应用由玻璃加强纤维、不饱和树脂、固化剂、促进剂和添加剂等原料经过特殊配方制作而成的玻璃钢材料。

（2）结构上：干发酵装置采用组装式设计，可以实现工厂化生产，并且在进出料口进行了特殊的橡胶凹凸槽密封及加强设计，同时，增加沼液自循环装置，缓解酸化。

（3）工艺上：利用厌氧干发酵替代好氧翻堆堆肥，节省能源，在对粪污进行处理的同时实现了猪场粪便的资源化、肥料化。

三、厌氧干发酵装置研发

1. 厌氧干发酵装置的设计

发展厌氧干发酵装置的关键是控制防止高浓度发酵酸化以及发酵完成后的固液分离，为了有利于厌氧干发酵装置产业化发展，根据福建省农村猪场特点及气候条件，对厌氧干发酵装置进行结构优化设计，研究开发了 $10m^3$ 玻璃钢厌氧干发酵装置。

根据产业化生产的厌氧干发酵装置池型结构的优化设计要求，除必须保证发酵工艺基本条件要求外，更要考虑到池体制作的难易程度、成本的高低以及力学性能、运行管理等综合因素。厌氧干发酵装置实物图如图 5-1，各组件如图 5-2 所示。

该厌氧干发酵装置的诞生解决了传统堆肥发酵中占地面积大，并且有恶臭和甲烷气体向大气排放，提高了沼气发酵的工艺和技术水平，为猪场粪污处理的发展奠定了一个良好的基础。其结构设计如图 5-3。

图 5-1 厌氧干发酵装置实物图

厌氧干发酵装置过滤板　　　　　厌氧干发酵装置沼液池

沼液回流池　　　　　　　　　密封构件

图 5-2　厌氧干发酵装置组件

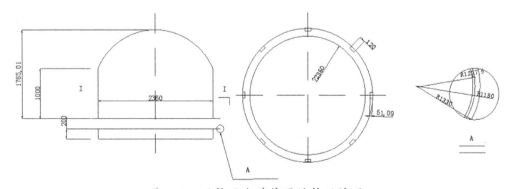

图 5-3　厌氧干发酵装置结构设计图

厌氧干发酵装置结构说明如下。

（1）厌氧干发酵装置采取上半部分球筒冠体和下半部分筒体镶嵌黏合，容积 $10m^3$，上池高1.765m，下池高0.3m，筒直径2.48m，设计压力600mm水柱。

（2）上半部分球筒冠体和下半部分筒体镶嵌黏合采用橡胶圈和铁件密闭，橡胶圈宽10cm，安装于凹凸槽内，铁件通过工厂定制，密闭采用活动螺丝件旋紧。

（3）厌氧干发酵装置底层设置固液过滤层和沼液储存层，过滤板采用玻璃钢木板结构，厚20mm，孔隙采用倒梯形结构，上孔隙直径5mm，下孔隙直径8mm。沼液储存层高30mm。

（4）厌氧干发酵装置外部设置沼液回流池，沼液回流池采用正方体结构，长、宽、高为1m×1m×2m，体积2m^3。沼液通过污水泵和淋浴头喷灌回流。

2. 厌氧干发酵装置的性能

有机玻璃钢是用玻璃纤维、树脂、固化剂、促进剂和添加剂等制作而成。有机玻璃钢材料导热系数小，密封性能好，保证了最佳产气条件。由于玻璃纤维的增强作用，因而它的性能远远超过塑料。有机玻璃钢重量轻、强度高，虽然有机玻璃钢的比重只有碳钢的1/4—1/5，但其拉伸强度超过碳钢，可以和高级合金钢相比。有机玻璃钢耐腐蚀性能好，对一般浓度的酸、碱、盐、多种油类和溶剂都有较好的抵抗力，有机玻璃钢正取代碳钢、不锈钢、木材、有色金属材料，应用到化工防腐的各个方面。

制作有机玻璃钢厌氧干发酵装置所选用的不饱和聚酯树脂为HR-191通用型，HR-191通用型不饱和酯树脂是一种黏度适中的通用型树脂，具有较高的机械强度和延伸度，适宜制作手糊成型的各种有机玻璃钢制品，其材料的相关性能指标如下。

① HR-191相关性能指标

外观：透明淡绿色液体。

酸值：25.0—30.0mgKOH/g。

黏度（25℃）：0.25—0.45Pas。

固体含量：61.0%—65.0%。

胶凝时间（25℃）：10.0—16.0min。

80℃热稳定性：≥24h。

② 有机玻璃钢性能

有机玻璃钢性能如表5-1所示。

表5-1 有机玻璃钢性能指标

项目	试验条件	技术指标
热变形温度	通用型	150—200℃
拉伸强度	常温	≥60Mpa
弯曲强度	常温	≥100Mpa
冲击强度	常温	≥50Mpa
吸水率	常态	≤1%
巴式硬度	常温	≥40g/cm^3
比重	通用型	1.8—2.0g/cm^3

以 HR-191 树脂、玻璃纤维布、滑石粉等原料，厌氧干发酵装置预制件采用自制模具，应用喷枪设备与手糊相结合制作。一次建成使用，不再维修。具有强度好、耐腐蚀、抗老化、软化系数大、冲击韧性与防水性强等性能优点，使用寿命长。

从以上性能比较说明，玻璃钢厌氧干发酵装置的性能，具有强度好、耐腐蚀、抗老化、软化系数大、冲击韧性与防水性强等性能优点，使用寿命长。

四、发酵工艺研究

1. 发酵工艺参数

玻璃钢厌氧干发酵装置的设计工艺参数为：

投料量占总投料量的 70%，为 $5.6m^3$。

接种量占总投料量的 30%，为 $2.4m^3$。

发酵原料：猪粪便。

发酵浓度：TS 为 16%—18%。

发酵温度：常温发酵。

有机负荷率：$4.0—4.5kgCOD/(m^3 \cdot d)$。

原料产气率：$0.05m^3/kgTS$。

设计气压：6000Pa（600mm 水柱）。

新池启动时间：72h。

发酵工艺：批量发酵工艺。

2. 厌氧干发酵装置启动

装置启动需要沼气池中下层沼液接种，约占总投料量的 30%。接种物为正常发酵 1a 以上沼气池中的沼液。发酵启动采用猪粪原料。接种物沼液通过泵循环和淋浴装置和猪粪原料混合。

3. 日常管理

为防止原料酸化，每天应用污水泵和淋浴装置循环沼液 1h，循环完毕应关闭沼液循环池和厌氧干发酵装置之间的连接开关。沼气测量使用湿式气体流量计，每天早晨 8 点记录数据。

厌氧干发酵装置运行 15d 左右换料，换料时，首先打开沼液循环池和厌氧干发酵装置之间的连接开关，放干沼液储存层的沼液，1d 后打开装置上盖，将发酵完成的猪粪扒出。

五、厌氧干发酵装置应用实例

厌氧干发酵装置 2009 年 11 月 15 日—30 日在福州市闽侯县荆溪镇福建省农科院种猪场基地运行，其条件控制和运行结果如下。测定项目与方法：沼气总产量采用排水法测定；甲烷含量用 ZS-2 型沼气成分分析仪测定；pH 值用 pH2-25 型 pH 计测定；总固体含量用灼烧法测定。

1. 条件控制

接种物为福建省农科院种猪场内沼气池中下层沼液，$2.4m^3$；投料为福建省农科院种猪场新鲜猪粪，$5.6m^3$，其 C/N 为 13；发酵温度 15—25℃；发酵周期 15d；设计气压：6000Pa（600mm 水柱）；发酵工艺：批量发酵工艺。起始发酵料液情况如表 5-2。

表 5-2　发酵前料液的成分分析结果

测定指标	pH	TS（%）	VS（按TS计%）	粗灰分（%）
发酵前料液	6.86	18.04	68.78	31.22

2. 启动时间

在厌氧干发酵装置投料封池后的启动时间进行了记录，具体情况如表 5-3。

表 5-3　厌氧干发酵装置投料封池启动情况

序号	封池时间	启动时间（h）	启动时数（h）
1	2009年11月1日9:20	13日15:00	54.7

3. pH 变化

原料发酵前 pH 6.86 左右，发酵开始后下降较快，6d 后降到最低程度 pH 6.5 左右后，有一个微量的回升，第 9d，各样品 pH 值均接近中性，即 6.90—6.96，随后保持相对稳定，整个 15d 发酵过程，未出现 pH 值低于 6.4、高于 7.0 的情况，整个过程显示了 15d 周期干发酵能在正常的 pH 变化范围内。

4. 总固体含量的变化

发酵前料液总固体（TS）含量为 18.04%，发酵后各样品总固体含量均降低，为 15.94%。其主要原因是由于物料发酵过程中原料不断分解利用，促使有机物被微生物液化或变成气体，导致发酵原料浓度降低；另外接种物的总固体含量比发酵原料稍低，也有一定的稀释作用。虽然总固体含量降低，但物料含水量与 10% 下的湿发酵相比，仍然处于较低水平，对后期脱水处理有利。

5. 沼气产量及甲烷含量

2009 年 11 月 1—15 日进行了产气量记录与测量，气温变化为 19.5—26.3℃，共产沼气 46.2m^3，则原料产气率为 0.032m^3/kgTS，容积产气率为 0.31m^3/(m^3·d)，平均每天产沼气 3.1m^3。对厌氧干发酵装置所产的沼气每 5d 进行 1 次甲烷含量分析，产气甲烷含量都在 53% 以上，具体如表 5-4。

表 5-4　沼气中甲烷含量的分析结果

取样时间	11月5日	11月10日	11月15日	平均
甲烷含量（%）	53	57	58	56

六、经济评价分析

1. 成本分析

投资总成本包括：混凝土构筑物 3500 元，有机玻璃钢组件 5000 元，橡胶垫圈 800 元，旋紧铁件 1200 元，水泵 200 元，水管、气管 100 元，合计 10800 元。

运行成本：人工费用 100 元/池；电费 0.6 元/d×15d=9 元；合计 2652.3 元/a。

2. 收益

沼气收益：平均每天产沼气 3.1m^3，每立方米沼气按 1 元计算，则年收益 1131.5 元。

沼肥收益：每池可产沼肥 3t，每吨售价 40 元计算，则年收益 2920 元。

合计：4051.5 元。

3. 技术经济评价

根据技术经济学原理对 10m^3 厌氧干发酵装置进行财务评价。根据该池型的结构特点及选用的材料，其寿命按 20a 计算，社会折现率为 10%，其财务评价现金流见表 5-5。

表 5-5　财务评价现金流量表　　　　　　　　　元

年数	购买成本	运行成本	总成本现值	收益现值	净收益现值
0	10800.00		10800.00		-10800.00
1		2652.30	2410.94	3682.81	1271.87
2		2652.30	2190.80	3346.54	1155.74
3		2652.30	1991.88	3042.68	1050.80
4		2652.30	1811.52	2767.17	955.65
5		2652.30	1647.08	2515.98	868.90
6		2652.30	1495.90	2285.05	789.15
7		2652.30	1360.63	2078.42	717.79
8		2652.30	1235.97	1888.00	652.03
9		2652.30	1124.58	1717.84	593.26
10		2652.30	1023.79	1563.88	540.09
11		2652.30	928.31	1418.03	489.72
12		2652.30	846.08	1292.43	446.34
13		2652.30	769.17	1174.94	405.77
14		2652.30	697.55	1065.54	367.99
15		2652.30	633.90	968.31	334.41
16		2652.30	578.20	883.23	305.03
17		2652.30	525.16	802.20	277.04
18		2652.30	477.41	729.27	251.86
19		2652.30	434.98	664.45	229.47
20		2652.30	395.19	603.67	208.48
合计		53046.00	33379.03	34490.42	1111.39

从表 5-5 可以得出：净现值（NPV）1111.39＞0，内部收益率（IRR）13.6＞社会折现率。因此，厌氧干发酵装置具有良好的经济效益和较大的市场发展潜力。

■ 七、小结

1. 池型设计合理

本池型采用水泵循环沼液，使接种物与猪粪混合更为充分，反应更为彻底；同时，该池型设计紧凑，受力和耐压合理，池子使用寿命长，设计符合厌氧消化的工艺要求。

2. 材料性能可靠

有机玻璃钢材料重量轻、强度高，其拉伸强度超过碳钢，有机玻璃钢材料具有抗拉、抗压、抗弯曲、抗暴晒、耐腐蚀、密封性能好、不透水、不透气等优点。

3. 符合产业化推广

厌氧干发酵装置采用标准化设计，质量和性能稳定可靠。日均产沼气 $3.1m^3$，基本可以满足农户的生活用能。

由于玻璃钢材料的特点，质量轻，而且本装置由标准构件组成，因此运输、安装方便，加快了建设速度，减少了建设时间，从性能、推广上来考虑，适合工厂化生产，具有潜在市场前景。

第二节 堆肥发酵细菌分离及应用

■ 一、堆肥发酵细菌的分离鉴定

随着养殖业生产规模的日益扩大，大量畜禽排泄物的处理已成为一个亟待解决的问题，高温堆肥生产有机肥是禽畜粪便无害化和资源化的重要途径。堆肥的实质是微生物在适宜条件下的代谢作用，常规堆肥发酵周期长，不利于有机废弃物的资源化利用，在堆肥过程中添加微生物菌剂可以达到快速腐熟且无害化的目的。

近年来，国内外学者对在适宜条件下的猪粪发酵功能菌进行了大量研究，发酵功能菌对促进堆肥的作用效果问题，生产上一直存在争议。有些研究者认为，在堆肥物料中接种发酵功能菌，由于堆肥物料中原有微生物种群数量大，繁殖迅速，会抑制接种发酵功能菌的生长繁殖；接种发酵功能菌可能会因为可利用的有机物耗尽或堆肥温度条件的改变而失去作用；接种的功能微生物与原有微生物会产生颉颃作用，致使两类微生物均不能发挥好的效果。

大多数研究者认为用于堆肥接种的发酵功能菌具有更强的抗逆性和更好的适应性，繁殖速度快，功能明确；堆肥接种有利于平衡原料微生物种类和数量差异，保证堆肥产品质量的稳定。接种菌剂究竟对堆肥的发酵过程是否起作用以及能起多大的作用尚缺乏系统、科学的证据。因此，该研究从发酵猪粪中分离出 8 株对猪粪堆肥发酵可能有促进作用的菌株，采用

16S rDNA 分子生物学方法对其进行鉴定分类,将不同种类菌株接入新鲜猪粪中进行堆肥发酵,通过分析堆体的温度、pH 值、含水率、总有机碳(TOC)、总氮(TN)和 C/N 比值的变化情况,探讨接种菌剂对堆肥发酵过程的影响,为猪粪直接用于堆肥发酵生产有机肥提供可用菌种。

猪粪采自福建省闽侯县荆溪种猪场常年堆肥车间。取发酵 7d 的猪粪 2g,用无菌水稀释至 10^{-5},取 200μL 分别涂布于 NA 和高氏培养基中,35℃条件下分别恒温培养 36h 和 108h,挑选菌落形态不同的单菌落进行纯化培养,保存备用。

NA 培养基组分及性质:蛋白胨 10g,牛肉粉 2g,NaCl 5g,琼脂 15g,水 1L,pH 7.0;高氏培养基组分及性质:可溶性淀粉 20g,NaCl 0.5g,KNO_3 1g,$K_2HPO_4 \cdot 3H_2O$ 0.5g,$MgSO_4 \cdot 7H_2O$ 0.5g,$FeSO_4 \cdot 7H_2O$ 0.01g,琼脂 15g,水 1L,pH 7.5。

实验仪器:超净工作台;生化培养箱;Starter 3C pH 计;Neofuge 15R 冷冻高速离心机;Mastercycler pro S 银制梯度 PCR 仪;DYY-8C 型电泳仪;ALphalmager EP 凝胶成像系统;Sartorius BSA124S 精密电子天平;电热恒温鼓风干燥箱;KDN-102C 定氮仪。

DNA 的制备:将以上筛选的菌种接入相应的液体培养基中,35℃条件下恒温培养 24h,取 1.5mL 菌液,采用 TIANGEN 公司的细菌基因组 DNA 提取试剂盒提取 DNA。DNA 电泳检测:在加入荧光染料 gelview 的质量分数 1.0% 的琼脂糖中进行凝胶电泳分离,每孔加样 6μL(5μL 样品 +1μL 上样缓冲液),电泳恒压 120V,电泳 30min。分离菌株 16S rDNA 的扩增:采用引物 F968(5′-AAC GCG AAG CTT AC-3′)和 L1401(5′-CGG TGT GTA CAA GAC CC-3′)扩增分离菌株 16S rDNA 的基因 V6—V8 可变区,扩增片段长度约为 434bp。PCR 扩增程序:94℃预变性 5min,然后 94℃变性 1min,55℃退火 1min,72℃延伸 1min,共 35 个循环,最后 72℃充分延伸 10min,4℃条件下保存。PCR 产物由上海生工生物工程技术服务有限公司进行单向测序。将测得的序列提交到 NCBI 网站(http://www.ncbi.nlm.nih.gov/),采用 Blast 程序将其与 GenBank 数据库中相似性较高的菌株的 16S rDNA 基因序列进行同源性分析。采用 MEGA 4 软件进行序列的比对及系统发育树的构建分析。

1. 堆肥发酵细菌 DNA 提取和 PCR 扩增

从福建闽侯荆溪种猪场常年堆肥车间发酵猪粪中,初筛获得约 20 株菌,通过对菌落形态、生长速度的观察以及分解纤维素能力的判定,挑选其中 8 株,利用平板稀释法分离纯化得到单个菌株。其中,7 株经 NA 培养基培养 36h,编号为 N1-N7,1 株经高氏培养基培养 36h,编号为 G1。将 8 株菌进行 DNA 提取后再进行 PCR 扩增,扩增产物经电泳后利用凝胶成像系统采集图像,结果见图 5-4。1 号电泳道(从左到右)为 DL2000 marker,其从上到下的片段大小分别为 2000、1000、750、500、250 和 100bp;2 号为空白对照,3—10 号分别对应 G1、N7—N1 号菌的 16S rDNA 扩增产物。经电泳检验,除对照未见 DNA 扩增产物片段以外,3—10 号各扩增产物片段大小均在 250—500bp。

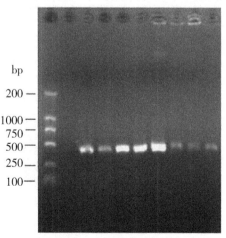

图 5-4 各分离菌株 16S rDNA 扩增产物的电泳分析结果

2. 各分离菌株的鉴定

利用 MEGA 4 软件对各分离菌株与应用 Blast 检索到的与之有较高同源性菌株的 16S rDNA 序列做最大同源性比较分析,并以软件 NJ 法构建系统发育树,确定菌株的分类地位。由图 5-5 可知,菌株 N1、N2 和 N3 基本属于同一种的范围,并与菌株 N5 属于同一属的范围,其他菌株各属一属,亲缘关系较远。

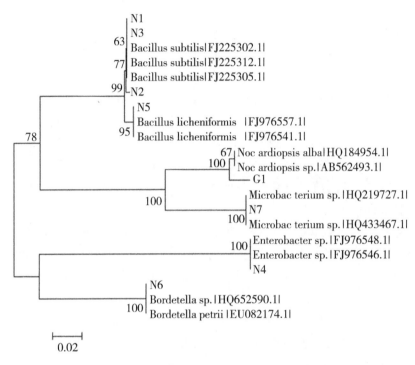

图 5-5 各分离菌株 16S rDNA 的系统进化树

与 GenBank 数据库中已有的核酸序列进行比较后发现,除 G1 菌株与数据库中的同一种菌同源性为 97% 外,其余 7 株菌均大于 99%,各分离菌株鉴定结果见表 5-6。

表 5-6 各分离菌株的鉴定结果

序号	菌种编号	菌种名称	学名	匹配一致性(%)
1	N1、N2 和 N3	枯草芽孢杆菌	*Bacillus subtilis*	100
2	N4	肠杆菌属	*Enterobacter* sp.	100
3	N5	地衣芽孢杆菌	*Bacillus licheniformis*	100
4	N6	包特氏菌属	*Bordetella* sp.	100
5	G1	拟诺卡氏菌属(放线菌目)	*Nocardiopsis* sp.	97
6	N7	微杆菌属	*Microbacterium* sp.	99

二、堆肥发酵细菌在猪粪堆肥中的应用

1. 猪粪的堆肥发酵试验

堆肥试验于通风状况良好的室内进行，实行人工翻堆通气。试验设置 7 个堆体，堆体原料来自福建闽侯荆溪种猪场新鲜猪粪，其基本理化性质为：含水率 702.0g/kg，pH 7.34，w(TOC) 222.1g/kg，w(TN) 9.2g/kg，C/N 比值 24.11。

以其中 1 个堆体为对照，另外 6 个堆体分别接入经鉴定分类的 1—6 号菌液，每个堆体高约 0.9m，直径约为 1.2m，呈锥形。按体积分数 0.4% 的量接入菌液，所接入菌的活菌数均大于 10^9/g，对照堆体中加入相同含量的灭菌 NA 培养基。分别在堆肥发酵 0d、3d、7d、10d、13d、20d、27d 和 34d 时取样，距离堆体顶端约 40cm 处分 5 点采集取样，将样品混匀后检测，每个处理设 2 次重复，对照设 3 次重复。

堆体温度采用玻棒温度计测定，从发酵当天开始，每隔 3d 测定 1 次，直至堆体温度接近室温为止；含水率通过测定 105℃、24h 条件下烘干前后样品的质量变化来确定；取新鲜猪粪 10g，加 25mL 超纯水，磁力搅拌 10min，放置 0.5h 后用 pH 计测定 pH 值；TOC 含量用重铬酸钾容量法 - 稀释热法测定；TN 含量用凯氏定氮法测定；C/N 比值为 TOC 含量与 TN 含量的比值。

2. 猪粪堆肥过程中温度的变化

处理 1—6 堆体分别接入枯草芽孢杆菌、肠杆菌属、地衣芽孢杆菌、包特氏菌属、拟诺卡氏菌属和微杆菌菌液。

堆肥过程中各处理堆体温度的变化见图 5-6。由图 5-6 可知，发酵 3d 时，各处理堆体温度均达到最高值，此与贾聪俊等的研究结果一致；处理 1—6 的温度均高于 60℃，处理 3 温度在堆肥 3d 时已升至 66.50℃ ± 0.71℃，为各处理中的最高值。对照堆肥发酵的最高温度仅为 56.83℃ ± 1.26℃。

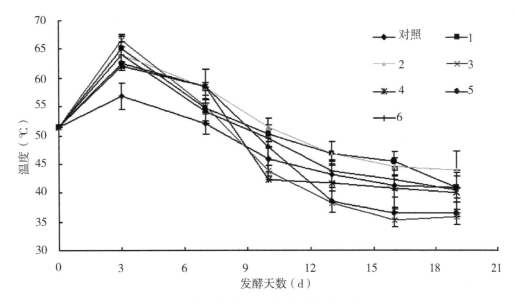

图 5-6　堆肥过程中各处理温度的变化

3. 猪粪堆肥过程中含水率的变化

处理1—6堆体分别接入枯草芽孢杆菌、肠杆菌属、地衣芽孢杆菌、包特氏菌属、拟诺卡氏菌属和微杆菌菌液。

堆肥过程中各处理堆体含水率的变化见图5-7。由图5-7可知，经过堆肥发酵后，各处理堆体含水率与对照相比，除处理4略有升高外，其他处理均呈下降趋势。堆肥34d时，堆体1含水率下降最多，比对照降低98.3g/kg；堆体6含水率仅降低14.9g/kg；堆体4含水率略有上升，比对照提高26.3g/kg。

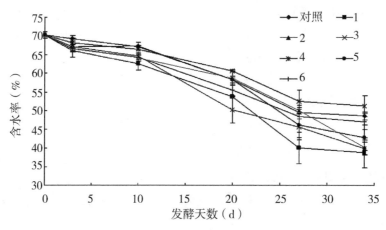

图5-7 堆肥过程中各处理含水率的变化

4. 猪粪堆肥过程中pH值的变化

处理1—6堆体分别接入枯草芽孢杆菌、肠杆菌属、地衣芽孢杆菌、包特氏菌属、拟诺卡氏菌属和微杆菌菌液。

堆肥过程中各处理堆体pH值的变化见图5-8。由图5-8可知，各处理堆体pH值先下降后上升，猪粪初始发酵pH值为7.34±0.13，堆肥3d时，对照和各处理pH值均迅速下降。在

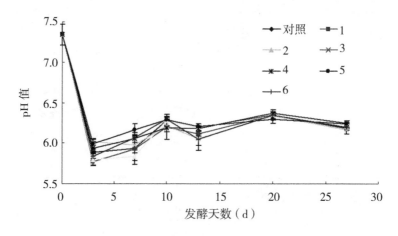

图5-8 堆肥过程中各处理pH值的变化

堆肥最初阶段，可利用的能源物质较多，微生物繁殖很快，其代谢活动产生的有机酸使堆肥 pH 值下降，小分子有机酸随着温度的升高而挥发或被微生物降解，同时微生物分解含氮有机物所产生的氨使堆肥 pH 值又开始上升。在高温期（发酵第 3—13d）处理 1 和 2 的 pH 值下降幅度大于其他处理，说明这 2 个处理堆体在接入相应的菌种后对有机物的分解起到一定的促进作用，使得有机酸增多，pH 值下降。而后各处理 pH 值开始上升，堆肥 20d 时，各处理 pH 值达到发酵后最大。这是由于小分子有机酸的挥发及含氮有机物产氨所致，之后随着堆肥发酵时间的增加，微生物代谢活动强度减弱，使得产生的氨慢慢挥发，pH 值有所下降。在整个堆肥过程中，堆体 pH 值在 5.5—6.5，出现酸化现象，这可能是由于采用纯猪粪进行堆肥，堆体内部的疏松程度较低，导致堆体通透性较差，从而造成堆体内部部分猪粪厌氧发酵，引起有机酸的大量积累。

5. 猪粪堆肥过程中 TOC 含量的变化

处理 1—6 堆体分别接入枯草芽孢杆菌、肠杆菌属、地衣芽孢杆菌、包特氏菌属、拟诺卡氏菌属和微杆菌菌液。

堆肥过程中各处理干基（经干燥处理的堆肥猪粪样品，简称干基）TOC 含量的变化见图 5-9。由图 5-9 可知，各处理干基 TOC 含量随着堆肥时间的增加均呈下降趋势，发酵 10d 时处理 1—3 的 TOC 含量明显低于对照，同时也低于处理 4—6。如前所述，处理 1—3 的前期发酵温度均高于对照和其他处理（见图 5-6），表明加入 1—3 号菌可明显加快有机物的分解速度。发酵 34d 时，除处理 4 以外，其他处理 TOC 含量均低于对照，处理 3 的下降幅度最大，比对照降低 53.1g/kg ± 16.2g/kg。

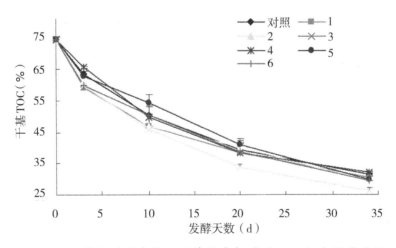

图 5-9 堆肥过程各处理干基总有机碳（TOC）含量的变化

堆肥过程中各处理鲜样（未经干燥处理的堆肥猪粪样品，简称鲜样）TOC 含量的变化见图 5-10。由图 5-10 可知，鲜样 TOC 含量总体上呈下降趋势，在发酵初期，TOC 含量的下降速度较快，发酵 10d 后下降变缓，这主要是由于含水率下降幅度不同所致。

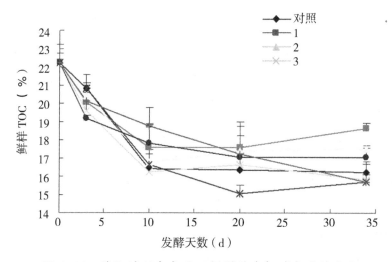

图 5-10　堆肥过程中各处理鲜样总有机碳含量的变化

6. 猪粪堆肥过程中 TN 含量的变化

处理 1—6 堆体分别接入枯草芽孢杆菌、肠杆菌属、地衣芽孢杆菌、包特氏菌属、拟诺卡氏菌属和微杆菌菌液。

堆肥过程中各处理干基 TN 含量的变化见图 5-11。由图 5-11 可知，随着发酵时间的增加，干基 TN 含量均呈下降趋势。与堆肥初始相比，堆肥 34d 时，处理 1 和 2 干基 TN 含量下降最少，分别为 20.8g/kg ± 0.0g/kg 和 17.7g/kg ± 1.2g/kg，结合 pH 值的变化情况，推测可能是由于处理 1 和 2 的 pH 值相对较低而影响了氨气的挥发所致。而发酵 34d 时，处理 3—6 的 TN 含量均低于对照，其原因可能是在 pH 值变化不大的情况下，所加菌可以增强微生物的代谢活动强度，有机氮被强烈分解而产生大量氨气，虽然各处理 pH 值较低，但在高温环境中氨挥发损失不可避免，造成 TN 的绝对损失，从而导致干基 TN 的绝对含量下降。

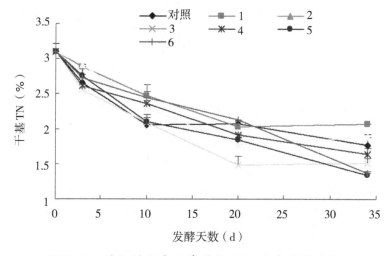

图 5-11　堆肥过程中干基总氮（TN）含量的变化

堆肥过程中各处理鲜样 TN 含量的变化见图 5-12。由图 5-12 可知，总体上来看，各处理鲜样 TN 含量随着堆肥时间的增加呈上升趋势。发酵 3d 时，虽然各处理 pH 值较低，氨气挥发减少，但各处理此时的发酵温度达到最高，导致高温环境下氨氮分解成氨气挥发，使得 TN 相对含量均开始下降，发酵 10d 时 TN 含量开始上升。发酵 34d 时，处理 1 和 2 的 TN 含量均高于对照和处理 3—6，与初始相比，TN 含量变化幅度较小。

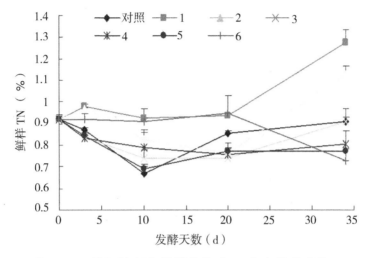

图 5-12　堆肥过程中鲜样总氮（TN）含量的变化

7. 猪粪堆肥过程中 C/N 比值的变化

处理 1—6 堆体分别接入枯草芽孢杆菌、肠杆菌属、地衣芽孢杆菌、包特氏菌属、拟诺卡氏菌属和微杆菌菌液。

猪粪堆肥过程中各处理 C/N 比值的变化见图 5-13。由图 5-13 可知，对照和各处理的 C/N 比值均呈下降趋势，但下降幅度不同，发酵 10d 时，处理 1—4 和 6 的 C/N 比值均小于对照，其中处理 1 的 C/N 比值小于 20，发酵 34d 时，处理 1—3 的 C/N 比值均小于对照，表明加入发酵菌有助于加快堆肥腐熟进程，特别是加入 1—3 号菌有助于猪粪堆肥 C/N 比值的降低。

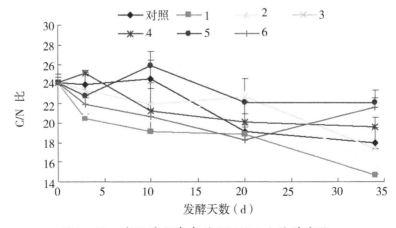

图 5-13　堆肥过程中各处理 C/N 比值的变化

8. 讨论

堆肥中微生物分解有机物而释放能量，这些热量使堆肥温度上升，因此堆肥温度能在一定程度上反映堆肥微生物的代谢活动强度，温度越高，微生物代谢活动越强，分解有机物的速度也就越快。一般认为堆肥过程中温度高于50℃以上的时间至少要持续5d以上，堆肥样品才能达到无害化要求。在堆肥过程中，加入各菌的堆体发酵初期的最高温度和高温持续时间均高于对照，说明加入各菌可加快微生物的代谢活动强度。特别是接入枯草芽孢杆菌的处理1、接入地衣芽孢杆菌的处理3和接入肠杆菌属菌株的处理2在发酵3d时的温度分别达到65.00℃±1.41℃、66.50℃±0.71℃和64.00℃±1.41℃，但处理3在50℃以上的高温只持续7d，而处理1和2则持续10d。

该试验采用纯猪粪进行堆肥发酵，因此堆体初始含水率高达70.20%±0.60%，接入各菌堆肥发酵后，处理1—3堆体含水率降到39%左右，同时接入拟诺卡氏菌属菌株的处理5也降至42.76%±1.47%，大大低于对照堆体含水率（48.59%±0.49%）。结合堆体温度变化情况，不难看出含水率的下降程度与堆体达到的最高温度及高温持续时间基本上呈正相关。

由于初始含水率过高，导致发酵3d时堆体pH值就从初始的7.34±0.13迅速下降到6左右，其中处理1和2下降最多，除处理2的pH值在发酵7d时降到最低以外，其他处理在发酵3d时就已达到最低。堆肥过程中，pH值是影响微生物生长的重要因素，一般pH值在3—12时均可以进行堆肥，pH值的下降主要是微生物代谢活动产生的有机酸积累所致，因此pH值的变化在一定程度上反映了微生物的活动情况。基于此，可推测处理1和2在发酵初期微生物代谢旺盛，特别是处理2微生物代谢活动持续时间最长，这与该堆体的高温持续时间最长相吻合，进一步说明该株肠杆菌对纯猪粪的堆肥发酵有很好的促进作用。

有机质是微生物代谢活动的主要能源和碳源，微生物通过代谢活动将其分解和转化成可降解的有机物、二氧化碳、水和热能。因此，有机质含量的下降在一定程度上反映了微生物的代谢状况。发酵3d时处理1—3的TOC绝对含量均低于对照，发酵34d时，除了加入包特氏菌属菌株的处理4以外，其他处理TOC绝对含量均低于对照，表明处理1—3和5—6，特别是处理1—3的堆体微生物代谢活动均较对照旺盛。堆肥后期由于堆体含水率下降等原因，使得部分处理的TOC相对含量上升。

堆肥过程中氮有机物发生降解所产生的氨气，一部分被微生物同化吸收，另一部分由固氮微生物氧化为亚硝酸盐或硝酸盐。处理1和2堆体TN的绝对含量和相对含量在大部分时间均大于对照，特别是发酵34d时，鲜样TN含量大大高于初始和对照的TN含量，这主要是由于堆体含水率不断下降，同时有机质不断分解，导致堆垛体积缩小，堆体质量下降，造成TN绝对含量下降，相对含量上升。从有机肥营养角度考虑，加入枯草芽孢杆菌和肠杆菌属菌株的堆肥发酵后的猪粪有机肥TN含量可以得到提高。

C/N比值是衡量有机废弃物好氧堆肥的一个重要指标，碳源是微生物利用的能源物质，氮源是微生物利用的营养物质。Garcia等研究认为腐熟堆肥的C/N比值应该趋向于微生物菌体的C/N比值，即16左右或者当堆肥的C/N比值从初始的30降低到20以下时，就可以认为已腐熟。分析各处理的C/N比值发现，发酵34d时，处理1—3的C/N比值均小于对照（17.96±1.53），表明加入1—3号菌有助于猪粪堆肥C/N比值的降低。

9. 小结

（1）1号菌（枯草芽孢杆菌）和2号菌（肠杆菌属）可提高堆体发酵温度，增加高温持续（>50℃）时间，加快有机质的分解速度，有助于降低腐熟后堆体含水率，降低堆体发酵初期的pH值，增加TN相对含量，加快C/N比值的下降速度，促进堆肥腐熟进程。确定这2个菌株为该研究中纯猪粪堆肥发酵的最优发酵菌株。

（2）3号菌（地衣芽孢杆菌）可提高堆体发酵温度，降低腐熟后堆体含水率，加快C/N比值的下降速度，一定程度上可促进堆肥腐熟进程。但由于加入该菌后堆体发酵初期温度上升过高，因此在使用该菌时应在发酵初期增加翻堆次数，适当降低堆体温度，以提高其对猪粪的堆肥效果。

（3）5号菌（放线菌目拟诺卡氏菌属）在发酵后期可降低堆体含水率。考虑到多数放线菌为高温条件下的主要菌群，因此在互不颉颃的情况下，可作为1、2和3号菌的辅助菌种加入以促进纯猪粪堆肥后期的二次发酵。

第六章 沼肥综合利用

沼气能源的生物制备技术及应用，一直是能源工程研究领域的热点之一；其研究重点多围绕沼气生物制备的微生物学基础和甲烷菌群落生态学、沼气的工程材料及工程学、沼气的生物质能资源与沼气的生物治污技术等领域。尤其在近十几年来，随着新农村建设发展和对农村能源资源的可持续发展应用研究的重视，沼气应用技术研究，已经由传统的农户型沼气技术发展到规模化沼气能源和沼气电力能源工程的应用技术研究。同样，沼气应用的生物治污技术，也由传统的沼气技术对农户养殖排污的废弃资源利用，发展到今天的利用沼气工程实施对养殖业环境的治理工程技术。

养殖业环境治理与畜禽排污资源化利用，一直是欧美发达国家规模化养殖业必须遵循的模式，并制定为畜牧养殖业必须遵从的规章条例。荷兰瓦格宁根大学的环境技术学院，在农业及养殖业环境治理、畜禽排泄资源化利用以及种植业与养殖业营养资源循环技术等领域的研究技术，都居于国际先进水平。结合福建省可再生生物质能源利用与养殖业排泄带来的水资源污染问题，在福建省科技厅、外经贸厅直接领导与支持下，福建省农科院农业工程技术研究所与荷兰瓦格宁根大学相关领域的专家组成合作科研小组，于 2007 年 3 月，签署了一份"Generating bio-energy and prevention of water pollution"的科研合作协议，并由福建省科技厅国际合作处资助立项研究课题"沼气能源生态温室建设与茶园沼渣生态营养剂应用研究"。该课题着重开展了对畜禽养殖排泄废弃物的生物质能源降解技术、对沼气发酵残渣的生物利用技术的研究，以及对沼肥生产有机农产品的品质与沼渣有机肥利用生产经济效益的分析与评价。

总结前期项目试验结果，施用沼肥的主要优势体现在：①沼肥丰富的有机质含量与有效氮、磷、钾营养，有利于促进耕作层土壤理化特性改善，降低农作物的化肥施用量。②有利于农作物的营养吸收与生长，提高农作物产量。③有利于提高农产品的营养品质。

前期研究显示：

（1）在茶园中施用沼液有机肥，对提高茶树发芽密度、芽梢百芽重及单位面积鲜叶产量与成品茶加工品质的效果最为显著。比较沼液、沼渣施用效果，两者对茶树新梢生长的影响差异不大，对增加芽梢内含物含量，提升鲜叶质量有显著促进作用。沼液由于水溶性有效养分含量高，肥效更快。

（2）在杭晚蜜柚、脐橙及香蕉的生态种植园中施用沼渣、沼液有机肥，其丰富的有机质和腐殖酸类物质有利于保持和培养土壤的团粒结构和理化性能，能有效改良果园土壤，促进多年生果树的养分吸收与生长。沼渣、沼液有机肥可通过改善植物对土壤有机营养的吸收，降低化肥施用量，有效提高蜜柚、脐橙等多年生水果的单株产量，提高果实可溶性固形物含量，优化果实品质。

（3）以沼液为灌溉有机液态肥，可有效提高施用的辣椒、西红柿、地瓜叶类蔬菜中的铁营养含量。利用沼渣、沼液种植芥菜实验，结果表明：芥菜比对照组增产 20%，同时蛋白质、维生素 C、总糖比对照组分别提高 8.6%、66.4%、5 倍；水分、粗纤维比对照组降低 2%、8.92%。

根据《国务院办公厅关于加快推进畜禽养殖废弃物资源化利用的意见》（国办发 [2017] 48 号），加快推进畜禽粪污资源化利用，有助于稳定畜产品供给，改善农村居民生产生活环境，是促进畜牧业绿色可持续发展的重要举措。沼液、沼渣中含有农作物生长所需的氮、磷、钾等矿物元素，同时还含有各种生理活性物质及微量元素，如果能够合理利用必定能带来一定的经济价值。根据不同地区的实际情况，在不超过耕地消纳能力的前提下开展沼液、沼渣耕地安全利用研究，种植牧草、蔬菜、果树等，既能消纳沼液解决环境污染问题，又可增加农产品的产量和质量，增加农民收入，促进当地经济发展，可谓一举两得。

第一节 沼肥在生态茶园的应用

随着现代工业的快速发展和劳动力成本提高，茶区盲目大量施用化肥，致使茶园土壤板结、酸化，地力衰退，肥料利用率和土地生产能力下降，茶叶品质变差。近年来，各地大力推广发展农村沼气能源，产生大量沼肥，为茶园利用沼肥提供十分有利条件，为此，研究比较施用沼渣、沼液不同有机肥对茶叶产量和品质的影响，探讨茶园施用沼渣等有机肥的肥效，对促进茶叶生产优质化，确保茶叶品质长期稳定和不断提升，发展猪—沼—茶生态循环经济模式，以不断提高茶叶单位面积产量及成品茶加工品质，具有重要意义。

以上杭县通贤乡文坑村浩祥福茶场为例，介绍从2008年秋冬季至2009年秋开展的沼肥在生态茶园应用研究，探讨茶园施用沼肥的效应及施用技术。研究表明，茶园施用沼肥对提高茶树发芽密度、芽梢百芽重及单位面积鲜叶产量与成品茶加工品质，比其他有机肥具有更显著的效果。

上杭县通贤乡文坑村浩祥福茶场海拔520m，2005年春季移栽种植铁观音品种，树龄4a。栽植方式为畦栽密植，即沿与梯台垂直方向整1.3—1.5m种植畦，株行距为30cm×25cm，畦栽4行，每公顷栽植6.75万—7.5万株。据上杭县土肥站取样检测，该片茶园主要养分含量为：有机质10.737mg/kg、碱解氮60.5mg/kg、有效磷15.1mg/kg、速效钾23.5mg/kg，依据《福建省园地主要土壤养分丰缺指标（试行）》（2009年福建省农业信息网发布），该片茶园土壤主要养分缺乏。供试有机肥以当地茶园用量较大的鸡粪为对照，其他有沼渣、沼液、猪粪、菜籽饼肥和菌糠等6种，见表6-1。其中，沼渣、沼液、猪粪来自浩祥福茶场附属养猪场及沼气池；鸡粪从附近养鸡场采购；菌糠采自当地菇农种植香菇后的废弃菌棒；粉状菜籽饼肥从农资市场直接购买。鸡粪、猪粪、菌糠收集后经高温堆沤、晒干后施用，粉状饼肥直接撒施，沼渣从沼气池中捞取晒干后施用，沼液从沼气池直接抽取后浇施。

表6-1 六种有机肥主要营养成分含量

有机肥种类	纯氮 (g/kg)	纯磷 P(g/kg)	纯钾 (g/kg)
鸡粪	22.6	8.62	15.16
猪粪	21.4	8.23	10.67
菜籽饼	50.3	7.96	10.38
沼渣	18.4	2.51	2.16
沼液	0.76	0.56	0.86
菌糠	15.2	4.12	8.40

注：表内数据为近年上杭县土肥站选取当地6种常用有机肥分析测定数据。

针对试验茶园土壤养分状况，参照石春华《茶叶无公害生产技术》（中国农业出版社），每公顷年产干茶 1125—1500kg 需增施纯氮 150—187.5kg（其中有机氮占 40%）的标准，根据上年产量情况，按每公顷施纯氮 187.5kg 计算各处理施肥量，即每公顷施用有机氮 75kg，试验研究在施用相同纯氮量的条件下 6 种有机肥对茶叶新梢生长的影响。

试验设 6 个处理，随机区组排列，重复 3 次，小区面积 30m²。6 个处理为：A(CK)：施腐熟干鸡粪 125kg（折每公顷施 3600kg）；处理 B：施腐熟干猪粪 12kg（折每公顷施 3600kg）；处理 C：施粉状菜籽饼肥 5kg（折每公顷施 1500kg）；处理 D：施晒干沼渣 15kg（折每公顷施 4500kg）；处理 E：浇施沼液 330kg（折每公顷施 99000kg），处理 F：施香菇菌糠 17kg（折每公顷施 5100kg）。6 种处理有机肥主要营养成分见表 6-2。从表 6-2 可知，6 种有机肥在纯氮含相同情况下，沼液磷钾含量最高，三要素比例达 1∶0.7∶1.1。

表 6-2　六种处理有机肥主要营养成分表

处理	有机肥种类	小区施用量 (kg)	折每公顷施用量 (kg)	其中			
				纯氮 (kg)	纯 P_2O_5 (kg)	纯 K_2O (kg)	N∶P_2O_5∶K_2O
A(CK)	鸡粪	12	3600	5	2.1	3.6	1∶0.4∶0.7
B	猪粪	12	3600	5	1.9	2.6	1∶0.4∶0.5
C	菜籽饼	5	1500	5	0.8	1.0	1∶0.2∶0.2
D	沼渣	15	4500	5	0.8	0.7	1∶0.2∶0.1
E	沼液	330	99000	5	3.7	5.7	1∶0.7∶1.1
F	菌糠	17	5100	5	1.4	2.9	1∶0.3∶0.5

鸡粪、猪粪、菌糠于 10 月上旬收集后先进行堆沤至 11 月中旬，11 月 16 日结合茶园秋冬耕作将各处理有机肥施下。翌年春、夏、秋各季茶萌发前 20—25d，各处理小区畦面撒施尿素 0.3kg（折每公顷施 90 kg）作促芽肥，撒施后以小锄畦面松土 5—8cm，让肥料与土壤充分接触，然后将各小区畦面以水浇透，以利于尿素的溶解吸收。5 月 3 日、7 月 16 日、10 月 3 日春、夏、秋梢 30%—40% 生长达开采要求时，每小区随机取 3 个点，每点取 0.11m² 采摘面，调查芽梢密度，测量驻芽 4 叶百芽重；5 月 3 日—15 日、7 月 16 日—25 日、10 月 3 日—16 日，各间隔 4—6d 一次，分三批按驻芽 3—4 叶标准采摘各小区达标新梢称重，测量各小区新梢产量。春、夏、秋各季新梢采摘后，将三个重复相同处理新梢混合，统一按铁观音乌龙茶消青工艺加工，制成干茶后进行感官品质鉴评对比。

■ 一、施用沼液等有机肥对茶树发芽密度的影响

不同施肥处理对茶树发芽密度的影响见表 6-3。结果可知：春、夏、秋三季均以处理 E 芽梢密度最大，与对照 A 相比，高 14.5%、9.4%、13.8%，春秋季差异达极显著水平（$P<0.01$），夏季达显著水平（$P<0.05$）；与 D 相比，春秋季差异达显著水平（$P<0.05$），夏季差异不显著；与 B、C、F 比较，春、夏、秋三季差异均达极显著水平（$P<0.01$）；D 与 A、B、C、

F比较，春秋季差异达极显著水平（$P < 0.01$）；表明施用沼渣、沼液有机肥对茶树发芽密度有显著的促进作用。A、B之间比较，春、夏、秋三季差异均不显著，表明猪粪、鸡粪处理的效应相当，两者与C、F比较，又表现出显著或极显著差异，说明两处理对茶树发芽密度效应较粉状饼肥及菌糠为强。

表 6-3 不同施肥处理对茶树发芽密度的影响

茶季	处理	各小区芽梢密度（个/0.11m²）			平均值	比CK(%)	显著水平	
		I	II	III			5%	1%
春茶	E	89	86	86	87.0	14.5	a	A
	D	83	82	84	83.0	9.2	b	A
	A（CK）	76	74	78	76.0	—	c	B
	B	72	73	76	73.7	-3.0	c	B
	F	68	62	64	64.7	-14.9	d	C
	C	64	62	61	62.3	-18.0	d	C
夏茶	E	87	85	94	88.7	9.4	a	A
	D	84	83	86	84.3	6.3	ab	AB
	A（CK）	81	80	77	79.3	—	b	AB
	B	74	82	78	78.0	-1.6	b	B
	C	61	74	66	67.0	-15.5	c	C
	F	64	67	69	66.7	-15.9	c	C
秋茶	E	83	81	82	82.0	13.8	a	A
	D	81	78	78	79.0	9.7	b	A
	A（CK）	71	73	72	72.0	—	c	B
	B	72	71	70	71.0	-1.3	c	BC
	C	68	68	69	68.3	-5.1	d	C
	F	61	60	63	61.3	-14.9	e	D

■ 二、施用沼渣等有机肥对茶树芽梢百芽重的影响

不同施肥处理对茶树百芽重（1芽4叶）的影响，见表6-4。结果可知，春、夏、秋三季均以处理E芽梢百芽重最重，分别达182.4g、182.5g、177.2g，分别比A高9.8%、11.6%、10.1%，差异均达极显著水平（$P < 0.01$），E、D之间则差异不显著，E、D与A、B、C、F比较均达极显著水平（$P < 0.01$），表明在同等含氮量情况下，施用沼渣、沼液有机肥对茶树芽梢百芽重有显著增重作用；A、B之间比较，春季差异不显著，夏秋季则表现出显著差异，表明两处理春季对茶树芽梢百芽重的影响相当，至夏秋季后B处理效应减弱；A、B与F、C之间比较，春夏季差异显著（$P < 0.05$），秋季极显著差异（$P < 0.01$）。施用腐熟猪粪与鸡粪对茶树芽梢百芽重的效果相近，但两处理均比施用菌糠、饼肥的效果更明显。

表 6-4 不同施肥处理对茶树百芽重（1 芽 4 叶）的影响

茶季	处理	芽梢百芽重 (g)			平均百芽重 (g)	比CK(%)	显著水平	
		I	II	III			5%	1%
春茶	E	183.6	176.4	187.2	182.4	9.8	a	A
	D	181.7	182.3	180.4	181.5	9.3	a	A
	A（CK）	166.3	164.7	167.4	166.1	—	b	B
	B	161.8	158.4	160.2	160.1	-3.6	b	BC
	F	147.9	155.2	149.8	150.9	-9.2	c	C
	C	146.2	156.3	148.9	150.5	-9.4	c	C
夏茶	E	182.4	184.2	180.8	182.5	11.6	a	A
	D	179.6	180.4	181.7	180.6	10.5	a	A
	A（CK）	163.6	167.1	159.7	163.5	—	b	B
	B	160.2	155.3	156.4	157.3	-3.8	c	BC
	F	148.2	156.1	152.6	152.4	-6.8	d	C
	C	153.6	152.4	149.3	151.8	-7.2	d	C
秋茶	E	176.7	180.2	174.6	177.2	10.1	a	A
	D	173.8	176.3	172.4	174.2	8.3	a	A
	A（CK）	159.8	162.3	160.6	160.9	—	b	B
	B	152.4	158.3	156.7	155.8	-3.2	c	B
	C	147.6	146.2	148.9	147.6	-8.3	c	C
	F	147.0	142.6	146.2	145.3	-9.7	d	C

■ 三、施用沼渣沼液等有机肥对茶树鲜叶产量的影响

各小区鲜叶产量见表 6-5。结果可知，春、夏、秋三季及全年鲜叶产量处理 E 均最高，按 5∶1 折干毛茶分别达 36.4kg、35.2kg、32.8kg，全年达 104.0kg，分别比对照 A 高 16.7%、18.9%、13.9%、16.1%，春、夏、秋三季及全年鲜叶产量差异均达极显著水平（$P < 0.01$）；与 D 比较，春茶出现显著差异，夏秋茶及全年产量则差异不显著；与 B、C、F 比较，春、夏、秋三季及全年产量差异均达极显著水平（$P < 0.01$）；试验表明在同等含氮量情况下，施用沼渣、沼液有机肥比其他有机肥对茶树具有更显著增产作用； A、B 之间，春夏季差异不显著，秋季及全年产量表现出显著差异（$P < 0.05$），C、F 与对照 A 比较，产量均较低，春、夏、秋三季及全年产量差异均达极显著水平（$P < 0.01$），试验表明在同等含氮量情况下，施用鸡粪、猪粪比较，因秋茶产量差异显著，导致全年产量表现出显著差异，说明猪粪后期肥效较鸡粪差，而施用粉状饼肥、菌糠有机肥对茶叶增产效应均不及鸡粪有效。

表 6-5　不同施肥处理对茶树鲜叶产量的影响

茶季	处理	各小区鲜叶产量 (kg)			平均 (kg)	折鲜叶 (kg/亩)	5：1折干毛茶 (kg/亩)	比CK(±%)	显著水平	
		I	II	III					5%	1%
春茶	E	9.2	8.6	9.4	9.1	182.0	36.4	16.7	a	A
	D	8.6	8.7	8.2	8.5	170.0	34.0	7.9	b	AB
	A(CK)	8.1	7.8	7.6	7.8	156.7	31.2	—	c	BC
	B	7.6	7.4	7.9	7.6	152.7	30.5	-2.6	c	C
	F	6.6	6.1	6.0	6.2	124.0	24.8	-20.5	d	D
	C	5.9	6.2	5.7	5.9	118.7	23.7	-24.4	d	D
夏茶	E	8.8	8.9	8.7	8.8	176.0	35.2	18.9	a	A
	D	8.6	8.8	8.1	8.5	170.0	34.0	14.9	a	A
	A(CK)	7.7	7.3	7.1	7.4	148.0	29.6	—	b	B
	B	7.1	7.0	7.2	7.1	142.0	28.4	-4.1	b	B
	F	6.9	6.0	6.2	6.4	134.0	26.8	-13.5	c	C
	C	6.2	6.2	6.1	6.1	124.0	24.8	-17.6	c	C
秋茶	E	8.2	8.1	8.2	8.2	164.0	32.8	13.9	a	A
	D	8.0	8.2	8.0	8.1	162.0	32.4	12.5	a	A
	A(CK)	7.0	7.6	7.1	7.2	144.0	28.8	—	b	B
	B	7.1	6.2	6.5	6.6	132.0	26.4	-8.3	c	BC
	C	6.8	6.3	6.1	6.4	128.0	25.6	-11.1	cd	C
	F	6.1	6.0	5.8	5.9	118.0	23.6	-18.1	d	C
全年	E	26.2	25.6	26.3	26.0	520.0	104.0	16.1	a	A
	D	25.2	25.7	24.3	25.1	504.0	100.8	12.1	a	A
	A(CK)	22.8	22.7	21.8	22.4	448.0	89.6	—	b	B
	B	21.8	20.6	21.6	21.3	426.0	85.2	-4.9	c	B
	C	19.6	18.1	18.0	18.6	372.0	74.4	-16.9	d	C
	F	18.9	18.7	17.6	18.4	368.0	73.6	-17.9	d	C

四、施用沼渣等有机肥对茶叶品质的影响

春、夏、秋三季施用不同有机肥处理鲜叶加工茶样审评结果见表6-6。表6-6显示，春茶

表6-6 春、夏、秋三季施用不同有机肥处理鲜叶加工茶样审评记录表

茶季	处理	外形（15分）						内质（85分）								总分	名次
		条索（5）		色泽（5）		净度（5）		香气（35）		汤色（10）		滋味（30）		叶底（10）			
		评语	评分	评语	评分	评语	评分	评语	评分	评语	评分	评语	评分	评语	评分		
春茶	E	肥壮圆结	4.5	墨绿、润	4.5	匀净	4.5	高香持久	32	淡绿明亮	9	鲜爽甘醇、韵显	28	肥厚软亮	9	91.5	1
	D	肥壮圆结	4.5	墨绿尚润	4.5	匀净	4.5	高香持久	32	黄绿明亮	8.5	鲜爽甘醇、韵显	28	肥厚软亮	9	91	2
	A(CK)	肥壮圆结	4.5	匀绿尚润	4.3	匀净	4.5	高香持久	32	黄绿明亮	8.5	鲜爽甘醇、韵显	28	肥厚软亮	9	90.8	3
	B	肥壮圆结	4.5	匀绿尚润	4.3	匀净	4.5	清香持久	30	黄绿明亮	8.5	鲜爽甘醇、韵尚显	27	肥厚尚亮	7	85.8	4
	C	壮实紧结	4.3	匀绿尚润	4.3	匀净	4.5	清香持久	30	淡绿尚亮	8.0	鲜爽醇和、有韵	27	肥厚尚亮	7	85.1	5
	F	壮实紧结	4.3	匀绿尚润	4.3	匀净	4.5	清纯尚久	28	淡绿尚亮	8.0	鲜爽醇和、有韵	25	尚软亮	6	80.1	6
夏茶	E	卷曲尚紧结	3.5	匀绿带灰	3.5	匀净	3.5	显鲜香	25	黄绿尚亮	7	尚鲜爽、带暑味	25	匀整尚亮	7	74.5	1
	D	卷曲尚紧结	3.5	匀绿带灰	3.5	匀净	3.5	显鲜香	25	黄绿尚亮	7	尚鲜爽、带暑味	25	匀整尚亮	7	74.5	1
	A(CK)	卷曲尚紧结	3.5	匀绿带灰	3.5	匀净	3.5	显清香	25	黄绿尚亮	7	尚鲜爽、带暑味	23	匀整久亮	6	71.5	1
	B	卷曲尚紧结	3.3	匀绿带灰	3.5	匀净	3.5	清香持久	26	黄绿尚亮	7	尚鲜爽、带暑味	24	匀整尚亮	7	74.5	2
	C	卷曲尚紧结	3.2	匀绿带灰	3.5	尚匀净	3.5	显清香	23	黄绿尚亮	7	尚鲜爽、带暑味	23	匀整尚亮	7	70.5	3
秋茶	F	圆结壮实	4.3	翠绿油润	4.3	匀净	4.3	花香持久	33	淡绿明亮	9	鲜爽甘醇、韵显	28	匀整软亮	9	91.9	2
	E	圆结壮实	4.3	翠绿油润	4.3	匀净	4.3	花香持久	33	淡绿明亮	8.5	鲜爽甘醇、韵显	28	匀整软亮	9	91.4	3
	D	圆结壮实	4.3	匀绿尚润	4.3	匀净	4.3	清香持久	33	淡绿明亮	8.5	鲜爽甘醇、韵显	28	匀整软亮	9	91.4	3
	A(CK)	圆结尚壮实	4.1	匀绿尚润	4.1	匀净	4.3	清香尚久	31	黄绿明亮	8.3	鲜爽甘醇、韵显	27	匀整软亮	7	85.8	4
	B	圆结壮实	4.3	匀绿尚润	4.3	匀净	4.3	高香持久	34	淡绿明亮	8.8	鲜爽甘醇、韵显	28	匀整软亮	9	92.7	1
	C	卷曲尚结实	4.0	匀绿带黄	4.0	匀净	4.3	清纯尚久	30	黄绿尚亮	8.3	尚醇甘、味稍薄	26	匀整尚亮	7	83.6	5

注：评分系数参照 NY/T 787—2004。

以处理 E、D、A 鲜叶加工茶样品质较好，外形肥壮圆结，色泽墨绿或乌绿油润，香气高锐持久，汤色淡绿或黄绿明亮清澈、滋味鲜爽甘醇，音韵明显，叶底肥厚较亮，具优质铁观音乌龙茶品质特征，综合评分达 90 分以上；B、C、F 茶样外形壮实紧结，色泽乌绿尚润，盖有清香，尚持久，滋味鲜爽醇和，有韵，总体品质比 E、D、A 稍次。夏茶因新梢生长及采摘期受天气炎热影响，各处理鲜叶加工茶样总体品质均较低，干茶外形卷曲尚紧结，色泽乌绿带灰，略显清香，滋味尚鲜爽，但均带暑茶味。秋茶加工品质各处理差异较大，综合品质以处理 C 最佳，香气高锐持久，滋味鲜爽甘醇，音韵显，原因在于饼肥施用前未经发酵，春夏季未能发挥肥效，经夏秋季高温季节，在土壤中发酵分解后，肥效在秋季得以发挥，提升了鲜叶内在质量，加工品质也大大改善；其次为 E、D、A 品质较好，花香明显且较持久，滋味鲜爽甘醇，音韵明显，综合评分达 90 分以上；处理 B、F 肥效后劲较弱，鲜叶质量降低，干茶加工品质较差。虽然鲜叶加工后成品茶的品质受加工工艺的影响很大，而本试验显示，在加工工艺的把握基本相同，工艺误差极小的条件下，除了夏茶外，E、D、A 处理春秋季鲜叶加工后成品茶的总体品质均较为优异，说明施用沼液、沼渣、鸡粪有机肥可显著提高茶叶加工品质。

■ 五、小结

试验显示在有机氮含量相同的情况下，施用沼液有机肥对提高茶树发芽密度、芽梢百芽重及单位面积鲜叶产量与成品茶加工品质的效果最为显著；沼液、沼渣比较，春秋季芽头密度、春季鲜叶产量差异显著外，百芽重及夏秋季和全年产量的差异则不显著，两者对茶树新梢生长的影响差异不大，说明施用沼液、沼渣肥对增加芽梢内含物含量，提升鲜叶质量作用显著。沼液中水溶性有效养分含量高，肥效更快。

沼液、沼渣与鸡粪、猪粪比较，除夏季外，春秋季的芽头密度、百芽重都表现出极显著差异，最终在产量上也表现出显著差异；说明对茶树新梢生长及加工品质的影响沼液、沼渣比鸡粪、猪粪明显。由于沼渣在沼气池内经过充分发酵、分解，从沼气池捞取出后又经日光暴晒，虽然有效磷钾含量不及鸡粪、猪粪，但是否含有茶树可利用其他有效成分有待进一步分析研究。

鸡粪与猪粪的氮、磷、钾含量相近，以鸡粪略高，施肥效果稍好，反映在产量上春夏茶均差异不显著，秋茶出现显著差异，说明鸡粪肥效更持久；鲜叶加工成品茶品质则以施用鸡粪处理较好。

本试验中施用饼肥处理，虽然春、夏、秋三季新梢密度百芽重，乃至产量都较低，而秋茶加工品质最佳，是由于粉状饼肥经过春夏两季的高温季节，在土壤中得以充分发酵后，肥效得到充分发挥的结果，说明施用腐熟饼肥对茶叶亦有显著增产提质作用。

菌糠虽然有机质含量较低、但粗纤维含量较高，施用后根际土壤通透性好，有利于根系生长。此外，在菌棒配制配方中有添加氮、磷、钾等养分，并未被食用菌全部吸收，菌糠中氮磷钾含量仍不低，在施用一定数量的菌糠作有机肥仍有较好肥效。

第二节　沼肥栽培蜜柚的应用

柚子富含蛋白质、有机酸、维生素以及钙、磷、镁、钠等人体必需的元素，这是其他水果难以比拟的。每100克柚子含有0.7g蛋白质、0.6g脂肪、238.3kJ热量。柚子不但营养价值高，而且具有健胃、润肺、补血、清肠、利便等功效，可促进伤口愈合，对败血病等有良好的辅助疗效。此外，由于柚子含有生理活性物质皮甙，所以可降低血液的黏滞度，减少血栓的形成，故而对脑血管疾病，如脑血栓、中风等也有较好的预防作用。而鲜柚肉由于含有类似胰岛素的成分，更是糖尿病患者的理想食品。祖国医学也认为，柚子味甘酸、性寒，具有理气化痰、润肺清肠、补血健脾等功效，能治食少、口淡、消化不良等症，能帮助消化、除痰止渴、理气散结。但近年来随着柚子生产规模的迅速发展，在栽培过程中使用了大量的化肥，使柚子的品质下降，口感差。

本节以上杭县园艺科技示范场（湖洋观音井）为例，介绍利用农业生产的废弃物——菌糠、沼渣和沼液替代有机肥料栽培杭晚蜜柚，探讨对其产量和品质的影响。

示范场海拔310m，东经116°20′22″，北纬25°03′36″；年平均气温19.5℃，7月平均气温27.5℃，1月平均气温9.7℃，绝对最低气温-4.8℃，无霜期296d，≥10℃年活动积温5921.5℃，红黄壤土，pH6.1，坡度10°—20°。2000年种植杭晚蜜柚，株行距4m×4m，每667m^{2}种植40株，结果盛期树，果园面积12hm^2；2006年8—12月，选择生长相对均匀，具有代表性植株供试验。试验处理：①菌糠33kg/株；②沼渣33 kg/株；③沼液33kg/株；④CK（不施肥）。各处理试验果树株数为2株，3次重复。于8月10日一次性沿树冠滴水线处，开挖宽20—25cm的条沟，将肥料施入沟内与土拌匀，然后覆土。

一、对秋梢生长的影响

杭晚蜜柚不同施肥处理秋梢生长平均长度，见表6-7。结果表明：杭晚蜜柚施用菌糠、沼渣和沼液有机肥后的秋梢生长平均长度为18.5—20.2cm，与CK（14.4cm）差异极显著；根据观察，施用有机肥还可使秋梢长的粗壮，梢的叶片比CK长得更大更厚、颜色更浓绿。

表6-7　杭晚蜜柚不同施肥处理秋梢生长平均长度　　　　　　　　　　　　cm

处理	I	II	III	平均值	LSR 0.05	LSR 0.01
2	19.5	19.8	21.3	20.2	a	A
3	21.5	20.6	18.4	20.2	a	A
1	17.1	19.2	19.3	18.5	a	A
CK	13.1	15.1	15.1	14.4	b	B

注：各处理单株东、南、西、北、中五个方向，各选一直径1.7—2.0cm基枝秋梢长度测量之和除以测量枝数值。

二、对产量的影响

从表 6-8、表 6-9 可见,施用菌糠、沼渣和沼液有机肥后的杭晚蜜柚单株平均产量比 CK 高 14.74—24.34kg,达极显著差异;平均单果重 1.65—1.69kg 与 CK 差异也极显著。

表 6-8 不同施肥处理杭晚蜜柚单株产量　　　　　　　　　　kg/株

处理	I	II	III	平均值	LSR 0.05	LSR 0.01
1	104.80	97.45	100.8	101.02	a	A
2	97.25	91.38	97.95	95.53	ab	A
3	87.25	91.25	95.75	91.42	b	A
CK	72.95	77.00	80.10	76.68	c	B

注:每种处理每株总重量。

表 6-9　不同施肥处理杭晚蜜柚单果重量　　　　　　　　　　kg/果

处理	I	II	III	平均值	LSR 0.05	LSR 0.01
1	1.69	1.71	1.68	1.69	a	A
3	1.65	1.66	1.70	1.67	ab	A
2	1.65	1.63	1.66	1.65	b	A
CK	1.52	1.54	1.51	1.52	c	B

三、对品质的影响

表 6-10 表明,分别施用沼渣和沼液有机肥后蜜柚果实可溶性固形物与 CK 差异极显著,平均值比 CK 高 0.6—0.7 个百分点;而施用菌糠有机肥的脐橙果实可溶性固形物与 CK 差异不显著。

表 6-10　不同施肥处理对杭晚蜜柚果实可溶性固形物的影响　　　%

处理	I	II	III	平均值	LSR 0.05	LSR 0.01
2	13.2	13.1	13.3	13.2	a	A
3	13.1	13.0	13.2	13.1	a	A
1	12.5	12.6	12.4	12.5	b	B
CK	12.8	12.6	12.2	12.5	b	B

注:每种处理随机取样 3 个果测定。

四、对果园土壤的影响

果农把菌糠、沼渣和沼液作为有机肥深施，有利于对土壤微量元素的持续性补充，改善土壤理化营养结构。从表6-11可见，施用菌糠、沼渣和沼液的果园土壤的营养成分含量比CK均有大幅度的提高。尤其是施用沼液处理比CK土壤中有机质、碱解氮、速效磷的含量高，改善了果园土壤。根据我们观察3种处理土壤中的杭晚蜜柚根系发达，数量多，分布范围广。

表6-11　不同施肥处理对杭晚蜜柚果园土壤营养成分的影响

处理	有机质（%）	碱解氮（mg/kg）	速效磷（mg/kg）	速效钾（mg/kg）	交换性钙（cmol/kg）	交换性镁（cmol/kg）	交换性锌（mg/kg）	交换性锰（mg/kg）
CK	2.05	123.6	71.0	307.7	3.569	1.072	8.4	24.0
1	2.36	115.5	29.5	300.3	5.118	1.159	2.6	12.4
2	1.60	93.5	65.9	150.3	1.967	0.749	7.1	33.5
3	2.13	142.2	79.5	146.6	2.978	0.929	7.3	20.8

注：采果当天在树冠内随机取样测定。

五、小结

试验表明，利用食用菌和沼气生产的废弃物——菌糠、沼渣和沼液作为杭晚蜜柚的有机肥，可有效提高蜜柚的单株产量和单果产量，且可提高果实可溶性固形物，优化蜜柚的果实品质，提高生产的经济效益。此外，施用菌糠、沼渣和沼液有机肥种植蜜柚的生产技术，可促进秋梢生长速度，使其长的粗壮，梢的叶片比CK长得更大更厚、颜色更浓绿。减少化肥施用量，同时菌糠、沼渣和沼液中富含生物活性物能减轻病虫害的发生，可降低使用化肥和农药造成农产品中的残留量，是杭晚蜜柚绿色产品的生产技术保证之一。

农业生产的废弃物菌糠、沼渣和沼液替代有机肥料栽培杭晚蜜柚，由于其均为微生物降解植物源性粗纤维的残留，含有微生物菌体蛋白、次生代谢产物、微量元素等多种水溶性养分，可作为速效有机肥使用。其丰富的有机质和腐殖酸类物质，有利于保持和培养土壤的团粒结构和理化性能，是一种能改良土壤功能的优质肥料。尤其对山地红黄壤果园的酸、黏、瘠和有机质含量低的地方，更具有重要的持续长效改土、用土和养土的意义。

第三节　沼肥栽培脐橙的应用

一、沼渣对脐橙产量、品质的影响

近年来福建省脐橙生产迅猛发展，虽然产量增加，但产品质量尚有待于提高。而随着食用菌产业规模的迅速发展和农村沼气技术的推广应用，也生产出大量的菌糠和沼渣。菌糠和沼渣中富含生物活性物质，可作为农业生产的优质有机肥料，且可提高产品质量，使之色泽佳，口感好，营养成分含量高，为有机食品生产提供保证。

以下采用菌糠和沼渣作为脐橙的有机肥，探讨其对产量和品质的影响。试验于2004年在将乐县进行，选5年生纽荷尔脐橙为供试材料，在正常施肥基础上，分3个处理：①增施沼渣（猪粪—稻草发酵）16kg/株；②增施菌糠（秀珍菇）16kg/株；③CK每株增施尿素0.5kg、钙镁磷复合肥13.5kg、硫酸钾2kg。每种处理1株，5个重复，于树冠滴水线处挖宽和深各40cm的施肥沟施下，施肥沟长度随树冠冠幅而异。土壤营养成分测定：有机质用油浴加热、$K_2Cr_2O_7$容量法，氮用凯氏定氮法，磷用钒钼黄比色法，钾用1M醋酸铵浸提法，硼用姜黄比色法，水解性氮用碱解法，交换性钙、镁用EDTA－铵盐比色法。果实品质的测定：可溶性固形物用手提糖度计测定，糖用菲林试剂法，酸用0.1mol/L NaOH测定，维生素C用碘酸钾法测定。

菌糠和沼渣有机肥营养成分略有差异，见表6-12。沼渣富含有机质，菌糠富含纤维素；菌糠和沼渣有机肥中的全氮含量变化，主要受微生物降解与残留菌体及次生代谢产物的影响，而全磷和全钾的比例变化，则与栽培料或降解底物有关。此外，施用有机肥料最重要的一点就是增加土壤的有机物质，对植物的养分供给比较平缓持久，有很长的后效，这也是菌糠和沼渣作为有机肥的主要优势。

表6-12 猪粪－稻草沼渣和菌糠的矿物质元素含量

项目	有机质（%）	腐殖质（%）	粗纤维（%）	氮（%）	磷（%）	钾（%）	代换性钙（mg/100g）
沼渣	52.76	34.9		1.732	0.251	0.216	443.2
菌糠			41.3	1.41	0.41	0.84	1.53

项目	代换性镁（mg/100g）	硼（mg/100g）	铁（mg/100g）	锌（mg/100g）	铜（mg/100g）	锰（mg/100g）	速效磷（mg/100g）
沼渣	78.96	13.26	58.73	26.93	9.62	7.21	28.29
菌糠	0.54	1.20	40.16	14.07	2.82	0.74	13.95

1. 菌糠和沼渣对脐橙产量的影响

从表6-13可见，施用菌糠和沼渣后的脐橙平均产量，每株比CK分别增加5.54kg和8.56kg，达到极显著差异；尽管菌糠和沼渣有机肥对提高脐橙产量差异不明显，但施用沼渣有机肥表现出更好的增产趋势，单株平均产量比施用菌糠增加3.02kg。

表6-13 施用菌糠、沼渣对脐橙产量的影响

处理	总产量（kg）	平均产量（kg/株）	显著性比较
沼渣	108.3	21.66	a A
菌糠	93.2	18.64	a A
CK	65.5	13.10	b B

注：每种处理均测产5株。

2. 菌糠和沼渣对脐橙品质的影响

表 6-14 表明，分别施用菌糠和沼渣有机肥后脐橙果实品质与 CK 相比，施用菌糠和沼渣可分别提高脐橙的优质果率 6 个百分点和 9 个百分点，单果重分别提高 7g 和 13g。此外，菌糠和沼渣有机肥处理的脐橙总酸含量降低，而总糖、还原糖、可溶性固形物和维生素 C 等均比 CK 在不同程度上略有提高。故施用菌糠和沼渣有机肥，有利于提高果实的品质。

表 6-14　施用菌糠、沼渣对脐橙果实品质的影响

处理	优质果率（%）	单果重（g）	可溶性固形物（%）	总糖（%）	还原糖（%）	总酸（%）	维生素 C（mg/100g）	糖酸比
沼渣	88	238	13.3	10.18	5.71	0.75	49.3	13.57
菌糠	85	232	13.0	9.88	4.85	0.79	48.8	12.51
CK	79	225	12.5	9.77	4.35	0.82	48.6	11.91

3. 菌糠对改良果园土壤的作用

菇农为了提高栽培料的最佳生物转化经济效益，通常缩短食用菌的栽培周期（仅收获 1—2 潮菇），使菌糠的生物活性成分含量较高，粗纤维含量达 41.3%—76.3%。作为有机肥深施，这种菌糠有机肥有利于对土壤微量元素的持续性补充，改善土壤理化营养结构。

从表 6-15 可见，施用菌糠的果园土壤的营养成分含量比 CK 均有大幅度的提高，其中土壤中的速效钾、可利用钙、有效锌和水溶性硼含量，都较 CK 组高出 1 倍之多，从而改善了果园土壤的营养，尤其针对山地红黄壤果园的酸、黏、瘠和有机质含量低的特点，更具有重要的持续长效性改土、用土和养土的意义。

表 6-15　施用菌糠对果园土壤营养成分的影响

处理	有机质（g/kg）	水解性氮（mg/kg）	有效磷（mg/kg）	速效钾（mg/kg）	交换性钙（mg/100g）	交换性镁（mg/100g）	有效锌（mg/kg）	有效锰（mg/kg）	水溶性硼（mg/kg）
菌糠	31.5	222	139.5	391	16.6	4.6	6.25	23.65	1.09
CK	19.7	116	99.0	171	7.9	2.5	3.04	19.82	0.36
比增（%）	59.90	91.38	40.91	128.65	110.13	84.00	105.59	19.32	202.78

4. 小结

菌糠和沼渣均为微生物降解植物源性粗纤维的残留，含有微生物菌体蛋白、次生代谢产物、微量元素等多种水溶性养分，可作为速效有机肥使用。此外，其丰富的有机质和腐殖酸类物质，有利于保持和培养土壤的团粒结构和理化性能，是一种能改良土壤功能的优质肥料。然而，同为微生物对植物源性粗纤维的降解利用，沼气是厌氧半固体发酵，其发酵底物、发酵形式与发酵产物与食用菌分解栽培料不同，因此，两者残料的营养成分含量也不同。

菌糠的营养成分含量与食用菌栽培的种类、栽培生产周期，以及栽培料有关；而沼渣的营养受沼气生产的不同发酵底物的影响。菌糠和沼渣的矿物质元素含量也存在明显差异。菌

糠中的矿物质元素种类主要与栽培料及栽培料原产地的生产条件有关，其含量变化相应受到食用菌降解代谢与栽培生产周期的影响；而沼渣中多数种类的矿物质元素含量高于菌糠中的含量，由于沼气生产的持续性与降解底物的多样性，沼渣中的矿物质元素营养成分与含量亦表现为多变性。

试验表明，利用食用菌和沼气生产的废弃物——菌糠和沼渣作为脐橙的有机肥，可有效提高脐橙的单株产量，且可提高单株的优果率；提高果糖，降低果酸，改善果实糖酸比，优化脐橙的果实品质，提高脐橙生产的经济效益。施用菌糠和沼渣有机肥种植脐橙的生产技术，可减少化肥施用量，同时菌糠和沼渣中富含生物活性物还有减轻病虫害发生的作用，可降低使用化肥和农药造成在农产品中的残留量，是脐橙绿色产品的生产技术保证之一。分析结果显示，菌糠和沼渣为优质有机肥，其丰富的有机质含量、生物活性成分、可利用有效矿物质元素成分，以及多种可溶性有机营养，除了供给植物根部的吸收利用，更有意义的重要功效在于为脐橙栽培土壤提供了长效优质的养分，有利于土壤层的生物群落的培养发展、土壤团粒结构的改善、土壤可利用微量元素营养成分的持续释放，对农业资源的有效循环利用具有重要的意义。

菌糠和沼渣同为微生物降解有机肥资源，两者的营养成分与施用脐橙后的果实品质分析结果略有差异。沼气生产为厌氧性半固体发酵，具有发酵底物多样性、发酵时间连续性的特点。与食用菌栽培料的降解利用程度与利用形式相比，两者的发酵形式与发酵降解产物决然不同，菌糠和沼渣残料的理化性能与物质成分也因此各有特点。试验初探结果认为，有必要根据两者的营养成分和废弃资源的理化性质差异，对其有机肥的利用技术进行更进一步的试验研究，以达到因地制宜、因材施用，更有效的提高菌糠、沼渣有机肥利用效果。

■ 二、沼肥施用年限对果园土壤和脐橙果实品质的影响

脐橙因其味香汁多、口感清甜、维生素C含量高等的特点，已成为华南地区主要经济作物之一，由于发展迅速，产量大，品质低的果实已经不能给果农带来好的效益，提高果品质量是提高效益的必然途径。脐橙的品质受多方面因素的影响，其中遗传因素，生态环境，栽培技术等是影响脐橙品质的主要因素。目前关于气候、土壤、品种、栽培技术等因素对产量和品质控制的研究报道不少。但脐橙果树属于多年生果树，在没有病害的情况下，生命周期和盛果期均可达到几十年，经过多年的耕作，土壤养分、土壤微生物群落及树体代谢等功能将发生变化，果实是整个树体养分最终流向，果实养分含量的变化直接与树体所能供给的养分状况相关联，树体供给养分状况除了和土壤养分及气候有关外，也与其自身的代谢有关，不同种植年限间的土壤养分、土壤微生物群落与不同树龄果树结出的脐橙果实品质是否有差异，存在何种差异，目前报道甚少。

本研究根据实地调查情况、以福建省上杭县新元果业和绿然生态农庄脐橙果园区（以下分别简称样地Ⅰ和样地Ⅱ）两脐橙园区中的美国纽荷尔脐橙为研究对象，对施用有机肥和沼肥的不同种植年限果园区中土壤性状、土壤微生物群落、脐橙果实品质进行检测分析，为科学合理的施肥管理提供理论指导，以达到提高脐橙果实品质的目的。

经调查研究确定采集种植 8a 和 13a 的土壤及美国纽荷尔脐橙果实。其中样地Ⅰ位于上杭县才溪乡岭和村 205 国道旁，果园区海拔在 300m 左右，面积 $20hm^2$，现有美国纽荷尔脐橙约

1100 株；果园主要长期以施用有机肥为主，每年 5—6 月谢花后与 12 月采果后，在沿树冠滴水线挖两条长 1—1.5m、深 30—40cm 的沟进行有机肥填施，每株脐橙每次需施用 7.5kg。样地 II 位于上杭县湖洋乡观音井文光村，果园区海拔在 250m 左右，面积 26.67hm^2，现有美国纽荷尔脐橙约 1500 株，该果园区长期以施用沼肥为主，每年 5—6 月谢花后与 12 月采果后，在沿树冠滴水线挖两条长 1.2—1.3m、深 30—40cm 的沟进行沼肥填施，每次每株约施用沼肥 7.5kg。

土壤样品采集时间为 2010 年 9 月 27 日，采样方法为多点混合法（同一地点采 3—5 个样品，就地混合为一个样品），采样部位为果树与施肥沟的中央位置，采样深度为除去表面枯枝落叶层后 0—60cm 土层，选择果园区未施过肥料的土壤为背景；脐橙样品采集时间为 2010 年 11 月 24 日，采样方法为多点混合法，每一样品选具有代表性的样株各 10 株，每株采 3 个脐橙，混合为一个样品，选定的 10 株果树必须在对应的土壤采集地点范围内。土壤样品送福州矿产资源检测中心检测，检测项目为 pH 值（检测依据 ZD-A-012.1—2008，使用仪器上海 pHS-3C 酸度计）、土壤 TP、TK（检验依据 ZD-A-003.1—2006，使用仪器菲利普 PW2440 XRF，温度 25℃，湿度 50%）、土壤交换性钙、交换性镁（检测依据 LY/T1245—1999，使用仪器法国 JY-ULTIMA ICP，温度 24℃，湿度 46%）、有机质（检测依据 ZD-A-015.1—2006，使用仪器瑞士 Mettle-200 天平，温度 25℃，湿度 45%）、有效磷（检测依据 LY/T1233—1999，使用仪器上海天美 UV-2300 光度计，温度 25℃，湿度 45%）、有效钾（检测依据为 LY/T1236—1999，使用仪器为法国 JY-ULTIMA ICP，温度 20℃，湿度 43%）、水解性氮（检测依据为 LY/T1229—1999，使用仪器为瑞士 Meele-200 天平，温度 25℃，湿度 45%）。土壤微生物总脂肪酸的测定参照刘波等的方法进行。

脐橙果实 VC 含量用 2,6-二氯靛酚滴定法检测，TA 用 NaOH 滴定法检测，还原糖用 3,5-二硝基水杨酸比色法检测，总糖采用 3,5-二硝基水杨酸比色法检测，TSS 用 PAL-1 手持数显折光仪直接检测，单果重、果肉重量用电子天平测定，果实纵横径用游标卡尺测定，糖酸比 = 总糖含量/可滴定酸含量，固酸比 = 可溶性固形物含量/可滴定酸含量，可食率 = 果肉重量/果实总量 ×100，果型指数 = 果实纵径长度/果实横径长度。

利用土壤微生物群落磷脂脂肪酸生物标记分析程序 PLFAEco，分析果园土壤微生物群落 PLFAs 的脂肪酸总种类数 S、总脂肪酸个数 N、丰富度指数 Shannon-Wiener、多样性指数 Simpson、均匀度指数 Pielou、Brillouin 和 Mcintosh。程序中计算生态学指数的方法参照。用 Microsoft Office Excel 2007 软件进行数据的计算处理；用 DPS 数据处理系统中的 Duncan 新复极差法检验数据的差异显著性。

1. 果园土壤状况分析

（1）土壤营养状况

表 6-16 为纽荷尔脐橙果园区种植 8a 和 13a 后土壤状况变化情况。在种植 8a 和 13a 后，样地 I 和样地 II 中土壤 pH 值均显著低于其背景值（$P < 0.05$），且低于适宜指标，土壤出现了酸化现象，方差分析显示，两样地 13a 和 8a 种龄的土壤 pH 值均在同一显著水平上，说明两种龄对土壤 pH 值的影响不明显。与土壤背景值相比，除了 TK 外，果园区速效钾、TN、水解性氮、TP、速效磷、有机质的含量均显著高于对照（$P < 0.01$）。两样地土壤中速效钾在种植 13a 后，其含量均显著高于种植 8a 的土壤，其含量范围在 109.34mg/kg ± 8.21mg/kg—

200.77mg/kg ± 67.80mg/kg，处在适宜柑橘土壤速效钾范围之间。两样地 13a 和 8a 种龄土壤中的 TN 均处于同一显著水平上，但样地 I 处于适宜的柑橘土壤 TN 范围内，而样地 II 均低于适宜范围。水解性氮在样地 I 13a 种龄土壤中的含量要低于 8a，但均在适宜柑橘土壤水解性氮范围内；样地 II 的水解性氮在两种植年限中处于同一水平范围，均低于适宜柑橘土壤含量的范围。TP、速效磷在 13a 种龄的样地 I 土壤中的含量要高于 8a，而在样地 II 中却呈相反趋势，样地 I 13a 种龄和样地 II 8a 重龄土壤中的速效磷的含量分别为 356.43mg/kg ± 81.98mg/kg 和 230.70mg/kg ± 12.7mg/kg，高于参考适宜指标。有机质在样地 I 13a 种龄土壤中的含量低于 8a 种龄，在样地 II 中却呈相反趋势，除了样地 II 背景值外，其余样品均在参考适宜指标范围内。方差分析显示在两种龄及两样地中交换性钙、交换性镁、有效硫的含两均处于同一水平上（$P > 0.05$），说明各处理间不存在差异，其中有效硫样品范围在 6.25mg/kg ± 32.88mg/kg—294.67mg/kg ± 129.62mg/kg，含量较丰富。

表 6-16 脐橙果园区不同种植年限土壤状况

项目	样地	背景土壤	种植 8a 土壤	种植 13a 土壤	P 值	参考适宜指标
pH	I	5.20 ± 0.03^{abA}	4.41 ± 0.14^{bcAB}	4.41 ± 0.23^{bcAB}	0.0205**	5.00—6.50
	II	5.57 ± 0.05^{aAB}	4.2 ± 0.54^{cB}	4.32 ± 0.64^{cB}		
TK (%)	I	2.69 ± 0.14^{aA}	1.18 ± 0.04^{bBC}	2.34 ± 0.16^{aA}	0.0000**	—
	II	0.72 ± 0.42^{cCD}	1.55 ± 0.34^{bB}	0.41 ± 0.01^{cD}		
速效钾 (mg/kg)	I	65.19 ± 3.05^{dB}	109.34 ± 8.21^{cdAB}	200.77 ± 67.8^{0aA}	0.0024**	100.00—200.00
	II	74.61 ± 9.36^{cdB}	133.29 ± 16.48^{bcAB}	193.53 ± 6.52^{abA}		
TN (%)	I	0.07 ± 0.00^{bB}	0.13 ± 0.02^{a}	0.11 ± 0.02^{a}	0.0001**	0.10—0.15
	II	0.04 ± 0.00^{cB}	0.07 ± 0.01^{bB}	0.07 ± 0.01^{bB}		
水解性氮 (mg/kg)	I	78.95 ± 2.76^{cBC}	163.07 ± 28.92^{a}	124.53 ± 17.38^{bAB}	0.0001**	100.00—200.00
	II	42.35 ± 5.44^{dC}	79.57 ± 11.76^{cBC}	83.43 ± 8.01^{cBC}		
TP (mg/kg)	I	361.50 ± 92.63^{cB}	1162.33 ± 135.15^{bAB}	1969.67 ± 656.65^{a}	0.0020**	—
	II	313.00 ± 124.45^{cB}	838.33 ± 371.57^{bcB}	547.67 ± 65.36^{bcB}		
速效磷 (mg/kg)	I	0.15 ± 0.02^{cC}	54.81 ± 19.36^{cC}	356.43 ± 81.98^{aA}	0.0000**	15.00—80.00
	II	0.07 ± 0.00^{cC}	230.70 ± 12.73^{bB}	42.22 ± 11.75^{cC}		
有机质 (%)	I	1.28 ± 0.11^{bcBC}	2.49 ± 0.32^{aA}	2.05 ± 0.43^{aAB}	0.0004**	1.00—3.00
	II	0.80 ± 0.36^{cC}	1.28 ± 0.09^{bcBC}	1.41 ± 0.02^{bBC}		
交换性钙 (cmol/kg)	I	0.50 ± 0.17^{abA}	1.49 ± 0.98^{aA}	2.25 ± 1.34^{aA}	0.1397*	2.50—5.00
	II	0.26 ± 0.27^{bA}	0.68 ± 0.63^{abA}	0.52 ± 0.7^{abA}		

续表

项目	样地	背景土壤	种植 8a 土壤	种植 13a 土壤	P 值	参考适宜指标
交换性镁 (cmol/kg)	I	0.07 ± 0.01aA	0.26 ± 0.15aA	0.46 ± 0.22aA	0.4234	0.63—1.25
	II	0.08 ± 0.01aA	0.37 ± 0.27aA	0.35 ± 0.37aA		
有效硫 (mg/kg)	I	126.25 ± 32.88aA	186.50 ± 37.35aA	241.33 ± 99.98aA	0.4484	16.00—25.00
	II	169.50 ± 82.02aA	236.33 ± 105.77aA	294.67 ± 129.62aA		

注：数值为平均数 ± 标准误差。同一果树同一行中不同小写字母表示差异显著。同一行中不同大写字母表示处理间差异极显著(Duncan, $P < 0.05$)，下同。

（2）土壤微生物群落磷脂脂肪酸(PLFAS)生物标记

对不同种植年限脐橙果园区土壤微生物群落 PLFAS 生物标记测定结果如表 6-17 所示。在两种不同种植年限的果园区中，土壤微生物 PLFAS 生物标记都很丰富，含有各种饱和、不饱和、分支和环状 PLFAs 生物标记。土壤中指示细菌的 PLFAS 生物标记 i 16：0、14：0、20：0 和 15：0，指示好氧细菌 G^+ 的标记 a15：0、指示硫酸盐还原细菌 G^- 的标记 10 Me 16：0 及指示放线菌的标记 10Me18：0，在两样地各种龄中的相对生物量均显著高于对照（$P < 0.05$），其相对生物量大小顺序在样地 I 为 13a 种龄 > 8a 种龄 > 对照，在样地 II 中为 8a 种龄 > 13a 种龄 > 对照，生物标记 10Me18：0 在两样地对照土壤中的未检测到；i14：0、i 17：0 3OH、14：1 ω5c、9：0 在各处理间存在显著差异，但呈无规律变化（$P < 0.05$）。i11：0、i11：0 3OH、12：0、12：0 2OH、i 12：0 3OH、i16：1 H、20：1 ω7c 为 13a 种龄样地 I 特有 PLFAS 标记，指示细菌及革兰氏阳性细菌等；a14：0、16：1 ω9c 为 8a 种龄的样地 II 特有 PLFAS 标记，分别指示好氧细菌 G^+ 和细菌 G^-；9：0 为 13a 种龄的样地 II 特有 PLFAS 标记。

表 6-17 果园区不同种植年限土壤微生物群落磷脂脂肪酸生物标记相对生物量

生物标记	样地	背景土壤	种植 8a 土壤	种植 13a 土壤	显著水平
9：0	I	0 ± 0bB	0 ± 0bB	0 ± 0bB	0.0116**
	II	0 ± 0bB	0 ± 0bB	807 ± 397.39aA	*
10：0	I	0 ± 0Aa	0 ± 0aA	330.5 ± 467.4aA	0.4480
	II	343 ± 485.08aA	380.33 ± 331.62aA	0 ± 0aA	
10：0 2OH	I	0 ± 0aA	74.5 ± 105.36aA	0 ± 0aA	0.5645
	II	0 ± 0aA	155 ± 219.2aA	0 ± 0aA	
10：0 3OH	I	0 ± 0aA	0 ± 0aA	450 ± 779.42aA	0.7196
	II	0 ± 0aA	59.67 ± 103.35aA	267.5 ± 193.04aA	

续表

生物标记	样地	背景土壤	种植 8a 土壤	种植 13a 土壤	显著水平
i11:0	I	0 ± 0^{aA}	0 ± 0^{aA}	168 ± 290.98^{aA}	0.7432
	II	0 ± 0^{aA}	0 ± 0^{aA}	0 ± 0^{aA}	
i11:0 3OH	I	0 ± 0^{aA}	0 ± 0^{aA}	252 ± 356.38^{aA}	0.4894
	II	0 ± 0^{aA}	0 ± 0^{aA}	0 ± 0^{aA}	
a11:0	I	152.5 ± 215.67^{aA}	0 ± 0^{aA}	0 ± 0^{aA}	0.4954
	II	254.5 ± 359.92^{aA}	158.67 ± 274.82^{aA}	855 ± 1209.15^{aA}	
12:0	I	0 ± 0^{aA}	0 ± 0^{aA}	2544 ± 3597.76^{aA}	0.4894
	II	0 ± 0^{aA}	0 ± 0^{aA}	0 ± 0^{aA}	
12:0 2OH	I	0 ± 0^{aA}	0 ± 0^{aA}	241 ± 340.83^{aA}	0.3286
	II	0 ± 0^{aA}	0 ± 0^{aA}	0 ± 0^{aA}	
i12:0 3OH	I	0 ± 0^{aA}	0 ± 0^{aA}	164 ± 231.93^{aA}	0.3286
	II	0 ± 0^{aA}	0 ± 0^{aA}	0 ± 0^{aA}	
13:1 AT 12–13	I	0 ± 0^{aA}	136 ± 235.56^{aA}	512 ± 724.08^{aA}	0.5147
	II	0 ± 0^{aA}	0 ± 0^{aA}	0 ± 0^{aA}	
i13:0	I	653.50 ± 276.48^{aA}	949.33 ± 139.99^{aA}	1207.00 ± 435.58^{aA}	0.3412
	II	631.00 ± 4.24^{aA}	732.33 ± 436.38^{aA}	1051.00 ± 73.54^{aA}	
14:0	I	1443.50 ± 973.69^{abA}	3092.00 ± 806.19^{abA}	5613.50 ± 4652.06^{aA}	0.2258*
	II	897.50 ± 26.16^{bA}	$2065.33 \pm 1556.28^{abA}$	1176.50 ± 154.86^{abA}	
14:1 ω5c	I	$2147.00 \pm 913.58^{abAB}$	1778.67 ± 303.88^{bAB}	3692.00 ± 1702.71^{aA}	0.0393**
	II	977.50 ± 721.96^{bAB}	1125.00 ± 612.19^{bAB}	517.50 ± 40.31^{bB}	
i14:0	I	384 ± 543.06^{abA}	1045 ± 272.61^{abA}	1692 ± 1319.46^{aA}	0.1941*
	II	330 ± 466.69^{abA}	577.33 ± 326.15^{abA}	226.5 ± 320.32^{bA}	
i14:1	I	0 ± 0^{aA}	180.67 ± 170.6^{aA}	254.5 ± 359.92^{aA}	0.4923
	II	163.5 ± 231.22^{aA}	0 ± 0^{aA}	0 ± 0^{aA}	
a14:0	I	0 ± 0^{aA}	0 ± 0^{aA}	0 ± 0^{aA}	0.6840
	II	0 ± 0^{aA}	436.67 ± 756.33	0 ± 0^{aA}	
15:0	I	1263.5 ± 215.67^{abA}	1890.33 ± 893.76^{abA}	2579.5 ± 1834.94^{aA}	0.1315*
	II	0 ± 0^{bA}	1213.67 ± 439.09^{abA}	656 ± 582.66^{abA}	

续表

生物标记	样地	背景土壤	种植 8a 土壤	种植 13a 土壤	显著水平
15:0 3OH	I	1883.5 ± 1498.36^{aA}	475.67 ± 823.88^{aA}	0 ± 0^{aA}	0.4748
	II	0 ± 0^{aA}	989.67 ± 1714.15^{aA}	1509.5 ± 813.88^{aA}	
i15:0	I	3972.00 ± 2562.55^{aA}	8803.00 ± 3684.72^{aA}	9761.00 ± 9500.69^{aA}	0.3615
	II	931.00 ± 7.07^{aA}	5570.33 ± 3129.18^{aA}	4032.50 ± 2397.8^{aA}	
i15:1G	I	0 ± 0^{aA}	288 ± 498.83^{aA}	990 ± 1400.07^{aA}	0.4463
	II	0 ± 0^{aA}	0 ± 0^{aA}	0 ± 0^{aA}	
i15:1F	I	0 ± 0^{aA}	907.67 ± 786.16^{aA}	0 ± 0^{aA}	0.3037
	II	0 ± 0^{aA}	359.67 ± 622.96^{aA}	0 ± 0^{aA}	
a15:0	I	3306.50 ± 1801^{abA}	5960.67 ± 1131.92^{abA}	7443.00 ± 5043.09^{aA}	0.2306*
	II	1752.00 ± 1124.3^{bA}	3942.00 ± 2194.48^{abA}	2803.00 ± 1327.95^{abA}	
16:1 2OH	I	2546.5 ± 1256.53^{aA}	5289.67 ± 2327.89^{aA}	5316 ± 4299.21^{aA}	0.2590
	II	697 ± 411.54^{aA}	3212 ± 1163.09^{aA}	3924.5 ± 13.44^{aA}	
16:1 ω5c	I	5141.50 ± 3486.74^{aA}	3993.67 ± 1619.31^{aA}	7875.00 ± 6803.78^{aA}	0.5422
	II	1301.50 ± 1840.6^{aA}	4684.33 ± 1403.49^{aA}	4266.00 ± 3477.55^{aA}	
16:1 ω9c	I	0 ± 0^{aA}	0 ± 0^{aA}	0 ± 0^{aA}	0.7432
	II	0 ± 0^{aA}	252.33 ± 437.05^{aA}	0 ± 0^{aA}	
i16:0	I	3990.00 ± 2513.06^{abA}	8317.00 ± 2893.76^{abA}	13422.00 ± 12207.49^{aA}	0.2458*
	II	1351.50 ± 125.16^{bA}	5516.67 ± 1752.72^{abA}	3819.50 ± 767.21^{abA}	
i16:1	I	0 ± 0^{aA}	0 ± 0^{aA}	1464 ± 2070.41^{aA}	0.3286
	II	0 ± 0^{aA}	0 ± 0^{aA}	0 ± 0^{aA}	
i16:0 3OH	I	0 ± 0^{aA}	0 ± 0^{aA}	0 ± 0^{aA}	0.4894
	II	141 ± 199.4^{aA}	0 ± 0^{aA}	0 ± 0^{aA}	
a16:0	I	2920.50 ± 1894.34^{aA}	3160.67 ± 144.68^{aA}	2411.50 ± 970.86^{aA}	0.3719
	II	1374.50 ± 1078.34^{aA}	2363.33 ± 380.69^{aA}	1816.00 ± 695.79^{aA}	
16:0 N alcohol	I	1497.5 ± 634.27^{aA}	1558.33 ± 95.21^{aA}	1732.5 ± 830.85^{aA}	0.3774
	II	1102.5 ± 239.71^{aA}	1331 ± 165.95^{aA}	905 ± 230.52^{aA}	
10 Me 16:0	I	4486.00 ± 3121.17^{abA}	8736.33 ± 3436.82^{abA}	13802.00 ± 11763.43^{aA}	0.2860*
	II	1539.00 ± 1199.25^{bA}	5352.33 ± 3286.25^{abA}	5030.00 ± 1697.06^{abA}	

续表

生物标记	样地	背景土壤	种植 8a 土壤	种植 13a 土壤	显著水平
17:0	I	165 ± 233.35aA	1093 ± 354.29aA	1634 ± 2310.82aA	0.5721
	II	0 ± 0aA	652 ± 1129.3	217.5 ± 307.59aA	
17:1 ω8c	I	369 ± 521.84aA	668 ± 600.49aA	868.5 ± 1228.24aA	0.5612
	II	0 ± 0aA	186.67 ± 323.32aA	0 ± 0aA	
i17:0 3OH	I	3334 ± 886.71aA	3291 ± 526.53aA	4139 ± 1274.21aA	0.1164*
	II	1863.5 ± 1758.57abA	2636 ± 1448.34abA	503.5 ± 712.06bA	
i17:0	I	3165.5 ± 1696.35aA	6330.67 ± 3221.94aA	6370 ± 5603.11aA	0.3994
	II	1117 ± 212.13aA	4034.67 ± 1474.93aA	4052 ± 845.7aA	
a17:0	I	3201.00 ± 1729.58aA	5229.00 ± 1252.41aA	5858.50 ± 3920.91aA	0.3962
	II	1809.00 ± 166.88aA	3944.33 ± 2092.53aA	3115.00 ± 1339.26aA	
a17:1 ω9c	I	0 ± 0aA	1090 ± 1541.49aA	1612 ± 1199.25aA	0.4113
	II	0 ± 0aA	667.5 ± 943.99aA	0 ± 0aA	
cy17:0	I	285.5 ± 403.76aA	1969.67 ± 1102.73aA	2901.5 ± 2667.91aA	0.3117
	II	251.5 ± 355.67aA	1232.67 ± 1335.22aA	415.5 ± 587.61aA	
10 Me 17:0	I	121.5 ± 171.83aA	1542 ± 802.81aA	2309 ± 2582.35aA	0.2976
	II	0 ± 0aA	673.67 ± 829.39aA	426 ± 121.62aA	
18:0	I	5544.50 ± 2673.57aA	9611.67 ± 3308.46aA	13716.00 ± 10545.79aA	0.4365
	II	3569.50 ± 55.86aA	8469.67 ± 5225.09aA	5635.00 ± 2497.50aA	
18:0 3OH	I	470.5 ± 665.39aA	0 ± 0aA	848.5 ± 1199.96aA	0.5136
	II	0 ± 0aA	219.67 ± 380.47aA	0 ± 0aA	
18:1 ω5c	I	1726.5 ± 1141.98aA	6736.67 ± 4927.8aA	11327.5 ± 16019.5aA	0.5293
	II	0 ± 0aA	3569 ± 2686.39aA	1986.5 ± 740.34aA	
18:3 ω6c (6,9,12)	I	26505 ± 292.74aA	0 ± 0aA	980.33 ± 1697.99aA	0.2819
	II	0 ± 0aA	2577.67 ± 2610.6aA	0 ± 0aA	
18:1 ω9c	I	16742.00 ± 11200.57aA	14191.33 ± 4431.16aA	21333.00 ± 20199.21aA	0.8272
	II	9790.50 ± 6066.27aA	19519.33 ± 9489.39aA	12041.50 ± 5787.67aA	
18:1 ω7c	I	3658.50 ± 2165.87aA	4695.33 ± 2057.00aA	9333.00 ± 8802.07aA	0.4357
	II	1049.50 ± 118.09aA	4706.67 ± 3311.05aA	2574.00 ± 2110.01aA	

续表

生物标记	样地	背景土壤	种植 8a 土壤	种植 13a 土壤	显著水平
10Me18:0	I	0 ± 0^{bA}	2222.67 ± 405.95^{abA}	2582 ± 2266.98^{aA}	0.1456*
	II	0 ± 0^{bA}	1194.33 ± 1211.86^{abA}	689 ± 974.39^{abA}	
11Me18:1ω7c	I	0 ± 0^{aA}	669.33 ± 1159.32^{aA}	995.5 ± 1407.85^{aA}	0.7716
	II	0 ± 0^{aA}	502 ± 869.49^{aA}	0 ± 0^{aA}	
i19:0	I	0 ± 0^{aA}	501.67 ± 169.63^{aA}	525.5 ± 743.17^{aA}	0.2223
	II	0 ± 0^{aA}	0 ± 0^{aA}	0 ± 0^{aA}	
cy19:0ω8c	I	6104 ± 2931.66^{aA}	10139.67 ± 3077.49^{aA}	14020.5 ± 13594.13^{aA}	0.4301
	II	1137 ± 261.63^{aA}	8828.67 ± 4585.91^{aA}	7039.5 ± 4910.86^{aA}	
20:0	I	1100 ± 598.21^{abA}	3313 ± 1244.01^{abA}	5117 ± 4873.38^{aA}	0.2917*
	II	0 ± 0^{bA}	2408.33 ± 2161.57^{abA}	1308 ± 540.23^{abA}	
20:1ω7c	I	0 ± 0^{aA}	0 ± 0^{aA}	894.5 ± 1265.01^{aA}	0.4894
	II	0 ± 0^{aA}	0 ± 0^{aA}	0 ± 0^{aA}	
20:1ω9c	I	0 ± 0^{aA}	161.67 ± 280.01^{aA}	1033.5 ± 1461.59^{aA}	0.6556
	II	0 ± 0^{aA}	652.33 ± 1129.87^{aA}	0 ± 0^{aA}	
20:4ω6,9,12,15c	I	1054 ± 776.4^{aA}	960.67 ± 621.47^{aA}	1198 ± 1694.23^{aA}	0.8188
	II	0 ± 0^{aA}	799 ± 698.38^{aA}	886.5 ± 1253.7^{aA}	

注：i、a、cy 和 Me 分别表示异丙基、反异丙基、环丙基和甲基分支脂肪酸；ω 后跟的数字表示出现双键的碳原子位序；c 和 t 分别表示该双键为顺式构型和反式构型。

（3）土壤微生物磷脂脂肪酸（PLFAs）多样性生态指标的比较

从种龄 8a 及 13a 的样地 I 土壤采集到的样品中，检测到的磷脂脂肪酸（PLFAs）种类分别为 38.33 ± 3.06 种、42.00 ± 15.56 种，样地 II 种类分别为 35.00 ± 4.00 种、31.00 ± 4.24 种，方差分析显示 13a 种龄的样地 I 和 8a 及 13a 种龄的样地 II 土壤中的 PLFAs 种类均显著高于对应对照值 32.50 ± 3.54 种、26.00 ± 4.24 种，见表 6-18。各样品土壤微生物 PLFAs 生态指数优势度指数 D（Simpson）、丰富度 S（Shannon）和多样性指数 R（McIntosh）存在极显著差异（$P < 0.01$），其中样地 I 中两种龄土壤与对照相比差异不显著；样地 II 中 Simpson、Shannon、McIntosh 指数均显著大于对照，13a 种龄土壤的 Shannon 指数略低于 8a 种龄的土壤，两种龄土壤中其余指数处于同一显著水平。

表 6-18 果园土壤微生物磷脂脂肪酸 (PLFAs) 多样性生态指标

脂肪酸生态指数	样地	背景土壤	种植 8a 土壤	种植 13a 土壤	显著水平
S	I	32.50 ± 3.54[abA]	38.33 ± 3.06[abA]	42.00 ± 15.56[aA]	0.2720*
	II	26.00 ± 4.24[bA]	35.00 ± 4.00[abA]	31.00 ± 4.24[abA]	
N	I	121680.50 ± 72194.90[aA]	175240.33 ± 54741.14[aA]	261581.50 ± 229953.25[aA]	0.4388
	II	52347.50 ± 19928.39[aA]	147382.67 ± 71831.38[aA]	101194.50 ± 48513.89[aA]	
Simpson 指数	I	0.92 ± 0[aA]	0.93 ± 0.01[aA]	0.93 ± 0.01[aA]	0.0042**
	II	0.89 ± 0.02[bB]	0.92 ± 0.01[aA]	0.92 ± 0[aA]	
Shannon 指数	I	4.32 ± 0.01[aA]	4.5 ± 0.06[aA]	4.49 ± 0.23[aA]	0.0064**
	II	3.87 ± 0.22[bB]	4.35 ± 0.03[aA]	4.24 ± 0.08[aAB]	
Pielou 指数	I	0.86 ± 0.02[aA]	0.86 ± 0.02[aA]	0.84 ± 0.04[aA]	0.7701
	II	0.82 ± 0.01[aA]	0.85 ± 0.03[aA]	0.86 ± 0.02[aA]	
Brillouin	I	4.31 ± 0.01[aA]	4.5 ± 0.06[aA]	4.49 ± 0.24[aA]	0.5928
	II	3.87 ± 0.22[aA]	2.95 ± 2.23[aA]	4.23 ± 0.08[aA]	
McIntosh	I	0.72 ± 0[aA]	0.74 ± 0.01[aA]	0.73 ± 0.01[aA]	0.0049**
	II	0.67 ± 0.02[bB]	0.73 ± 0.01[aA]	0.72 ± 0[aA]	

2. 不同树龄脐橙果实品质分析

表 6-19 为不同树龄纽荷尔脐橙果实的品质状况，方差分析显示总糖、还原糖、可溶性固型物、维生素 C、总酸、糖酸比、固酸比等各处理间存在显著差异（$P < 0.01$）。总糖在样地 I、II 树龄为 13a 脐橙果实中含量分别为 9.89% ± 0.36%、8.25% ± 0.11%，显著高于 8a 树龄果实含量 7.55% ± 0.35%、7.46% ± 0.27%。还原糖在样地 I、II 树龄为 13a 果实中含量分别为 4.9% ± 0.17%、3.95% ± 0.12%，显著高于 8a 树龄的果实含量 4.07% ± 0.13%、3.66% ± 0.14%。可溶性固型物在样地 I、II 树龄为 13a 果实中含量分别为 3.8% ± 0.10%、12.57% ± 0.06%，显著高于 8a 树龄的果实含量 12.07% ± 0.12%、11.63% ± 0.06%。维生素 C 在样地 I 树龄 13a 果实含量为 188.91mg/100g ± 1.38mg/100g，显著高于树龄 8a 含量 123.52mg/100g ± 2.18mg/100g，但样地 II 维生素 C 在树龄 13a 果实中的含量为 79.1mg/100g ± 2.72mg/100g，显著低于 8a 树龄的果实含量 95.67mg/100g ± 1.74 mg/100g。总酸在样地 I 树龄 13a 果实中的含量为 0.63% ± 0.02%，显著高于 8a 含量 0.45% ± 0.02%，而在样地 I 中两树龄中果实的含量分别为 0.4% ± 0.02%、0.39% ± 0.01%，不存在显著差异。样地 I 树龄 13a 果实中糖酸比和固酸比分别为 15.65 ± 0.61、21.85 ± 0.66，显著低于树龄 8a 的 16.67 ± 0.92、26.71 ± 1.25；而样地 II 13a 果实中糖酸比和固酸比分别为 21.34 ± 0.61、32.54 ± 1.16 显著高于树龄 8a 的 18.46 ± 10、28.77 ± 1.21。两样地树龄 13a 和 8a 脐橙果实的单果重、可食率、果型指数数值范围分别在

265.9g ± 76.73g—333.77g ± 37.26g、72.57% ± 6.09%—76.9% ± 0.99%、0.94 ± 0.08—1.02 ± 0.04 之间，差异不显著（$P > 0.05$）。

表6-19 不同树龄脐橙果实品质

项目	样地 I		样地 II		P 值
	树龄8a	树龄13a	树龄8a	树龄13a	
总糖 (%)	7.55 ± 0.35^{cB}	9.89 ± 0.36^{aA}	7.46 ± 0.27^{cB}	8.25 ± 0.11^{bB}	0.0000**
还原糖 (%)	4.07 ± 0.13^{bB}	4.9 ± 0.17^{aA}	3.66 ± 0.14^{cC}	3.95 ± 0.12^{bBC}	0.0000**
可溶性固形物 (%)	12.07 ± 0.12^{cC}	13.8 ± 0.10^{aA}	11.63 ± 0.06^{dD}	12.57 ± 0.06^{bB}	0.0000**
维生素 C(mg/100g)	123.52 ± 2.18^{bB}	188.91 ± 1.38^{aA}	95.67 ± 1.74^{cC}	79.1 ± 2.72^{dD}	0.0000**
总酸 (%)	0.45 ± 0.02^{bB}	0.63 ± 0.02^{aA}	0.4 ± 0.02^{cC}	0.39 ± 0.01^{cC}	0.0000**
糖酸比	16.67 ± 0.92^{cBC}	15.65 ± 0.61^{cC}	18.46 ± 10^{bB}	21.34 ± 0.61^{aA}	0.0001**
固酸比	26.71 ± 1.25^{bB}	21.85 ± 0.66^{cC}	28.77 ± 1.21^{bB}	32.54 ± 1.16^{aA}	0.0000**
单果重 (g)	274.83 ± 75.05^{aA}	265.9 ± 76.73^{aA}	333.77 ± 37.26^{aA}	302.02 ± 54.47^{aA}	0.2685
可食率 (%)	72.57 ± 6.09^{aA}	76.65 ± 4.16^{aA}	76.9 ± 0.99^{aA}	75.69 ± 4.41^{aA}	0.3104
果型指数	1.02 ± 0.04^{aA}	0.99 ± 0.07^{aA}	1.00 ± 0.09^{aA}	0.94 ± 0.08^{aA}	0.2464

3. 讨论与小结

现有研究表明有过长期过量的施肥可使蔬菜地中土壤TN，速效磷，水解性氮等出现积累现象，随着种植年限增加，不同苹果园硝态氮累积量也有显著增加趋势。本研究中，随着种植年限的增加，在两样地中均呈上升趋势的土壤元素为速效钾，可推测速效钾出现了积累现象，但该元素含量基本上处于适宜脐橙生长的范围内，由于研究测定的最长种植年限为13a，不排除在种植更多年后出现过量的可能，建议对于树龄大的果树可适当减少速效钾的施用量。与土壤背景值相比，TP、速效磷、有机质、水解性氮、TN等含量虽然都有增加，但两样地在种植年限中的变化趋势却不一致，考虑可能是两样地的施肥种类不同导致了其变化趋势不同，因此认为随着种植年限的增加以上各元素是否出现积累或规律性的变化还与其施肥方式有着直接的关系。两样地土壤pH值在种植8a和13a后虽处于同一显著水平，但均小于背景值，且低于适宜脐橙生长的pH值，因此在施肥过程中需多添加碱性肥料，以调节其pH值到适宜范围。

果园土壤微生物对土壤有机质的分解、无机质的转化、氮的固定以及植株养分吸收、植株生长发育和抗病能力都具有明显的影响，其结构与分布是一项重要的研究内容。已有对柑橘果园可培养的细菌、真菌、放线菌的分布及数量变动进行了研究，由于微生物传统培养方法获得的土壤微生物可培养部分仅占全部微生物不到1%的比例，因此本节采用磷脂脂肪酸(PLFAs)分析方法进行研究，该法能克服微生物培养的限制，能分析土壤可培养微生物和不可培养微生物信息，可以获得几乎全部土壤活体微生物的信息，能够比较准确地反映不同种龄中土壤微生物群落结构的特征。在本节中，各处理检测到的磷脂脂肪酸(PLFAs)种类多达 31—42 种，除了 8a 种龄样地 I 外，其余处理的 PLFAs 种类、PLFAS 生物标记 i 16：0、14：0、20：0、15：0、a15：0、10 Me 16：0、10 Me 18：0 等的相对生物量，均显著高于对照；样地 II 生态指数优势度指数 Simpson、丰富度 Shannon、多样性指数 McIntosh 等均显著高于对照，可见不同种龄土壤的微生态环境有不同程度的改善。但两样地的变化趋势不同，种龄 13a 的样地 I 土壤中各指标均显著高于种龄 8a 和对照，而种龄 8a 的样地 II 中各指标均显著高于种龄 13a 和对照，考虑样地 I 多以施用有机肥为主，其果园区在种植的 13a 后土壤微生态环境有很好的改善，样地 II 多以施用沼肥为主，在种植 8a 左右土壤微生态环境改善效果最佳。

在两样地中，13 年生果树中脐橙果实与 8 年生果树相比总糖、还原糖、可溶性固型物含量均显著增加，这可能是因为与 8a 树龄相比，13a 树龄的树体不断扩大增高，多糖物质的积累增加，从而导致总糖、还原糖含量的上升。贾自力等研究表明树龄 100a 的白果多糖比长树龄 (800a) 的白果和短树龄的白果要高，因此不能简单地认为树龄与脐橙果实总糖、还原糖的含量始终呈正相关，而可溶性固型物含量的升高可能与总糖含量的升高有直接关系。两样地中不同树龄脐橙果实总酸变化趋势不一，且可溶性固型物、总糖、还原糖的变化程度不同，导致决定脐橙品质的主要因子糖酸比、固酸比变化趋势不一致，两样地中单果重、可食率、果型指数在 8 年生和 13 年生的果树中均不存在差异。基于以上结果，可认为在一定的种植年限内，树龄小的脐橙果实还原糖，总糖的含量要低于大的树龄，因此在生产上对树龄较低的脐橙果树可采取适当延迟采摘或采后储放一段时间后再上市以促进糖酸转化、增加甜度。

由于研究样品的种植年限只有 8a 和 13a，关于果园区土壤何时出现酸化、长期施肥后土壤中的速效钾等是否超出适宜指标、土壤微生态环境何时出现最佳值、脐橙果树最佳品质的果实树龄以及何时衰老等问题还需在不同施肥环境中做进一步研究。

■ 三、沼肥对脐橙重金属含量的影响

为了提高农产品的产量，化肥、有机肥、沼肥等的使用已经成为农业发展中必不可少的措施。近几年，有机肥与沼肥因其对改善土壤和提高农产品品质有很好的促进作用而得到大力发展。然而，在畜禽养殖中，由于广泛使用以铜、锌、砷等微量元素作为添加剂的饲料，从而导致畜禽粪便和以畜禽粪便作为主要原料生产的商品有机肥料及沼肥中的重金属含量的提高，因此，了解和研究使用这些肥料后土壤和农产品的重金属污染状况及重金属的转化有十分重要的意义。目前已有施用沼肥后蔬菜和部分水果中的重金属含量的研究报告，但未见有关于施用有机肥、沼肥对脐橙中的重金属的含量影响的报告。基于此，本研究特对施用有机肥、化肥、沼肥后土壤及脐橙中的重金属的含量进行检测，并进行相关性分析，旨在为各类肥料在脐橙中的安全使用提供科学依据。

选取上杭县才溪乡岭和村脐橙产区 5km 范围内果园区为研究对象，在该区域内各选一个常年施用有机肥果园区（以下简称有机肥区）、一个常年施用化肥果园区（以下简称化肥区）和一个常年施用沼肥的果园区（以下简称沼肥区）。1997 年和 2002 年种植的有机肥区在上杭县才溪乡岭和村新元果业果园区，每年 5—6 月谢花后与 12 月采果后在沿树冠滴水线挖两条长 1—1.5m、深 30—40cm 的沟进行有机肥填施，每株脐橙每次需施用 7.5kg。1997 年种植的化肥区在上杭县才溪乡溪北村杭烨果蔬有限公司果园区，该果园每株脐橙每次施用氮、磷、

钾复合肥 5kg 左右。1997 年和 2002 年种植的沼肥区在上杭县绿然生态农庄果园区，该果园每年 3 月、6 月、8 月喷施 3 次沼液，而每年 5—6 月谢花后与 12 月采果后，在沿树冠滴水线挖两条长 1.2—1.3m，深 30—40cm 的沟进行沼肥填施，每次每株约施用沼肥 7.5kg。根据果园实际种植情况，于 2010 年 9 月与 2010 年 10 月分别采集各 3 个果园区的土壤和脐橙样品，并以采集果园周边土质相同的未开垦区域土壤作为对照。土壤采样按多点混合法（同一地点采 3—5 个样品，就地混合为一个样品），采样部位为茶果树与施肥沟的中央位置，采样深度为除去表面枯枝落叶层后 0—60cm 土层；脐橙采样按多点混合法，每一样品选定 10 株作为采样株，每株采 3 个脐橙，共计 30 个脐橙，每个样品 3 次重复。

将样品送福州矿产资源检测中心检测，其中土壤铬、铜、铅、锌检验依据为 ZD-A-003.1—2006，使用仪器为菲利普 PW2440 XRF，温度 25℃，湿度 50%；土壤砷：ZD-A-007.1—2006，北京吉大小天鹅，温度 21℃，湿度 45%；土壤镉：ZD-A-021.1—2007，XSeries II 等离子质谱仪，温度 23℃，湿度 40%；土壤 pH 值：ZD-A-021.1—2008，上海 pHS-021 酸度计，温度 21℃，湿度 58%；脐橙果实铬、铜、铅、锌、砷、镉检验依据为 ZD-A-020.1—2007，使用仪器 XSeries II 等离子质谱仪，温度 20℃，湿度 40%。所有数据采用 Excel 进行平均数和标准差计算，采用 DPS 数据处理系统 Tukey 多重比较方法进行方差分析。

1. 沼肥对土壤 pH 值的影响

表 6-20 为各土壤的 pH 值测定结果，从中可知，各土壤对照区的 pH 值在 5.18—5.60，各处理对照的 pH 值在 4.20—4.63。施用各种肥料后土壤的 pH 值有下降的趋势，方差分析显示各处理的 pH 值差异不显著。

表 6-20 土壤 pH 值

pH 值	有机肥区		化肥区		沼肥区	
	1997 年	2002 年	1997 年	1997 年	2002 年	
对照	5.18^a	5.22^a	5.61^a	5.60^a	5.53^a	
种植区	4.41±0.23^a	4.41±0.14^a	4.63±0.63^a	4.31±0.64^a	4.20±0.54^a	

2. 不同施肥区土壤重金属含量

以种植区周边未开垦的土壤为对照，对 3 个果园区的土壤重金属的含量进行方差分析，结果见表 6-21。表 6-21 中化肥区中对照和处理 3 的砷、铜、铬、铅含量均高于其他施肥区各处理，达显著极显著水平（$P<0.01$）；各处理中锌、镉的显著水平 P 值分别为 0.3342 和 0.1954，无显著差异。与对照相比，除了有机肥区处理 1 中铜和铅，处理 2 中砷，沼肥区处理 5 中铅的含量显著高于对应的对照外，其余各处理中砷、铜、铬、铅含量无显著增加，相反，沼肥区处理 5 中砷和化肥区处理 3 中铅的含量还显著低于对照。种植年份为 1997 年的各处理中，只有有机肥区的铜和铅含量显著高于对照，种植年份为 2002 年的各处理中，只有有机肥区的砷和沼肥区的铅含量显著高于对照。与种植 8a 的 2002 年土壤相比，种植 13a 的 1997 年土壤中的重金属含量未见积累增加现象。参照土壤环境质量标准（GB15618—1995）二级，当土壤 pH 值小于 6.5 时，对应为砷、铜、铬、铅、锌、镉限量标准值分别为 40mg/kg、150mg/

kg、150mg/kg、250mg/kg、200mg/kg、0.3mg/kg，各处理中以上重金属的含量均低于标准值，未出现超标现象。

表6-21 不同施肥区土壤重金属的含量

施肥区域	种植年份	样品	土壤重金属的含量（mg/kg）					
			砷	铜	铬	铅	锌	镉
有机肥区	1997	对照	4.65[bc]	5.70[b]	13.80[b]	31.70[a]	64.30[a]	0.06[a]
		处理	4.46 ± 0.43[bc]	21.20 ± 5.31[ab]	15.03 ± 1.21[b]	36.20 ± 0.44[a]	36.37 ± 4.61[a]	0.15 ± 0.08[a]
	2002	对照	3.82[bc]	5.30[b]	12.90[b]	34.60[ab]	63.40[a]	0.06[a]
		处理	7.19 ± 0.57[b]	10.53 ± 1.32[b]	22.63 ± 1.40[b]	33.50 ± 1.28[ab]	66.00 ± 4.42[a]	0.11 ± 0.01[a]
化肥区	1997	对照	41.28[a]	32.80[a]	63.70[a]	39.90[a]	59.70[a]	0.07[a]
		处理	40.49 ± 2.16[a]	40.65 ± 6.86[a]	68.40 ± 6.56[a]	33.93 ± 0.86[ab]	59.00 ± 5.37[a]	0.13 ± 0.05[a]
沼肥区	1997	对照	4.11[bc]	9.45[b]	21.00[b]	23.10[c]	66.80[a]	0.05[a]
		处理	3.62 ± 0.33[bc]	9.07 ± 0.23[b]	20.80 ± 0.72[b]	22.67 ± 1.10[c]	64.90 ± 1.73[a]	0.27 ± 0.15[a]
	2002	对照	1.81[bc]	7.00[b]	12.10[b]	23.10[c]	75.20[a]	0.06[a]
		处理	1.48 ± 0.66[c]	9.20 ± 3.11[b]	13.07 ± 2.68[b]	34.40 ± 2.74[ab]	72.85 ± 1.92[a]	0.19 ± 0.03[a]
土壤环境质量标准（GB15618—1995）二级			40.00	150.00	150.00	250.00	200.00	0.30
F 值			433.625	17.745	85.068	34.828	1.342	1.751
显著水平（P）			0.0000	0.0001	0.0000	0.0000	0.3342	0.1954

3. 不同施肥区脐橙果实重金属含量

对不同施肥区中各种植年份的脐橙果实重金属砷、铜、铬、铅、锌、镉含量进行方差分析，结果见表6-22。表中施肥区处理1、2的砷含量最高，其次为化肥区处理3，最后为沼肥区处理4、5，各处理间存在极显著差异（$P < 0.01$）；重金属铜含量最高的为化肥区处理3，达显著水平 $P < 0.01$；有机肥区与沼肥区中各处理的重金属含量无显著差异（$P > 0.05$）；各处理间铬、铅、锌、镉含量的显著水平 P 值分别为 0.5278、0.1056、0.0542、0.1176，均高于 0.05，说明各处理间差异不显著。树龄为13a（种植年份1997年）脐橙与树龄为8a的（种植年份为2002年）中各重金属含量差异不显著。参照食品中污染物限量（GB2762—2005），食品中铜限量卫生标准（GB15199—94），食品中锌限量标准（GB13106—91），砷、铜、铬、铅、锌、镉限量标准值分别为 0.05mg/kg、10mg/kg、0.5mg/kg、0.1mg/kg、5mg/kg、0.05mg/kg，各处理中以上重金属的含量均低于限量标准，未出现超标现象。

表 6-22　不同施肥区脐橙果实重金属的含量

施肥区域	种植年份	样品	脐橙果实中的重金属含量 (mg/kg)					
			砷	铜	铬	铅	锌	镉
有机肥	1997	处理	0.0085±0.0008^a	0.3560±0.0497^b	0.0227±0.0059^a	0.0267±0.0136^a	0.6500±0.1206^a	0.0043±0.0001^a
	2002	处理	0.0078±0.0030^a	0.3257±0.0300^b	0.0423±0.0150^a	0.0263±0.0012^a	0.6017±0.0583^a	0.0040±0.0008^a
化肥	1997	处理	0.0063±0.0006^{ab}	0.4663±0.0162^a	0.0417±0.0137^a	0.0230±0.0062^a	0.4593±0.0626^a	0.0034±0.0002^a
沼肥	1997	处理	0.0038±0.0008^b	0.3550±0.0451^b	0.0390±0.0187^a	0.0140±0.0017^a	0.6203±0.0321^a	0.0037±0.0008^a
	2002	处理	0.0035±0.0006^b	0.3343±0.0471^b	0.0333±0.0196^a	0.0143±0.0021^a	0.6213±0.0487^a	0.0030±0.0002^a
限量标准			0.05	10.00	0.50	0.10	5.00	0.05
F 值			9.969	6.103	0.845	2.541	3.371	2.416
显著水平 (P)			0.0060	0.0094	0.5278	0.1056	0.0542	0.1176

注：砷、铬、铅、镉限量标准按食品中污染物限量（GB2762—2005），铜食品中铜限量卫生标准（GB15199—94），锌食品中锌限量标准（GB13106—91）。

4. 土壤-脐橙重金属含量相关性分析

（1）土壤-脐橙砷含量相关性

图 6-1 为土壤-脐橙砷含量关系曲线图，从图中可知，随着土壤中砷含量的增加，脐橙中砷含量并未出现明显上升趋势，多项式回归分析显示，脐橙中砷的含量 y=-2E-

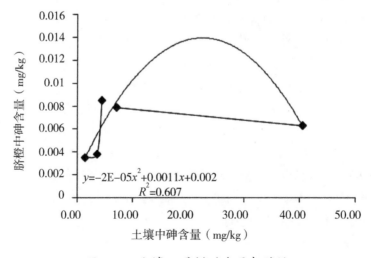

图 6-1　土壤-脐橙砷含量相关性

$05x^2+0.001x+0.002$,$R^2=0.607$,说明该拟合曲线能够以大于60.7%的解释,涵盖了实测数据。

（2）土壤－脐橙铜含量相关性

图6-2为土壤－脐橙铜含量关系曲线图,从图6-2中可知,随着土壤中铜含量的增加,脐橙中铜含量呈上升趋势,多项式回归分析显示,脐橙中铜的含量$y=0.000x^2-0.003x+0.356$,$R^2=0.965$,可用这一模型预测不同铜含量的土壤中种植的脐橙铜含量情况。

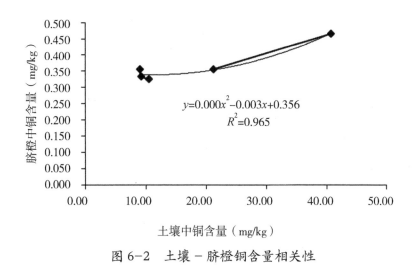

图6-2 土壤－脐橙铜含量相关性

（3）土壤－脐橙铬含量相关性

图6-3为土壤－脐橙铬含量关系曲线图,从图中可知,随着土壤中铬含量的增加,脐橙中铬含量呈一定的上升趋势,多项式回归分析显示,脐橙中铬的含量$y=-2\mathrm{E}-05x^2+0.002x+0.001$,$R^2=0.625$,说明该拟合曲线能够以大于62.5%的解释,涵盖了实测数据。

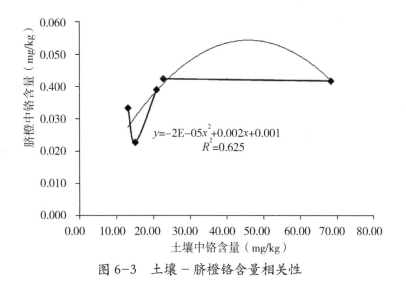

图6-3 土壤－脐橙铬含量相关性

（4）土壤-脐橙铅含量相关性

图 6-4 为土壤-脐橙铅含量关系曲线图，从图 6-4 中可知，随着土壤中铅含量的增加，脐橙中铅含量呈一定的上升趋势，多项式回归分析显示，脐橙中铅的含量 $y=3E-0.5x^2-0.001x+0.023$，$R^2=0.398$，说明该拟合曲线能够以大于 62.5% 的解释，涵盖了实测数据。

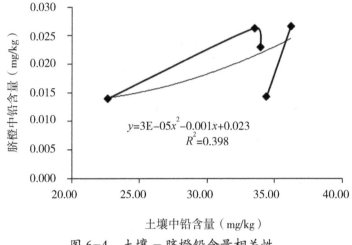

图 6-4　土壤-脐橙铅含量相关性

（5）土壤-脐橙锌含量相关性

图 6-5 为土壤-脐橙锌含量关系曲线图，从图 6-5 中可知，随着土壤中锌含量的增加，脐橙中锌含量呈一定的上升趋势，多项式回归分析显示，脐橙中锌的含量 $y=-0.001x^2+0.233x-7.451$，$R^2=0.969$，可用这一模型预测不同锌含量的土壤中种植的脐橙锌含量情况。

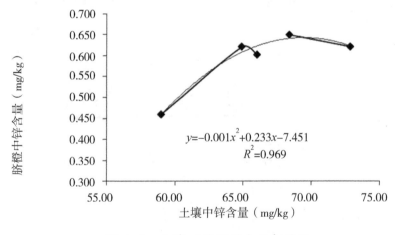

图 6-5　土壤-脐橙锌含量相关性

（6）土壤-脐橙镉含量相关性

图 6-6 为土壤-脐橙镉含量关系曲线图，从图 6-6 中可知，随着土壤中镉含量的增加，脐橙中镉含量未出现明显上升趋势，多项式回归分析显示，脐橙中镉的含量 $y=0.069x^2-0.028x+0.006$，$R^2=0.231$，该拟合曲线只能以大于 23.1% 的解释，涵盖实测数据。

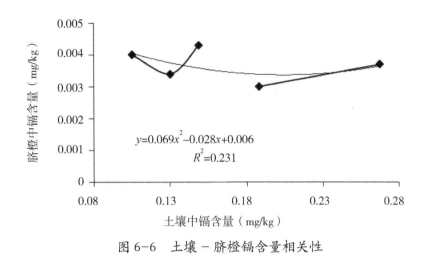

图 6-6　土壤－脐橙镉含量相关性

5. 小结

不同施肥区中重金属含量的检测结果表明，化肥区中的重金属砷、铜、铬、铅的含量均显著高于其他区域，说明该区域土壤中的本底值较高，这也是导致各施肥区域中以上重金属存在显著差异的主要原因。方差分析还显示，各果园区的对照和处理中的重金属锌、镉的含量不存在显著差异。与对照相比，施用肥料后部分重金属的含量相对增加，如有机肥区处理 2 的砷，处理 1 的铜、铅，沼肥区处理 5 的铅，但整体上未出现规律性增加。与种植 8a 的果园土壤相比，种植 13a 的果园土壤中重金属的含量未出现增加现象。根据土壤的 pH 值，参照土壤环境质量标准，各种植区中的重金属均未出现超标现象。

各施肥区脐橙中的重金属含量的检测结果表明，各施肥区脐橙果实中只有重金属砷、铜存在显著差异，其中砷的含量为有机肥区 > 化肥区 > 沼肥区，铜含量为化肥区 > 有机肥 = 沼肥区。各不同树龄的脐橙中重金属含量不存在显著差异，且各处理中重金属的含量均未出现超标现象。

土壤－脐橙中重金属含量的相关性分析结果表明，在一定的浓度范围内土壤－脐橙中铜、锌的含量呈正相关，多项式回归分析中 $R^2 > 0.9$，说明可用相关拟合曲线预测脐橙中的铜、锌含量；土壤－脐橙的砷、铬、铅、镉的含量则未呈现规律性变化，多项式回归分析中 R^2 均较低，说明用相关拟合曲线预测脐橙中砷、铬、铅、镉的含量，准确率较低。

四、脐橙生态果园沼肥施用模式的经济效益评价

随着人们健康意识不断增强，对有机食品需求不断增加，而大量实施化肥无法满足人们对绿色食品的需求，施用有机肥成为了新的发展趋势。近年来，我国大力发展农村沼气工程，而沼气工程的副产物沼渣沼液是优质的有机肥料，为当地发展生态种养模式奠定良好的基础。但是，目前针对生态果园这一特定项目的研究主要集中于研究生态果园养殖模式的意义、科学布局规划以及通过试验论证施用沼肥对增产增质和防虫抗病效果显著等方面。从经济学角度对其效益进行研究，果园施用沼肥的经济效益评价的文章仍较少。因此，本研究以龙岩市上杭县为调研地域，以上杭县新元果业发展有限公司和上杭县观音井绿然生态农庄为研究样本，根据其施用沼肥产生的成本与收益相关数据，利用财务分析方法——净现值法，对两家

果园施用沼肥进行经济效益评析，探讨果园施用沼肥的经济可行性，为发展生态果园模式提供充分的实践依据，具有一定的实际意义。

1. 沼肥施用经济效益的理论基础

利润最大化是指生产者追求最大利润的行为，这是微观经济学中的一个基本假设，在经济学中有着广泛运用。按照新古典经济学理论，利润最大化是企业的根本目标，企业从事生产或出售商品不仅要求获取利润，而且要求获取最大利润，生产者在生产管理中必须遵循利润最大化原则。利润最大化原则就是产量的边际收益等于边际成本的原则，企业作为理性的投资者，在投资过程中应当选择使其利润最大化的区位进行投资。实践过程中，果农、公司化果园经营者会基于利润最大化模型，选择能使其实现利润最大化的施肥方式进行投资。

根据学者的实地试验结果，与化肥和其他有机肥相比，果树长期施用沼肥，有利于花芽的形成和分化，可提高座果率，促进果实增大，表皮光滑，颜色鲜艳，病斑较少，提高品质和产量，在市场上更有竞争力。同时，施用沼肥可以减少化肥的使用，浓度为30%沼液稀释液有杀菌防病的作用，对某些果园还可以减少病虫害，从而降低农业生产成本。因此，生态果园施用沼肥的外部经济效益明显，对果品产量、品质的提高以及果农收入的提高有着十分显著的效果。在产生效益的同时，施用沼肥也给果园经营带来了新的成本项目，如固定资产投资或人工成本的增加。这使得很多果农、公司化果园经营者会考虑到短期经济利益或资金短缺问题，而不愿对果园施用沼肥。因此，必须通过实例考察，分析果园施用沼肥的经济效益，探讨果园施用沼肥的经济可行性，才能为果农或公司化果园经营者进行施用沼肥投资决策提供经济参考，从而做出正确的经济决策，以实现利润最大化。

2. 沼肥施用研究样本概况

上杭县绿然生态农庄坐落于上杭县湖洋乡观音井文光村，正式创办于2007年。其创始人十几年来在海拔250m左右的山上开垦出了66.67hm²果园，种植了5000多株以美国纽尔荷脐橙为主的果树，形成了生态观光果园的旅游基地。2009年收成脐橙200000kg，产值可达60万元。绿然生态农庄果园的沼肥主要来自约7km外的1家规模化养猪场，通过运输将沼渣运至果园中70m³的沼气池中发酵，并通过抽液机将沼液送至果园上100m³的储液池中，通过管道送至果园。绿然生态农庄每年喷施三次沼液，而每年5—6月谢花后与12月采果后，会在沿树冠滴水线挖一条长1.2—1.3m、深约50cm的沟进行沼肥填施，每次每株约施用沼肥7.5kg。此外，绿然生态农庄果园因妥善管理，积极进行旅游项目建设，每年吸引上万游客采摘、购买果品，增加旅游收入可达10万元左右。

上杭县新元果业发展有限公司前身是才溪新元绿色园艺场，于2010年正式完成注册，坐落在上杭县才溪乡岭和村205国道旁。公司在海拔300m左右的山上开发了26.67hm²的脐橙果园，其中脐橙有2300余株。公司通过施用沼肥，精心管理，2009年共采摘脐橙103500kg，产值达31万元左右。产品于2009年获得了无公害产品的认证，开始向绿色食品和有机食品方向发展，并注册了"才溪脐橙"商标，编制农业休闲旅游规划，每年企业仅旅游收入就达12万元。公司通过直接购买沼肥，于每年5—6月谢花后与12月采果后，在沿树冠滴水线挖两条长1—1.5m、深30—40cm的沟进行沼肥填施，每株脐橙每次需施用5—8kg。

3. 生态果园施用沼肥的经济效益评价

（1）评价方法介绍

净现值（NPV，Net Present Value）和内部收益率（IRR，Internal Rate of Return）是农业项目投资决策中应用十分广泛的两个评价标准。净现值是指项目按部门和行业的基准收益率或折现率将各年的净现金流量折现到建设起点的现值之和。内部收益率是能够使未来现金流入量现值等于未来现金流出量现值的贴现率，或者说是使投资项目净现值为零的贴现率，反映了投资项目本身实际达到的报酬率。它反映项目内部潜在最大获利能力，是一个项目所能接受的临界折现率。目前，国内已经有诸多学者运用净现值法，计算财务净现值和财务内部收益率来分析评价农业经济项目经济效益与经济可行性，如戴小木、吕耀、霍宇虹、洪燕真等，本节也将采用净现值法来分析果园施用沼肥的经济效益。具体的计算公式如下：

$$NPV = \sum_{t=0}^{T} \frac{(B_t - C_t)}{(1+r)^t}$$

以上公式中，NPV 为果园施用沼肥的财务净现值，T 为施用沼肥的年限，B_t 为果园施用沼肥第 t 年的收入内容，C_t 为果园施用沼肥第 t 年的成本内容，r 为折现率；内部收益率指标等于上述净现值方程式为零时的折现率。

（2）成本和收入内容的界定

用财务分析方法对生态果园施用沼肥进行评价主要考虑财务成本和财务收入两个方面的内容。其中财务成本主要包括沼肥获得和运行成本、固定设施建设投入、施用沼肥增加的人工费用等；而财务收入主要包括因施用沼肥增产增质而增加的收入、节约的化肥农药等生产成本等。

（3）绿然生态农庄施用沼肥的经济效益分析

①成本核算

施用沼肥设施成本，主要包括蓄水池和沼肥储存池的建造成本、管道的购买与填埋成本、抽液机（抽渣机）的购买成本等。具体为：施用沼肥设施 1 个 70m³ 的沼气池，建设成本 30000 元，一个 100m³ 的储液池，建设成本 10000 元；水管购买与填埋成本 4500 元；一台 7.5kW 的抽水泵 3500 元，使用年限 10a。施用沼肥的固定设施投入成本合计为 48000 元。

沼肥的获得成本主要是沼肥的购买成本与运费，绿然生态农庄主要依靠购买沼渣进行发酵来获取沼肥。每个月拉一车沼渣，其中每车 150 袋，5 元/袋，装车费加运费共计 200 元/车，每车沼肥费用合计为 950 元/车。沼肥获取成本为 11400 元/a。

运行成本，主要包括抽水泵运行的耗电费用。绿然生态农庄抽水泵实际耗电费用为 600 元/a。

施用沼肥新增人工成本，根据绿然生态农庄经营者的反映，其雇佣专门人员来施用沼肥，主要是于 5—6 月谢花后与 12 月采果后，两次沿树冠滴水线挖一条长 1.2—1.3m、深约 50cm 的沟填施沼肥，挖沟以及填沟的成本为 22500 元/次，共计 45000 元。此外，根据经营者反应，其他用工在施沼肥前后并无较大区别。因此，本节在此不考虑施用沼肥而产生的其他人工成本。

②收入核算

节省化肥成本。绿然生态农庄施用沼肥前的施肥标准：春梢前与采果后施用的化肥为中化硫酸钾复合肥（氮 18%、磷 8%、钾 20%）；价格为 3300 元/t；落花后与秋梢时施用的化肥为中化智胜硫酸钾复合肥（氮15%、磷10%、钾20%）；价格为2800元/t；根据经营者反映，施用沼肥后，每年可节省化肥成本20625元。

节省农药成本。根据经营者反映，施用沼肥后，减少病虫害，每年可减少农药成本约7000元。

脐橙增收。根据经营者反映，施用沼肥后，果实的品质较好，糖分更高，果实更宽大，更受消费者欢迎。没有施用沼肥的脐橙市场平均价格为2.4元/kg，而施用沼肥的脐橙价格则因为品质提升而达到3元/kg。因此，在施用沼肥后，绿然生态农庄在果实销售时可增收0.6元/kg，总计可增收12万元。

③经济评价结果

根据财务分析方法，计算绿然生态农庄的果园施用沼肥项目的净现值和内部收益率评价其经济效益，以抽水泵的使用年限10a来计算，贴现率取10%，其财务评价现金流见表6-23。

根据公式，上杭绿然生态农庄施用沼肥的净现值（NPV）50.885万元 > 0（如表6-23所示）；内部收益率（IRR）大于1。因此，果园通过对外购买沼肥进行施用，具有较好的经济效益和发展潜力。

表6-23　财务评价现金流表　　　　　　　　　　元

年数	初始成本	运行成本	成本现值	年收益	收益现值	净收益现值
0	48000	0.00	48000.00	0.00	0.00	(48000.00)
1		57000.00	51818.18	147625	134204.55	82386.36
2		57000.00	47107.44	147625	122004.13	74896.69
3		57000.00	42824.94	147625	110912.85	68087.90
4		57000.00	38931.77	147625	100829.86	61898.09
5		57000.00	35392.52	147625	91663.51	56270.99
6		57000.00	32175.01	147625	83330.46	51155.45
7		57000.00	29250.01	147625	75754.97	46504.95
8		57000.00	26590.92	147625	68868.15	42277.23
9		57000.00	24173.56	147625	62607.41	38433.85
10		57000.00	21975.97	147625	56915.83	34939.86
合计			398240.33		907091.72	508851.39

（4）新元果业发展有限公司施用沼肥的经济效益分析

①成本核算

新元果业发展有限公司施用沼肥的成本具体如下：

沼肥的获得成本主要是沼肥的购买成本，沼肥价格为650元/t，每年使用30t，合计总成本为19500元/a。

沼肥的运输成本为运费50元/t，搬运费6元/t。共计1680元/a。

施用沼肥新增人工成本，根据新元果业经营者的反映，其雇佣专门人员来施用沼肥，主要于5—6月谢花后与12月采果后两次沿树冠滴水线挖两条长1—1.5m，深30—40cm的沟进行填施，挖沟以及填沟的成本为20700元/次，共计41400元。此外，根据经营者反应，其他用工在施沼肥前后并无较大区别。因此，本节在此不考虑施用沼肥而产生的其他人工成本。

②收入核算

节省的化肥成本。新元果业施用沼肥前的施肥标准：化肥为中化硫酸钾复合肥（氮18%、磷8%、钾20%），价格为3300元/t。施用沼肥前，新元果业每年施用4次化肥，分别为春梢前（2—3月）、谢花后（5月底）、秋梢时（7—8月）、采果后（12月底）各一次，每年化肥支出达57000元；而施用沼肥后，每年施用化肥次数不变，但用量减少，每年化肥支出45500元。因此，用化肥价格与施肥量的平均值计算，节省用肥的成本为11500元。

据新元果业经营者介绍，施用沼肥前后农药使用次数与用量均无显著变化，因此，本节在此不考虑其节约的农药成本。

脐橙增收。计算方法同上，在施用沼肥后，新元果业发展有限公司在果实销售时可增收60000元。

③经济评价结果

根据公式，新元果业施用沼肥的净现值（NPV）5.48万元 > 0（如表6-24所示）；内部收益率（IRR）大于1。因此，果园通过对外购买沼肥进行施用，具有较好的经济效益和发展潜力。

表6-24 财务评价现金流表　　　　　　　　　　　　　　　　　　　元

年数	初始成本	运行成本	成本现值	年收益	收益现值	净收益现值
0	0	0	0	0	0	0
1		62580	56890.91	71500	65000.00	8109.09
2		62580	51719.01	71500	59090.91	7371.90
3		62580	47017.28	71500	53719.01	6701.73
4		62580	42742.98	71500	48835.46	6092.48
5		62580	38857.26	71500	44395.87	5538.62
6		62580	35324.78	71500	40359.89	5035.11
7		62580	32113.44	71500	36690.81	4577.37
8		62580	29194.03	71500	33355.28	4161.25
9		62580	26540.03	71500	30322.98	3782.95
10		62580	24127.30	71500	27566.35	3439.05
合计			384527.01		439336.55	54809.54

（5）小结

从绿然生态农庄和新元果业施用沼肥的经济评价结果可知，绿然生态农庄和新元果业同样获得可观的经济效益，施用沼肥生产出来的脐橙比施用一般化肥的脐橙在价格上有着较大的优势。从调查样本概况与表6-23、表6-24的数据可知，上杭绿然生态农庄施用沼肥的单位净现值为7630元/hm^2，新元果业施用沼肥的单位净现值为2063元/hm^2，两家企业施用沼肥的运行成本相比收入而言是比较低的，经营者通过施用沼肥可以获得较为显著的经济效益。其中，绿然生态农庄虽然初始投资成本较高，但其是通过购买沼渣进行发酵并施用，其运行成本比新元果业更低，而且可以施用沼液，控制沼肥的养分，而新元果业直接购买沼肥的获取成本更高，其运行成本更高。此外，两家公司同样进行了生态果园建设，形成了生态果园旅游基地，由于施用沼肥有利于提高脐橙的品质与市场竞争力，经营者将获得更多的生态效益与精神效益。总而言之，绿然生态农庄与新元果业通过施用沼肥，各自获得了可观的直接与间接的经济效益和无形资产，不断追求生态果园的最大化利润。

4. 政策建议

由上杭绿然生态农庄和新元果业施用沼肥的经济效益分析结果可知，生态果园施用沼肥有利于降低生产成本，提高脐橙品质，改善果园的生态环境，从而使经营者获得更大的经济效益。因此，政府应采取适当措施，抓好生态果园建设示范样板，在适宜地区鼓励果农或果园施用沼肥。本节根据实地调研情况，提出以下政策建议：

（1）积极引导养殖业与果园的合作，促进共同发展

根据绿然生态农庄与新元果业经营者反映，目前其沼肥主要来源是附近的养猪场与养鸡场产生的沼肥，而发展沼气工程，出售沼肥也是规模化养猪场污染治理的常见解决办法。通过发展沼气工程与生态果园的建设，不但规模化养猪场可以很好地解决污染问题，取得一定的经济效益，同时，果园经营者也能通过施用沼肥提升果品的品质，从而获得更好的效益。企业作为理性的投资者，其追求的目标是利润最大化，只有获得更好的经济效益才能激励经营主体投资并维护沼气工程的持续运作。因此政府在制定畜禽养殖产业发展规划时，可将果园集中区规划为养殖区，而将生活区、河流附近等区域规划为禁养区，合理规划养殖业与生态果园的区域布置。因为果园一般位于高山或深山，该区域人口与河流相对较少，在适当的果园区位引进养殖场，一方面不会对周围环境产生较大的不利影响，另一方面养殖场配套建设沼气工程生产沼肥，而通过生态果园施用沼肥模式，建立起的生态果园可以消化养殖场产生的粪污，从而避免养猪场对周围生态环境的破坏。

（2）鼓励推广生态果园施用沼肥模式

根据对果农的访谈可知，由于有些果园种植面积小，短期内的固定资产投入与运行成本较高，施用沼肥而节省的化肥成本与农药成本也很少，填施沼肥又增加了人工成本，而且一些果农根本还没有认识到施用沼肥不仅可以减少化肥、农药的使用量，还能提高果品的品质，增加果园的效益。基于以上原因，许多中小型果农还没认识到开展生态果园施用沼肥模式的重要性。因此，政府应该采取措施，将建设生态果园施用沼肥的意义、政府补助标准、建设内容、建设条件及建后效益等向农民群众进行广泛宣传，通过政府的宣传推广以及水果市场上较好的前景，来提高农户对果园的种植积极性。具体来讲，政府应重点选择发展生态果园

积极性高的农户发展生态果园,并充分发挥典型示范作用,鼓励有能力的农户在适宜的山地或农地发展果园,扩大果园种植面积;然后通过果园施用沼肥的设施补贴等相关政策,鼓励果农在果园中增加沼气工程建设投入,形成完善的沼肥施用系统,从而达到推广生态果园施用沼肥模式、提高果农经济效益的目的。

(3)加强地方沼气服务、配套工程建设,提高沼肥利用力度

目前还有一些地方的沼气建设缺乏统一规划和指导,没有统筹考虑种植业及畜禽养殖区建设,地方沼气服务以及配套工程并不完善,很多农户还没有掌握沼气综合利用技术,沼渣、沼液等优质肥料得不到充分使用,综合效益大打折扣,同时也产生了二次污染问题。此外,在本次对上杭果农的实地调查中发现:沼肥集中利用意识低,沼肥肥效还有很大的开发空间,沼液浇灌对果树防虫防病、沼气保鲜等作用也尚未体现出来。因此,政府应采取措施,加强农村沼气服务体系,提升沼肥的利用效率。首先要对服务体系建设与沼气工程建设同步规划,合理布局服务网点,充分考虑生态果园农户需求、沼气工程发展潜力、技术力量配备等因素,从环境、能源和财政等多方面有计划、分步骤完善配套制度。如针对有些地区养殖场规模小,粪便资源不集中,难以形成商业化利用的,可以由地方政府配套抽粪车将几个养殖场粪便资源集中处理,按需配送,综合管理。其次,应结合果农实践经验,加强对沼肥施用对果树影响的研究,提高沼肥施用技术,抓好示范基地的技术开发,宣传普及沼渣填施、沼液浇灌、沼气保鲜技术的使用。

第四节　沼渣、菌渣在香蕉种植上的应用

沼渣富含氮、磷、钾、腐殖质及多种微量元素,具有缓、速效兼备的肥料功能,而且无残毒、无抗药性,可以有效促进作物生长、改良品质。食用菌菌渣富含有机物和多种矿物质元素,其中灰分和磷的含量高于鲜粪和农家肥,施用菌渣可为作物提供平衡的氮、碳营养,进一步分解还可以形成具有良好通气蓄水能力的腐殖质,对土壤改良起到积极作用,菌丝体在生长过程中会分泌出某种激素类物质和特殊的酶,使复杂的有机物分解成易被植物吸收的营养物质。福建省是食用菌生产大省,具有大量的菌渣,目前对食用菌菌渣利用研究报道较少,开展菌渣利用研究有利实现食用菌和水果生产的双赢发展。沼渣在梨、苹果等果树上有一些应用报道,但缺乏比较系统深入的研究,与目前全国都在推广沼气能源建设具有大量沼渣可以利用的现状不相适应。沼渣和食用菌菌渣作为其他农业生产带来的废弃物,利用不好很容易造成环境污染和资源浪费,影响农业生产的可持续发展,因此开展相关研究具有重要的理论和现实意义。

本节以莆田涵江区西天尾镇黄俊福果园为例,其果园土壤肥力状况:有机质 27.28g/kg、全氮 2.58g/kg、全磷 1.13g/kg、全钾 12.83g/kg、pH 6.68,探讨沼渣和菌渣不同配方及用量对香蕉生长和结果的影响,以期为沼渣和菌渣在香蕉及其他果树生产上的研究、利用提供参考。供试品种为台湾北蕉(春植)。使用肥料为沼渣、小平菇菌渣、尿素(含氮量 ≥ 46.3%)、氯化钾(K_2O 含量 ≥ 60%)、复合肥(总养分含量:16-16-16)。沼渣和食用菌菌渣养分含量见表 6-25。

表 6-25　沼渣和食用菌菌渣的主要营养元素含量

项目	有机质（%）	氮（%）	磷（%）	钾（%）	水分
沼渣	78.48	2.22	0.45	0.079	47.27
菌渣	79.46	1.56	0.21	0.815	26.9

研究开展时间为 2006 年 2 月至 2007 年 2 月，设沼渣（A 处理）、菌渣（B 处理）、沼渣 + 菌渣（C 处理）3 种肥料处理、每个处理根据用量再设 3 个处理，以不施有机肥（当地常规施肥）作对照（CK 处理），试验共分 3 个小区，每个处理 3 次重复（1 株作为 1 个重复），随机排列，日常管理按当地常规管理进行，具体方案见表 6-26。施肥处理在香蕉开始进入花芽分化到现蕾期间进行（2006 年 6—9 月），从开始试验至最后一次施肥后的一个月每月进行一次香蕉生长情况调查，调查内容包括：香蕉的株高、茎粗（地表上 15cm）、叶面积（心叶下第一片成熟新叶）、新抽叶片数，香蕉果实主要调查果梳数、果指数、果穗重、平均单果重、头梳果数和果重、中梳果数和果重、尾梳果数和果重、果穗长、果轴长、果轴直径。在香蕉果实成熟时进行香蕉果实产量、果形指数及主要营养元素含量测定（香蕉果实主要营养元素氮、磷、钾含量，沼渣、食用菌菌渣、果园土壤养分含量）。

表 6-26　施肥处理及施肥时间　　　　　　　　　　　　　　kg

肥料		6 月初	6 月底	7 月中旬	9 月上旬
	对照（CK）	复合肥 0.5	尿素 0.1+ 氯化钾 0.1	复合肥 0.25	尿素 0.1
沼渣 A	处理一 A1	2+ CK	2+ CK	2+ CK	2+ CK
	处理二 A2	4+ CK	4+ CK	4+ CK	4+ CK
	处理三 A3	6+ CK	6+ CK	6+ CK	6+ CK
菌渣 B	处理一 B1	2.5+ CK	2.5+ CK	2.5+ CK	2.5+ CK
	处理二 B2	5+ CK	5+ CK	5+ CK	5+ CK
	处理三 B3	7.5+ CK	7.5+ CK	7.5+ CK	7.5+ CK
沼渣 + 菌渣 C	处理一 C1	1+1.25+ CK	1+1.25+ CK	1+1.25+ CK	1+1.25+ CK
	处理二 C2	2+2.5+ CK	2+2.5+ CK	2+2.5+ CK	2+2.5+ CK
	处理三 C3	3+3.75+ CK	3+3.75+ CK	3+3.75+ CK	3+3.75+ CK

一、不同肥料处理对香蕉植株生长的影响

沼渣和食用菌菌渣对香蕉植株生长的影响可以通过抽生叶片数、茎粗等指标来衡量，从表 6-27 可以看出，各肥料处理都在不同程度上促进了香蕉植株长高，其中 A、B 处理效果优于 C 处理，效果最好的是 B1 处理，整个试验期间，植株增高了 39.7cm，是 C3 处理的近两倍，A、B 处理与对照间差异显著。各处理对茎秆增粗的影响与植株长高相似，以 B 处理效果最好，

A 处理次之，沼渣加菌渣的效果较差，只有 C1 处理高于对照，除 B3、C1 外的各处理与对照间差异显著。在促进香蕉叶面积增大方面，则以沼渣和菌渣混合施用的 C 处理效果最好，与对照相比有较大幅度的增大，施用菌渣的处理也比施用沼渣的效果好，与对照间差异显著。抽生叶片数作为香蕉生长的另一重要指标，在所有处理中以 C 处理效果最好，菌渣次之，单独施用沼渣效果略差，B1、B2、C1 与对照间差异未达显著水平，所有处理中 B3 抽生叶片最多，达 9.3 片，而 A3 处理只抽生了 7.3 片，低于对照的 8 片。从表 3 还可以看出，肥料用量对香蕉各个生长指标的影响表现不一，随着用量的增加 C 处理叶面积增大、新抽叶片数增加，从 C1 到 C2 的增长幅度要大于 C2 到 C3 的增长幅度。A 处理对叶面积的影响与 C 处理相同，其余指标均以中间用量 A2 处理最大。B、C 处理肥料用量增大，植株生长高度下降，且用量越大下降越快。B 处理中以 B2 叶面积、茎粗最大。

表 6-27　不同肥料处理对香蕉生长的影响

处理编号	CK	A1	A2	A3	B1	B2	B3	C1	C2	C3
株高（cm）	29^a	35^b	38.1^c	36.7^{bc}	39.7^c	38.4^c	35.7^b	32.7^a	32.6^a	20.6^d
茎粗（cm）	8^a	10.6^b	10.7^b	9.7^b	10.6^b	12.4^c	8.7^a	9^{ab}	6^d	7^d
叶面积（cm^2）	2356.8^b	1473^a	4613.9^f	4762.2^f	3298.7^d	5638^g	2793.3^c	3720.7^e	4630.2^f	4760.3^f
新抽叶片数	8^a	8.6^b	9^c	7.3^b	8^a	8^a	9.3^c	8.2^a	8.6^b	8.7^{bc}

不同作物有不同的生物学特性，对营养元素的需要有所不同。香蕉是典型的需钾作物，而菌渣含钾量是沼渣的 10 倍多，所以其对香蕉植株生长的促进作用要比沼渣强，当两者一起施入时不仅钾元素得到了很好的补充，而且氮、磷也得到了补充，使氮、磷、钾更加充足和均衡，所以更有利于香蕉植株生长。试验结果与这一理论相符，沼渣和菌渣混合施入对香蕉植株生长的促进作用比单独施用菌渣效果好，对叶面积、叶片数的影响比较显著，单独施用菌渣时的效果又比沼渣好，它在株高、茎粗方面的作用效果最好。根据本研究还可以看出，株施 16kg 沼渣、20kg 菌渣是一个比较合适的用量。

二、不同肥料处理对香蕉果实生长的影响

植物营养生长和生殖生长是相互协调的，生殖生长所需的养料大部分由营养器官提供，因此，营养器官生长的好坏直接关系到生殖器官的生长发育。施入沼渣或菌渣对香蕉果实生长和对植株生长的影响结果，与植物营养生长与生殖生长关系理论相符。叶片是植物光合作用的主要器官，叶片增加、叶面积增大可以有效增大光合作用面积，从而促进光合作用、增加营养物质积累，有利作物产量提高，所以当沼渣和菌渣同时施入时香蕉叶面积和叶片数比其他处理大，其果实重量和数量指标也就优于其他处理。

1. 不同肥料处理对香蕉果实重量的影响

从表 6-28 中可以看出各有机肥处理都在不同程度上提高了香蕉的果穗重，沼渣和菌渣混合施用对果穗重量的影响明显比它们单独施用的效果好，各处理与对照间差异显著，但 B、C

同一肥料处理间差异不显著。施用沼渣或菌渣对增加头梳果重的作用最明显，B、C处理与对照间差异显著。各肥料处理对中、尾梳果的影响逐渐减弱，以沼渣和菌渣混合施用效果较好，与对照间差异显著，菌渣处理略差，沼渣效果最差，与对照间的差异有的还未达显著水平。对香蕉平均单果重的影响表现各不相同，只有沼渣和菌渣混合施用的3个处理平均单果重均高于对照，与对照间差异显著。

肥料用量对香蕉果实重量的影响，以沼渣和菌渣混合施用较明显，各重量指标随着用量增大而增大（单果重除外），但只有中尾梳果重与肥料用量间差异比较显著，且果重增幅较明显。A处理随肥料用量增大时各果梳重反而减小，B处理肥料用量与果梳重之间规律性不明显，除果穗重外，其余重量指标均以中间用量的B2处理最小。

表 6-28 不同肥料处理对香蕉果实产量的影响

处理编号	CK	A1	A2	A3	B1	B2	B3	C1	C2	C3
果穗重 (kg)	14^a	17.3^d	16^c	14.9^b	15.9^c	16^c	15.9^c	17.2^d	17.2^d	17.5^d
头梳果重 (kg)	1.78^a	2.43^{bc}	1.85^a	1.83^a	2.35^b	2.13^{ab}	2.55^{bc}	2.38^b	2.63^c	2.7^c
中梳果重 (kg)	1.33^a	1.75^d	1.50^{bc}	1.33^a	1.62^c	1.33^a	1.56^c	1.43^b	1.73^d	2.0^e
尾梳果重 (kg)	0.93^a	1.15^c	0.93^a	0.82^a	1.22^c	0.92^a	1.08^{bc}	1.03^b	1.15^c	1.5^d
单果重 (g)	114.4^b	116.1^b	117.9^b	106.7^a	115.9^b	111.1^{ab}	113.9^b	120.9^c	123.2^c	122.5^c

2. 不同肥料处理对香蕉果实数量的影响

沼渣和菌渣对香蕉果实数量的影响与重量略有不同，如表6-29所示，施用沼渣或菌渣都在一定程度上增加了果梳数、果指数，以沼渣和菌渣混合施用效果较好，与对照间差异显著，但肥料用量对它们的影响不明显。C处理对增加头梳果数的作用明显大于A、B处理，B、C处理与对照间差异均达显著水平。三种肥料对中梳果数的影响不明显，只有C3与对照间差异显著，但B处理尾梳果数均高于对照，B1、B3与对照间差异显著。C处理随肥料用量增大头、中梳果数增加，但增加幅度逐渐减小。A处理尾梳果数随沼渣用量增大而减少，其他数量指标以A2处理最小，肥料用量的影响不明显。B处理菌渣用量增大时果梳数、果指数、头梳果数均增大，但超过B2处理水平时反而减小，对中梳果数的影响处理间差异不大。

从表6-29中还可以看出，施用有机肥对香蕉果穗长的影响表现不一，其中A3、B3、C1、C3果穗长于对照，且与对照间差异显著，B处理随着用量增加果穗长度也逐渐增加，A、C处理对果穗长的影响相似，以中间用量处理的最短，肥料用量与果穗长之间相关性不明显。在所有处理中，C2的果轴长×果轴直径最大，A2处理最小（低于对照），比对照低的还有A3处理，肥料用量对果轴长×果轴直径的影响没有表现出明显规律，与对照处理间的差异性也表现不一。施用有机肥对香蕉果形指数（果指长×围径）影响以C处理较显著，随着用量增大而明显增大；A处理对果形指数的影响比B处理明显，均高于对照，且随用量增加而减小，B处理间果形指数相差较大，处理间差异显著。

表 6-29　不同肥料处理对香蕉果实数量的影响

处理编号	CK	A1	A2	A3	B1	B2	B3	C1	C2	C3
果梳数	8^a	9^c	8.3^a	8.7^{bc}	8.2^a	8.7^{bc}	8.7^{bc}	8.7^{bc}	8.3^a	9^c
果指数	122.3^a	149.3^e	135.7^b	139^c	137.1^{bc}	144^d	139^c	142^d	139.3^{cd}	142.9^d
头梳果数	15.3^a	18.3^c	13^a	15.7^{ab}	20.7^d	22.7^{de}	16.7^{bc}	22.3^d	23.7^e	24^e
中梳果数	14.7^a	16^{bc}	15.7^b	16^{bc}	15.7^b	15.7^b	16^{bc}	15.3^{ab}	16.3^c	16.5^c
尾梳果数	12.6^a	13.7^{ab}	13.3^a	12^a	15^b	13.3^a	14^b	14.3^b	12.7^a	13^a
果穗长（cm）	60.3^a	63.3^{ab}	60.3^a	64.3^{bc}	59.3^a	62^a	67^c	64^b	57.3^a	64^b
果轴长×直径（cm）	81.42^b	160.23^f	68.10^a	69.01^a	150.43^e	97.97^c	136.90^d	156.92^{ef}	176.17^g	82.96^b
果指长×围径（cm）	130.47^{ab}	142.04^c	141.59^c	139.3^{bc}	150.24^d	119.4^a	136.24^b	131.39^b	148.42^{cd}	152.6^d

3. 不同肥料处理对香蕉果实氮磷钾含量的影响

果实营养元素含量是施肥处理对果树生长影响的反应，各处理果实主要营养元素氮、磷、钾含量测定结果表明（见表 6-30）：C 处理对钾含量的影响比对氮含量的影响大，对磷含量影响最弱，C 处理三个浓度处理钾含量均高于对照，作用效果比 A、B 处理好；B 处理对磷含量的影响较强，高于 A、C 处理，但其对氮含量的影响小于对钾含量的影响，在三种肥料处理中也表现最弱，三种浓度处理氮含量均低于对照；A 处理对氮含量的影响较磷、钾明显，其三个浓度处理的钾含量均低于对照。

沼渣或菌渣用量对氮、磷、钾含量的影响以混合施用的 C 处理最有效，随着用量增大均出现不同程度的增大，肥料用量与氮、磷含量增加比较一致。菌渣处理用量增大时，氮、磷含量增大，钾含量规律性不明显。沼渣处理只有氮含量随用量增大略有增加，磷、钾含量差异较大。

表 6-30　不同肥料处理对香蕉果实氮、磷、钾含量的影响

处理编号	CK	A1	A2	A3	B1	B2	B3	C1	C2	C3
全氮（%）	0.942	0.958	0.959	0.912	0.869	0.890	0.905	0.926	0.970	1.124
全磷（%）	0.130	0.159	0.129	0.140	0.122	0.140	0.142	0.123	0.129	0.157
全钾（%）	1.292	1.219	1.277	1.250	1.302	1.235	1.335	1.390	1.481	1.623

作物施肥水平对作物的影响一方面表现于其生长状况，另一方面表现于作物器官的营养元素含量。本研究采用的肥料中，菌渣钾含量远远高于沼渣，磷、氮含量却小于沼渣，磷含量还不足沼渣的 50%，经这两种施肥处理后，果实氮、磷、钾含量测定结果与这两种肥料可提供的营养状况相对应。菌渣磷含量低于沼渣，但施入香蕉后果实磷含量高于沼渣，其原因可能与香蕉是典型的需钾作物，由于菌渣提供的钾营养远高于沼渣，对香蕉生长的促进作用较好，从而促进了香蕉磷的吸收有关。当菌渣和沼渣同时施入时，氮、磷、钾均能得到比较

合理、充足的供给，从其香蕉果实氮磷钾含量可以看出两者混合施入的作用要好于单独施用，这也从另一个角度证明了沼渣或菌渣处理对香蕉植株和果实生长影响。

■ 三、小结

食用菌菌渣或沼渣对香蕉生长和结果的影响效果显著，两者混合施入的效果比单独施用的效果好，对叶面积、叶片数、果穗重、果指数、头梳果重和果数等方面影响比较明显，还显著增加果实钾的含量，与肥料用量间的相关性比较显著。施用菌渣对香蕉植株长高、茎秆增粗的作用比较明显，对香蕉生长结果的影响优于沼渣。所以香蕉生产上使用菌渣或沼渣时，两者同时混合施入较好，单独使用时菌渣对香蕉生长结果的促进作用要比沼渣强，但单独施用时必须注意掌握适当用量（沼渣16kg/株、菌渣20kg/株），混合施用时的合适用量有待进一步试验。有机肥在生产上经常有后作效应，且由于某些原因，未对香蕉果实品质进行测定，研究结果稍有不足，沼渣和菌渣对香蕉生长和结果的进一步影响有待继续试验。

第五节　施用沼液对蔬菜中铁含量的影响

铁是人体必需的微量元素，在人体代谢过程中起着极其重要的作用，它是体内物质氧化供能过程所需的多种化合物载体和酶的组分，参与蛋白质合成和能量代谢，具有生理防卫与免疫机能，缺乏铁元素易造成贫血、代谢紊乱、并影响机体免疫功能。因此适量增加食物中铁元素中的含量对人体具有很好的保健作用。

本节讲述施用沼液对几种蔬菜中铁含量影响。即采用有机肥沼液为肥料，灌溉西红柿、辣椒、地瓜叶等几种蔬菜，以没有灌溉沼液的蔬菜为对照，测定以上蔬菜中铁元素的变化情况。这为今后沼液更好地成为绿色有机肥提供科学依据，也为人类正确选择营养价值高的蔬菜提供参考。试验地点位于闽侯县荆溪镇福建省农科院种猪场中试基地，试验在长、宽、高为 $20m \times 8m \times 2m$ 的大棚中进行，供试土壤为沙壤土，年平均气温为19.5℃。几种供试蔬菜分别为：辣椒，西红柿（瑞德077，购自闽科），地瓜叶（由福建省农科院作物所提供）。沼液取自福建省农科院种猪场。该猪场规模为年存栏生猪3000头左右，该场沼气池容积为$1000m^3$。试验所用的沼液为在沼气池中发酵15d后，再经过三个$100m^3$沉淀池，沼液为黑褐色，无明显的粪臭味，pH值为7.2—8.0，密度为1.00—1.01g/cm^3。

西红柿、辣椒于2007年10月种植，种植间距为$0.5m \times 0.4m$，每一大棚分成6畦，每一种蔬菜的对照与施用沼液的样品各三畦，每周用沼液浇灌一次，每株蔬菜浇灌量为0.35—0.4kg，6个月后采摘。地瓜叶则于2008年3月开始种植，方法同上，28d后采摘。摘取方法为：根据大棚的面积平均布点取样，每一畦分3处取样，每一点各取样品0.5kg，将三畦取来的样品混合均匀，取1kg送检。样品送福州矿产资源检测中心检测，检验依据：ZD-A-020.1—2007，具体操作方法为称取0.5000—1.0000g样品置于塑料罐中，加硝酸5mL，再加过氧化氢4mL。盖好内盖，旋紧不锈钢外套。放入恒温干燥箱于120—140℃保持数小时，直至样品完全溶解后，在箱内自然冷却至室温，转入25mL容量瓶中，用水冲洗消解罐，定容摇匀备用，同时做试剂空白。最后用 XSeriesII 等离子质谱仪检测。

一、施用沼液对蔬菜干基样品中铁元素含量的影响

表6-31、图6-7为各类蔬菜施用与未施用沼液后干基样品中的铁元素的含量。可以看出，与对照68.23mg/kg相比，施用沼液后干基西红柿中的铁含量为136.92mg/kg，增加了100.67%，未施用沼液的辣椒的铁元素的含量为459.82mg/kg，施用沼液后为609.60mg/kg，增加了32.57%，未施用沼液的地瓜叶的铁元素的含量为462.3mg/kg，施用沼液后为484.14mg/kg，增加了4.5%。

表6-31　施用沼液后西红柿、辣椒、地瓜叶干基样品中铁元素的含量　　mg/kg

	西红柿	辣椒	地瓜叶
对照	68.23	459.82	462.30
施用沼液为肥料	136.92	609.60	484.14

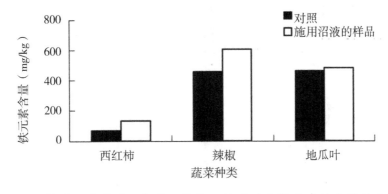

图6-7　施用沼液前后西红柿、辣椒、地瓜叶中铁元素的含量对比图

二、施用沼液对蔬菜新鲜样品中铁元素含量的影响

表6-32、图6-8为各类蔬菜施用与未施用沼液后新鲜样品中的铁元素的含量。其中西红柿在未施用沼液与施用沼液后的铁元素的含量分别为5.72mg/kg和8.82mg/kg，增加了54.20%；辣椒在未施用沼液与施用沼液后的铁元素的含量分别为98.54mg/kg和142.64mg/kg，增加了44.75%；地瓜叶在未施用沼液与施用沼液后的铁元素的含量分别为38.51mg/kg和41.15mg/kg，增加了7.12%。

表6-32　施用沼液前后西红柿、辣椒、地瓜叶新鲜样品中铁元素的含量　　mg/kg

	西红柿	辣椒	地瓜叶
对照	5.72	98.54	38.51
施用沼液为肥料	8.82	142.64	41.15

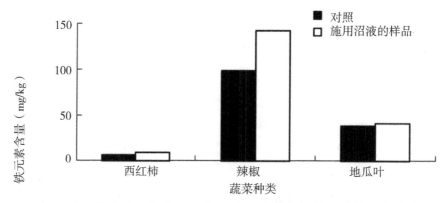

图 6-8　施用沼液前后西红柿、辣椒、地瓜叶等新鲜样品中铁元素的含量图

■ 三、小结

通过测定施用与未施用沼液后西红柿、辣椒、地瓜叶中的铁元素的含量，发现施用沼液后的以上三种蔬菜中的铁元素的含量均有增加，其中种植西红柿、辣椒增加效果明显，西红柿干基中铁元素的含量增加了 100.67%，新鲜样品中的量也增加了 54.20%，辣椒干基中铁元素的含量增加了 32.57%，新鲜样品中的量增加了 44.75%。施用沼液后的辣椒中的铁元素的含量已经增加到 142.64mg/kg，高于葛根的 70.829mg/kg±5.136mg/kg，同时也高于菠菜、油菜、香菜等根、茎、叶、籽的含量（含量范围在 11.698—137.285mg/kg）并接近于中草药银杏叶中的铁元素的含量（0.1696mg/g±0.0012mg/g），因此食用施用沼液后的辣椒有很好的补铁作用。另外，从人体对铁的需求量来看，铁元素对生物体内的免疫系统起着重要的调节作用，根据成人日需铁量为 3-9mg，正常人体每天从食物中摄取 1.0—1.5mg 的铁即可维持体内铁的平衡等角度，参照人体对植物性如玉米、大豆、小麦中铁的吸收率只有 1%—5% 计算，成人必须从每天的食物中摄入铁最低 20mg，最高 900mg，而施用沼液的西红柿、地瓜叶每千克可以给人体带来 8.82mg 和 41.15mg 的铁，比未施用沼液的西红柿、地瓜叶（每千克分别为 5.72mg 和 38.51mg），更接近人体最低摄入量，施用沼液后的辣椒干基与鲜样中的铁元素的含量分别为 609.60mg/kg 和 142.64mg/kg，也远远低于人体最高摄入量，按每人一天食用 1kg 计算，不会造成铁元素的过量问题。相反，从人体对铁的需求角度看，食用以有机肥沼液等为肥料的蔬菜，不仅环保、安全，而且有更高的营养价值。

第七章

沼肥利用的重金属残留风险分析

与荷兰瓦格宁根大学"Generating bio-energy and prevention of water pollution"的国际合作研究重点，是通过沼气技术对生物质能源的转化利用循环过程，达到既解决养殖业带来的环境污染问题，又同时实现提高有机农业种植水平的目标。

作为合作研究框架下的部分内容，"沼气能源转化的镉残留分析及二次污染近红外监测技术"的立项，主要针对养殖污染源中的重金属镉，及其在植物、动物、微生物中的循环代谢特点，分析其在沼肥利用中对农产品生物安全的风险问题。项目将生物能源技术、生物治污技术，以及生物资源循环利用技术有机结合为一体。在沼气生物能源转化过程中，各种物质元素，经过植物、动物、微生物不同阶段的降解代谢、循环转化，或被降解释放（排泄）到环境中，或被降解转化累积在生物循环体中，或者未被降解而存在沼渣残留中。伴随着可再生能源的生物循环，这种非再生性物质的生物循环过程，不仅赋予物质元素有益的生态循环利用，同时也存在危及自然生态循环的累积风险，尤其是非再生性重金属有害元素的循环累积风险。前人的研究显示：在植物体内，镉以被动吸收、梯度传输为主要途径，植株体的镉含量往往高于籽实体；而动物体内，镉以蛋白结合形式经肝肾脏代谢排泄；动物对镉的毒性敏感水平高于植物，而植物对镉的吸收转化能力较强；微生物对植物体中有害重金属的降解与代谢则因微生物种类之间的生理代谢差异而有别。因此，畜禽排泄物中，主要包括动物无法消化降解的植物源性饲料残留与动物内源代谢残留。其中，源于饲料原料的重金属残留和动物内源消化代谢残留主要以固态形式排于体外；经沼气发酵体系内的微生物生态复合群落的发酵降解，在沼气产能的同时，残存于植物固态残留体中的重金属元素，经植物细胞壁的降解与微生物的转化代谢，释放到沼气发酵体系中，包括沼液和沼渣淤泥中，给沼肥利用造成潜在安全风险。

第一节 沼肥中重金属镉自然禀赋

猪粪中含有较高浓度的镉、铜、锌等重金属，猪粪经沼气发酵体系内的微生物生态复合群落的发酵降解，在沼气产能的同时，存在于猪粪中的重金属元素，经微生物的转化代谢，释放到沼液和沼渣中，给沼肥利用造成潜在安全风险。随着有机农业和绿色、无公害农产品生产快速发展，沼肥也被广泛应用于农业生产中。

本节结合畜禽养殖场的沼气发酵与沼肥利用技术实际情况，在作为有机肥施用沼气池中的沼渣、沼液、沼渣＋沼液的同时，分别采集样品，用于分析其中镉、氮、磷、钾及其有机质的含量和分布特征。系统分析沼气发酵体系中的镉残留及其分布特征。通过分析猪粪发酵沼液、沼渣中镉、铜、锌含量及其动态变化规律，为农业生产过程中合理施用沼肥提供一些理论参考。沼肥中重金属镉的测定：样品送交福建省地质测试研究中心，采用 ZD-A-021.1—2007 中方法，使用 XSeriesII 等离子质谱仪测定。

■ 一、重金属镉在沼肥中的分布特性

表 7-1 数据显示镉在沼气发酵残留中的含量及分布状况，以及施用沼渣有机肥对土壤氮、

磷、钾，以及镉含量的影响。

由表 7-1 分析结果可见，虽然经过沼气池中微生物群落系统的复合发酵，畜禽代谢残留中的重金属镉残留依然呈未降解结构态禀存于沼渣（沼泥）残留中，沼液中的镉含量远远低于其在沼渣中的含量。此外，沼渣残留的重金属镉含量与沼渣的总氮、总磷含量以及有机质含量呈一定程度的正相关关系，其存在比例受沼渣（或沼泥）的含水量变化的影响。沼肥中的钾营养元素主要以液态形式存在，且含量与沼渣中的镉残留呈明显的负相关作用。沼肥中的重金属残留分布及其与沼渣中磷含量的相关分析结果与前人研究报道的植物中磷含量的禀赋特征以及镉的吸收分布特征吻合。除了呈生物活性态存在于植物细胞内的磷酸激酶类或小分子生物化合物成分外，大量的生物有机磷成分存在于细胞壁结构中。说明猪禽类家畜受植物纤维类饲料降解能力的限制，大部分植物类原料中的重金属随粪便排出体外，即便经过较长时间的沼气发酵过程，重金属残留依然主要以固态形式存在。同理，实验结果表明，植物被动吸收传输的重金属镉，

然而，施用沼渣肥对土壤的影响结果显示，土壤中的镉含量与沼渣中的含量相近。受沼渣中的重金属镉残留的影响，施用沼渣有机肥既能有效改良土壤的物理结构特征，提高有效氮、磷、钾含量，然而，同时存在累积性重金属成分的再循环过程。

表 7-1 镉在沼气发酵体系中的含量分布及沼渣施用后对土壤的影响

沼肥样品	镉 (mg/L)	氮 (mg/L)	磷 (mg/L)	钾 (mg/L)	Org(g/L)
沼液	0.002 ± 0.00	0.05 ± 0.001	40.6 ± 1.910	368.6 ± 13.58	0.72 ± 0.006
沼渣	0.091 ± 0.0045	3.61 ± 0.024	199.8 ± 15.86	76.1 ± 9.968	28.6 ± 5.221
沼液 + 沼渣	0.055 ± 0.0096	2.70 ± 0.042	342.0 ± 1.811	97.5 ± 4/301	20.7 ± 4.150
沼渣土样	镉（mg/kg）	氮 (mg/kg)	磷 (mg/kg)	钾 (g/kg)	Org(g/kg)
茄子土样	0.1003	846.6667	1209.7	22.77	11.57
辣椒土样	0.1033	1163.3333	1485.0	24.00	22.80
地瓜土样	0.1183	1053.3333	907.7	24.97	16.43
黄瓜土样	0.081	716.6667	1060.7	23.13	11.07
R^2		0.7319	0.7067	0.5986	-0.9268

注：①沼液样品取自于福建优康种猪有限公司闽侯荆溪养殖场沼气池；沼渣样品为福建优康种猪有限公司闽侯荆溪养殖场沼气池中下层；沼液 + 沼渣样品以沼渣为基肥，以沼液灌溉施肥，比例为沼渣：沼液 =1 : 40。②沼渣土样：以沼渣含量为基肥，在蔬菜收获后分别取土样的分析结果。

■ 二、发酵体系中重金属分布及含量变化动态分析

供试猪粪采自于福建省农科院种猪场闽侯荆溪镇养殖基地。将采集的新鲜猪粪均匀捏碎，捡除其中猪毛等杂质后待用，经测定猪粪总固体含量（TS 含量）为 21.3%。猪粪试验发酵接种物取自福建省农科院种猪场闽侯荆溪镇养殖基地沼气池中层沼液，经测定，镉含量 0.002mg/kg，铜含量 1.05mg/kg，锌含量 2.37mg/kg，pH 7.87。试验用于稀释猪粪发酵用水为福州市自来水，

经过静置 24h 后使用。

试验发酵系统以发酵菌种接种前（D0）为对照，分别在发酵启动后的每天取样，分别分析其：发酵系统中的沼渣、沼液比例，以及发酵体系中的重金属镉、微量元素铜与锌的含量及其分布特征。试验装置采用玻璃材料自制（如图7-1），发酵容积为1L。本试验发酵系统接种物 300mL、猪粪 375.6g，然后加清水至1L，搅拌均匀。猪粪的沼气发酵动态试验采用批量发酵，共设 18 个发酵周期，每个发酵周期设立 3 个平行试验。分别在发酵启动后的每天取样，分别分析其发酵系统中的沼渣、沼液比例，以及发酵体系中的重金属镉、微量元素铜与锌的含量及其分布特征。

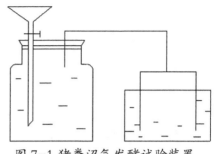

图 7-1 猪粪沼气发酵试验装置

当每个动态发酵时间终止时，将发酵装置内的发酵残留物混合均匀并分为两份。其中，一份为沼液和沼渣的混合样品，而另一份的混合样品经高速冷冻离心机离心 10min（Heal Force 公司，Neofuge 15R），设定转速为 8000rpm，分离出沼渣、沼液；分别将离心残留和沼渣沼液混合样在 80℃下烘干 12h，制成样品。

表 7-2 的分析数据显示，在沼气生物发酵动态体系中，伴随着微生物群落的 24d 发酵过程，无论是沼渣、沼液，还是两者的自然混合体系中，重金属镉和微量元素铜、锌的含量均未表现出明显的动态变化趋势。试验显示，发酵系统中的干物质含量在 4%—14% 间变化（8.13% ± 2.69%），其中，平均以 60% 左右的干物质呈沼泥形式沉降为沼渣，其余呈悬浮颗粒存在沼液中；沼液在发酵体系中的平均比例为 80% 左右。因此，比较在发酵混合体系、沼渣、沼液中的镉分布禀赋特征，与初期的预备试验趋势相同，沼渣中镉含量的单位浓度最高，而沼液中镉的单位浓度含量相对较低，且主要受沼液悬浮颗粒含量，即沼液含水量的影响。以发酵混合体系、沼渣、沼液中的镉单位含量为依据，其沼液有机肥与沼液＋沼渣混合肥的重金属镉含量均低于蔬菜类镉残留的最低限量，可安全使用。由于镉主要分布于沼渣中，因此，施用沼渣＋沼液混合肥时尤其需要注意其中的沼渣含量比例。

铜与锌，是家畜营养代谢的必须微量元素之一，因而也是饲料必需的微营养添加元素之一。由于两者在家畜生理代谢中具有重要的生理功能作用，但其吸收效率并不高，且微量元素铜对锌的吸收代谢存在颉颃作用，因此，两者在经家畜生理代谢后，大量的代谢产物或未代谢的残留物均排出体外，成为家畜排泄中的两种主要元素之一，易造成畜牧养殖业给自然环境带来的污染。本课题在对以家畜排泄物为主要沼气生物转化来源的沼渣有机肥重金属残留污染分析中，除了重金属镉残留外，对其中铜与锌的分析测试也予以注重（表 7-2、图 7-2）。与镉的禀赋特征相似，铜和锌在沼渣中的平均单位含量远远高于在沼液中的含量。受沼肥中（以及沼渣中）水分含量变化的影响，沼肥的铜与锌含量变化较大。

表 7-2 沼气发酵系统中的重金属镉残留及微量元素铜与锌的分布与含量动态分析

发酵时间	沼渣+沼液（mg/kg）			沼渣（mg/kg）			沼液（mg/kg）			沼渣比例（DM,%）	沼液比例（%）
	镉	铜	锌	镉	铜	锌	镉	铜	锌		
d0	0.081	6.53	50.88	0.079	39.60	286.4	0.018	1.466	11.421	73.81	85.73
d1	0.035	12.74	106.15	0.093	30.67	333.1	0.014	5.180	43.013	47.24	77.90
d2	0.017	8.54	67.05	0.095	38.31	287.0	0.004	1.952	15.653	71.63	80.29
d3	0.026	10.00	98.17	0.102	39.92	354.0	0.008	2.891	28.604	63.28	78.24
d4	0.019	4.85	61.99	0.059	34.83	316.8	0.008	1.980	25.633	47.93	81.52
d5	0.019	8.09	61.37	0.096	18.29	262.3	0.007	2.990	22.815	56.88	83.68
d6	0.019	6.17	64.37	0.080	33.46	276.0	0.009	3.086	32.244	40.53	84.25
d7	0.023	10.79	85.63	0.074	32.61	275.4	0.007	3.433	27.270	58.11	76.89
d8	0.020	8.15	73.05	0.091	37.23	341.4	0.007	2.675	24.100	60.02	82.12
d9	0.029	12.44	105.11	0.087	34.34	299.0	0.006	2.868	24.619	67.47	71.50
d10	0.021	8.66	68.85	0.078	41.44	360.4	0.007	2.593	21.602	60.67	82.00
d11	0.015	11.68	93.41	0.082	28.88	273.3	0.004	3.532	28.343	63.46	77.73
d12	0.034	10.61	99.28	0.069	27.85	258.1	0.012	3.829	35.866	52.49	76.46
d13	0.025	9.25	86.34	0.113	38.49	318.3	0.007	2.482	23.236	67.76	80.56
d14	0.022	4.70	69.36	0.094	30.54	288.9	0.003	0.766	10.657	77.90	68.49
d15	0.023	9.03	71.62	0.081	35.70	332.3	0.012	4.593	36.593	47.47	86.39
d16	0.017	7.05	58.97	0.060	22.99	178.0	0.006	2.662	22.273	53.55	82.09
d17	0.028	10.75	88.44	0.106	42.35	335.9	0.005	1.716	14.325	76.58	75.43
d24	0.025	13.49	110.38	0.087	32.98	270.1	0.007	4.593	35.164	50.94	71.16
平均值	0.023±0.005	9.28±2.483	81.64±16.82	0.086±0.014	33.38±6.076	297.8±43.07	0.007±0.003	2.990±1.066	26.223±8.064	59.88±10.55	78.71±4.693
Correlation（不同形态间）				-0.01	0.03	0.20	0.78	0.68	0.55		
							-0.25	-0.28	0.05		
Correlation（不同元素间）		-0.03	-0.11		0.33	0.47		0.33	0.34		
			0.88			0.73			0.94		

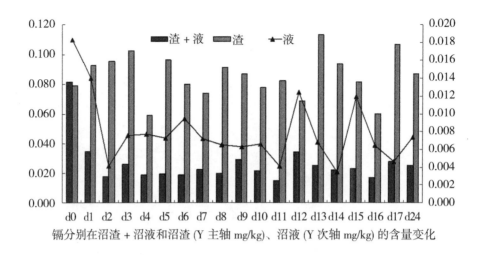

镉分别在沼渣+沼液和沼渣（Y 主轴 mg/kg）、沼液（Y 次轴 mg/kg）的含量变化

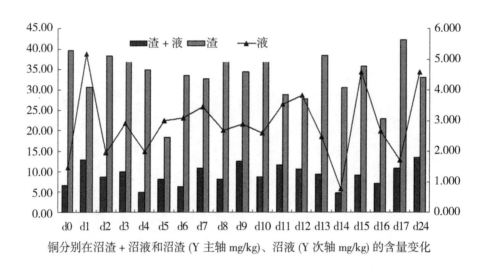

铜分别在沼渣+沼液和沼渣（Y 主轴 mg/kg）、沼液（Y 次轴 mg/kg）的含量变化

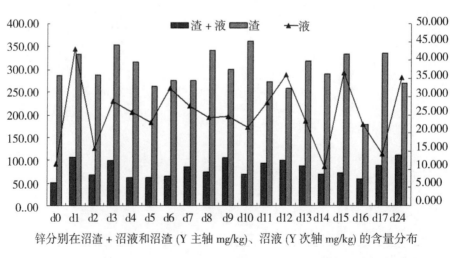

锌分别在沼渣+沼液和沼渣（Y 主轴 mg/kg）、沼液（Y 次轴 mg/kg）的含量分布

图 7-2　发酵系统中的重金属镉与微量元素铜、锌的动态分析特征

■ 三、小结

综上所述，重点围绕以畜禽排泄物为主要原料的沼气发酵残留物作为果蔬种植有机肥利用，其重金属镉在发酵残留研究主要结论如下：

（1）以畜禽排泄物为主要原料的沼气发酵体系中，重金属镉主要残存在不可溶的沼渣（沼泥）中。自然界中的可交换重金属镉，通过植物→动物的代谢途径、再经畜禽排泄物进入沼气生物能源制备的循环过程。分析结果显示，沼液中的镉含量＜沼渣中含量，且沼渣、沼液中镉含量虽发酵周期不呈有序动态变化；说明沼液中的镉主要存在于悬浮颗粒体中，其存在比例，依沼渣（或沼泥）的含水量、沼液悬浮颗粒含量而变化。

（2）随沼气发酵，无论沼渣、沼液，还是两者自然混合体，其中的重金属镉、微量元素铜、锌含量均未表现出明显的动态变化趋势，且它们在沼液中的含量均低于沼渣中含量。

第二节　重金属残留风险分析

依据植株体对重金属镉的被动吸收与传输特点，选择地瓜叶作为主要试验材料；清水和复合 NPK 肥为对照，沼肥施用期间，定期采集种植蔬菜，分析不同形态沼肥（沼液、沼渣、沼液＋沼渣）对蔬菜中镉残留动态积累的影响。沼液有机肥浇灌量：$12m^3/$ 亩，每 7d 浇灌一次。沼渣施用方法及用量：以基肥施用，用量为 150kg/ 亩，每 7d 施用沼渣一次 150kg/ 亩。沼液＋沼渣施用方法及用量：以沼渣为基肥，用量为 150kg/ 亩，沼液灌溉量为 $6m^3/$ 亩，每 7d 浇灌一次。在此基础上，进一步分析不同形态沼肥对地瓜植物的叶、茎中镉残留分布的动态影响；以及通过浇灌沼液有机肥，动态分析叶用类地瓜对几种重金属的累积吸收相关关系。

选择辣椒、茄子、黄瓜、番茄等蔬菜种类为瓜果类蔬菜试验材料，分析施用沼渣有机肥作为基肥，对蔬菜产品中镉残留的影响。沼渣有机肥用于辣椒：辣椒于 2007 年 10 月种植，种植间距为 0.5m×0.4m，每一大棚分成 6 畦，对照与施用沼液的样品各 3 畦，每 7d 用沼液浇灌一次，沼液浇灌量为 $1.2m^3/$ 亩。沼渣有机肥用于茄子：方法和用量同辣椒。沼渣有机肥用于黄瓜：黄瓜于 2007 年 10 月 27 日种植，沼渣施用量为 500kg/ 亩。沼液有机肥用于番茄：番茄于 2007 年 10 月种植，种植间距为 0.5m×0.4m，每一大棚分成 6 畦，对照与施用沼液的样品各 3 畦，每 7d 用沼液浇灌一次，沼液浇灌量为 $1.2m^3/$ 亩。沼肥施用试验结束时，结合分析施用沼肥蔬菜中的镉残留，同时采集菜园土壤，分析沼肥施用后，土壤中的镉残留，为后续农作物种植的镉残留风险提供依据。

■ 一、施用不同形态沼肥对蔬菜中镉残留的影响

表 7-3 中列出了分别以清水浇灌和复合肥基肥为对照，以沼液浇灌和以沼渣、沼渣与沼液混合为基肥，对叶类蔬菜（地瓜叶）和瓜类蔬菜（黄瓜）中的镉残留的分析结果。

与前人对镉在植物体内的吸收传输特征研究结论相吻合：前人的研究表明，在植物体内，镉以被动吸收、梯度传输为主要途径，植株体的镉含量往往高于籽实体；而本试验结果显示，

叶菜类产品地瓜叶中，镉元素的累积含量高于瓜果类产品黄瓜中的镉含量（图7-3）。且随着生长期延长，黄瓜中镉的累积含量略显降低趋势（表7-3）。根据中华人民共和国食品中污染物限量标准（GB2762—2005）中，"叶菜类的镉含量必须低于0.2mg/kg，其他蔬菜类低于0.05mg/kg"的限量规定，本实验施用沼肥的蔬菜中镉含量均低于0.05mg/kg标准，符合食品污染物限量标准。

表7-3 施用不同沼肥的蔬菜中镉残留分析

处理	地瓜叶（μg/kg）		黄瓜（μg/kg）		辣椒（μg/kg）收获期	茄子（μg/kg）收获期
	15d	30d	15d	30d		
清水	9.64±0.004^a	9.33±0.002^a	2.29±0.0004^a	1.33±0.0006^a	3.49±1.267^a	32.69±15.75^a
复合肥	11.8±0.005^a	7.67±0.001^a	3.15±0.0002^b	1.33±0.0006^a	3.04±0.439^a	14.52±5.746^a
沼液	9.40±0.005^a	6.67±0.001^a	1.80±0.0002^a	1.67±0.0006^a	未施用	未施用
沼液+沼渣	20.3±0.003^b	33.7±0.007^b	1.99±0.0004^a	2.00±0.0001^a	未施用	未施用
沼渣	29.6±0.008^b	23.3±0.007^b	2.37±0.0002^a	1.33±0.0006^a	2.49±0.439^a	9.76±4.633^a

注：①处理：清水：不施任何肥料；复合肥：硫酸钾型复合肥75kg/亩；沼液：12m³/亩，每7d浇灌一次；沼渣：以基肥施用，用量为150kg/亩，每7d施用沼渣一次150kg/亩。沼渣+沼液：以沼渣为基肥，用量为150kg/亩，沼液灌溉量为6m³/亩，每7d浇灌一次。②同列数据末，带有相同字母者表示期间没有显著差异，而字母不同者，表示两者间异明显 $P<0.05$。

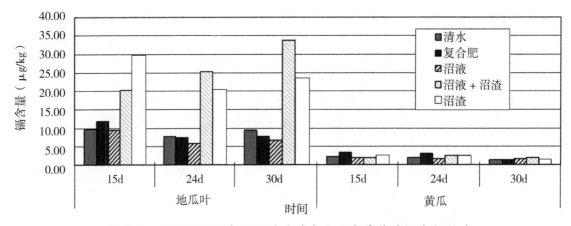

图7-3 施用不同形态沼肥对叶菜类和瓜类蔬菜的镉残留影响

从表7-4的试验结果显示，以番茄植物为例，浇灌沼液，提高了茎秆中的镉含量，且根部镉、铜、锌元素的含量均高于茎秆。水葫芦样品取自完全生长于沼液的环境，植株的营养分析结果显示镉含量极低（没有检测到含量）；由于水葫芦漂浮生长于水中，水中的根系主要靠吸收来自于水中的可溶性营养提供植株生长。这一分析结果也同时说明，重金属镉在沼肥中的分布主要存在于沼渣中。

表 7-4 施用不同沼肥对重金属残留在植株中的分布

样品名称	部分	处理方法	蛋白质（%）	镉（mg/kg）	铜（mg/kg）	锌（mg/kg）
番茄 （欧莱 218）	茎秆	不施肥	0.79	0.00624	14.36864	0.87776
		传统种植	0.83	0.00847	57.14951	1.31648
		浇施沼液	0.89	0.05742	24.74703	0.91377
	根	浇施沼液	1.01	0.15244	94.01404	1.48444
水葫芦	整株	浇施沼液	0.27	0.0000	8.51004	2.43012
叶用地瓜	茎 + 叶	不施肥	2.97	0.00783	12.50103	0.67077
		普通化肥	3.03	0.01485	11.5929	0.7623
		沼渣	3.35	0.02014	19.07152	2.9733
		沼液	3.19	0.01596	8.65788	0.89208
		沼渣 + 沼液	3.36	0.02492	13.14263	1.69723

尽管施用不同形态沼肥的蔬菜中，镉残留含量均低于国标限量，但分析结果显示，本试验施用含有沼渣作为有机基肥的地瓜叶，比较清水浇灌地瓜叶的镉含量（9.64μg/kg）明显提高 1—2 倍（20.3—29.6μg/kg，$P < 0.05$）；而随着施用沼肥的种植期延长，浇灌沼液和以沼渣做基肥的两处理组，蔬菜镉残留量呈现降低趋势，但既以沼渣作基肥，又灌溉沼液的地瓜叶中，镉残留的含量明显提高（表 7-3）。相比而言，若使用沼肥作为蔬菜有机肥，则以施用于瓜果类蔬菜作物较施用于叶菜类作物为安全；施用沼液有机肥较施用沼渣有机肥更为安全；单独以一种方式施用沼肥，较以基肥和浇灌同时施用更为安全。

二、灌溉沼液有机肥对叶菜类植物镉残留积累的动态分析

对叶用类地瓜浇灌沼液（12m³/亩，每 7d 浇灌 1 次），在定植 15d 后开始定期取样分析，经长达数月的浇灌处理试验，表 7-5 数据显示了地瓜叶成熟采收的初期、中期以及末期时的营养分析及重金属残留结果。

在我国《食品中污染物限量》标准（GB2762—2005）中规定：叶菜类的镉、铅、砷的限量分别为 0.2mg/kg、0.3mg/kg、0.05mg/kg 和其他蔬菜类限量为 0.05mg/kg、0.1mg/kg、0.05mg/kg。对照国标限量，本试验地瓜叶的重金属累积结果（表 7-5）显示：虽然受植物对土壤中重金属元素的吸收传输生理特性影响，植株营养体的累积风险高，但持续向地瓜种植地浇灌沼液，直至采收末期的地瓜叶中，重金属镉、铅、砷的含量均低于国标限量。此外，本试验通过浇灌沼液液态有机肥，地瓜叶中人体必需微量元素铜的含量为 0.07—0.16mg/kg，在前期略提高后显示相对稳定；而微量元素锌的含量亦相对稳定在 0.81—0.39mg/kg，且在微量元素铜含量略有提高的同时，微量元素锌含量则显示略有降低亦相对稳定（图 7-4）。对可多次连续收获食用的叶用类地瓜，连续数月施用沼液液态有机肥，经 100d 左右的采样分析，鲜食地瓜叶中的蛋白质含量为 0.26%—0.37%、粗脂肪含量为 0.019%—0.031%，动态变化相对稳定（图 7-5）。

表 7-5 浇灌沼液有机肥对地瓜叶营养成分的影响

分析指标	采收始期	采收中期	采收中期	采收末期
镉（mg/kg）	0.000104	0.00218	0.00329	0.004042
铅（mg/kg）	0.006552	0.012208	0.011938	0.111542
总砷（mg/kg）	0.001144	0.00218	0.003478	0.003268
铜（mg/kg）	0.072384	0.159467	0.143068	0.129
锌（mg/kg）	0.785304	0.612798	0.520196	0.432924
蛋白质（%）	0.37128	0.34662	0.33746	0.25714
粗脂肪（%）	0.02392	0.02834	0.02632	0.02666

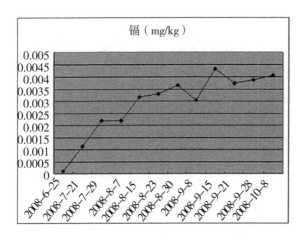
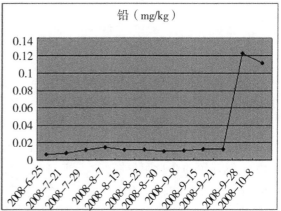
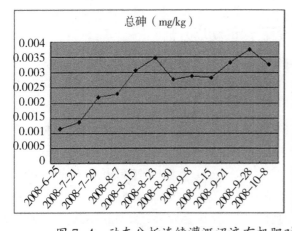
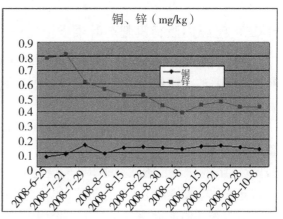

图 7-4 动态分析连续灌溉沼液有机肥对地瓜叶重金属残留及微量元素累积影响

依据本次试验，叶用类地瓜经连续施用沼液有机液态肥，地瓜叶中重金属累积和营养成分相关分析显示，有害重金属元素镉与元素砷的累积，可能存在相互促进的关系，而地瓜叶对微量元素锌的吸收转化，可能有利于降低植株中有害元素镉与砷的累积（表 7-6）。

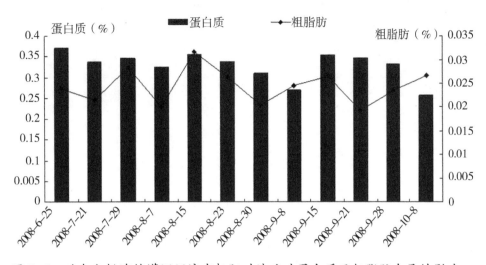

图 7-5　动态分析连续灌溉沼液有机肥对地瓜叶蛋白质及粗脂肪含量的影响

表 7-6　浇灌沼液有机肥对地瓜叶营养成分之间相互关系的影响

R^2	镉	铅	总砷	铜	锌	蛋白质	粗脂肪
镉（mg/kg）	1.000						
铅（mg/kg）	0.4193	1.000					
总砷（mg/kg）	0.9021	0.5065	1.000				
铜（mg/kg）	0.7960	0.1526	0.7589	1.000			
锌（mg/kg）	-0.9133	-0.3802	-0.8753	-0.7184	1.000		
蛋白质（%）	-0.3801	-0.3296	-0.3296	-0.0979	0.5305	1.000	
粗脂肪（%）	0.1304	0.0811	0.3250	0.3250	-0.0989	0.0758	1.000

三、不同形态沼肥对叶菜类植物镉的吸收残留分布的影响

试验结果已经显示：沼液和沼渣中的重金属含量有明显区别；不同沼肥施用方法对同一种类蔬菜中的重金属镉残留累积存在区别，而不同种类蔬菜对施用沼肥中重金属镉的吸收与残留积累程度也不同。此外，表 7-7 的试验结果，主要比较了对叶用类地瓜以浇灌沼液和施用沼渣基肥等不同方式，连续施用沼液、沼渣、沼渣+沼液等沼气发酵有机肥，是否对叶用类地瓜的茎叶内重金属镉的吸收与分布存在明显影响。

由表 7-7 结果可见：种植的叶类地瓜，不论未处理组还是化肥或沼肥处理组，地瓜茎藤中的蛋白质含量明显高于地瓜叶中蛋白质的含量（约为 3 倍），而重金属镉在地瓜茎和叶中的含量没有明显差异。此外，分析结果显示，地瓜叶中的微量元素铜的含量明显高于其在地瓜藤中的含量；虽然没有统计学意义的显著性差异，地瓜叶中的锌含量也显示略高于茎中的含量。

比较不同形态沼肥的施用效果，表 7-7 数据显示，与未施肥或施用传统化肥的处理组相

表 7-7 施用不同形态沼肥对地瓜叶、茎蛋白质含量及镉累积含量的影响

处理	蛋白质（%）		镉（μg/kg）		铜（mg/kg）		锌（mg/kg）	
	叶	茎	叶	茎	叶	茎	叶	茎
CK（不施肥）	1.01±0.076^a	3.39±0.308^b	10.17±0.009^a	13.77±0.007^a	10.017±2.041^a	6.796±0.8081^a	0.535±0.705^a	0.415±0.323^a
化肥	1.05±0.096^a	3.46±0.352^b	6.38±0.007^a	8.99±0.007^b	8.278±1.865^b	6.058±1.728^a	0.697±0.469^a	0.530±0.189^a
沼液	1.09±0.089^a	3.59±0.278^b	8.22±0.007^a	8.24±0.008^a	8.197±5.496^a	4.206±1.998^a	0.385±0.245^a	0.331±0.244^a
沼渣	1.14±0.042^a	3.72±0.423^b	14.61±0.012^a	12.61±0.008^a	11.473±2.664^a	6.706±1.505^a	0.816±0.519^a	0.578±0.159^a
沼液+沼渣	1.17±0.087^a	3.76±0.343^b	21.16±0.016^a	14.84±0.009^a	11.090±4.196^b	7.227±3.253^a	0.814±0.539^a	0.524±0.326^a
P (T-test)	CK 施肥	CK 施肥	CK 施肥	CK 施肥	CK 施肥	CK 施肥	CK 施肥	CK 施肥
沼液	NS NS	NS NS	NS NS	NS NS	NS NS	0.01 NS	NS NS	NS NS
沼渣	0.01 0.03	NS NS	NS NS	NS NS	NS NS	0.02 NS	NS NS	NS NS
沼液+沼渣	0.01 0.03	NS NS	NS NS	0.04 NS	NS NS	NS NS	NS NS	NS NS

注：①同一处理的同一分析指标结果中，地瓜叶与茎含量后的小写字母相同，表示两处理结果之间的差异不显著；反之，则差异明显。②"NS"表示施用不同沼肥处理组与未施肥（CK）或施化肥组，试验结果之间没有明显的统计学差异。

比，施用沼渣或沼液+沼渣肥，可明显提高地瓜叶中的蛋白质含量；但施用沼渣或沼液+沼渣，也同时增加了提高地瓜叶中有害重金属镉累积含量的风险，尤以施用含有沼渣处理组的地瓜叶中镉的累积含量提高较为明显。虽然所有采集样品的含量指标均低于国标（GB2762—2005）规定叶菜类镉限量（0.2mg/kg）的10%—15%，但与对照组相比，地瓜叶中的镉含量约增加6—13μg/kg。这一分析数据重复验证了研究初期的试验结果（表7-3），即：施用沼渣或沼渣+沼液的处理组，地瓜叶中的重金属镉累积含量明显高于施用清水、复合肥对照组，以及浇灌沼液处理组。同时，试验还证实，与浇灌沼液的施肥效果相比，地瓜茎蔓中的微量元素铜和锌的含量都明显高于浇灌沼液肥的处理组（$P<0.05$）。

施用沼肥的叶用类地瓜蔬菜中，镉与铜的含量显示一定程度的相关性（$R^2=0.7698$），与表7-6的前期试验结果相比，随着样本群扩大，其相关趋势显示一定程度降低，而地瓜叶中镉与锌的含量、镉与蛋白质的含量显示没有相关关系。施用沼肥对叶类蔬菜中微量元素含量的影响变化显示：由于植物对重金属的吸收为被动，因此，沼肥内的有害重金属含量以及有益微量元素含量多少是影响植物体内累积的重要因素之一，也是沼肥有机肥安全施用的关键技术之一。结果显示，本试验施用的沼肥，其种植的产品镉含量均明显低于国标食品限量标准。

图 7-6、图 7-7 显示，分析近百份施用不同沼肥的地瓜叶类、番茄类等蔬菜样品，其镉含量都明显低于国标限量；镉与铜含量呈较弱的线性分布，与锌含量分布呈离散型的无相关分布。

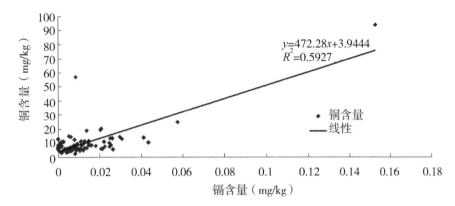

图 7-6　施用沼肥的地瓜叶茎中重金属镉累积与微量元素铜转化的相关分析

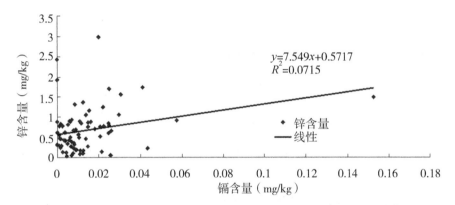

图 7-7　施用沼肥的地瓜叶茎中重金属镉累积与微量元素锌转化的相关分析

■ 四、小结

综上所述，重点围绕以畜禽排泄物为主要原料的沼气发酵残留物作为果蔬种植有机肥利用，其重金属镉在农产品中的分布特征、农产品安全性的利用依据，研究主要结论如下：

（1）比较沼液、沼渣、沼渣+沼液种植叶用类地瓜和黄瓜、辣椒、茄子等蔬菜的镉残留，结果显示：施用沼渣、沼渣+沼液肥的农产品中，镉累积含量高于仅施用沼液肥的产品含量。

（2）比较对叶用类地瓜和黄瓜、辣椒、茄子等蔬菜施用沼肥的镉残留分析结果：叶菜类（地瓜叶）中的重金属镉累积含量高于瓜果类产品的镉累积含量；两类成熟收获期蔬菜产品中的残留，均符合国家食品污染物残留限量标准，即：瓜果类产品 < 0.05mg/kg、叶菜类产品 < 0.2mg/kg（GB2762—2005）。

（3）依据上述试验结果，以农作物和畜禽排泄物为主要沼气发酵原料的沼肥，在作为有机肥施用过程中，不应忽略沼渣残留物中的重金属累积残留对农作物安全标准的影响。建议以沼液浇灌技术为宜，优于施用沼渣基肥，或一定混用比例的沼液+沼渣基肥；以灌溉沼液施用于瓜果农产品优于施用于叶菜类农产品；依据沼渣残留时间，应有计划地安排分析测定沼肥有害重金属的累积残留，为沼渣有机肥安全施用提供依据。对于较高重金属含量的沼渣，建议采用生物降解或减量法技术进行有害重金属的排除。

第三节　应用近红外光谱技术检测沼肥利用的二次污染可行性研究

高红莉的研究表明，施用沼肥种植青菜，可能导致青菜重金属镉、铅超标。镉是存在于自然界中生物毒性很强的重金属之一。受自然界物质代谢循环生物链的作用，镉以无机态、有机态的形式，在生物圈内转化迁移，生物累积性毒害的风险大。近年来的一些研究报告显示，有害重金属存在于自然界中的危害性，很大程度上取决于它们在环境中的存在形态，因此，无论是从自然环境安全性、农业生产安全性、还是从食品安全性的角度，都已引起人们极大的重视。农产品与食品安全问题极大程度上与农产品种植环境和食品加工原料环境相关，展开对农产品种植环境以及对农产品与食品重金属残留的快速检测技术研究，已成为刻不容缓的课题。

一、近红外漫反射光谱应用原理及优势

常规用于重金属镉的分析方法包括最传统的化学重量法、火焰原子吸收光谱法，以及采用的现代高科技手段的等离子质谱法等。无论是传统的、还是现代高科技手段的分析技术，无论是分析其无机态、有机态、还是活性程度高的可迁移态的镉化合物，这些分析技术都无法回避一个重要环节，即均需要在对分析样品进行化学消化（或消解）的前处理基础上，方可开展后续的分析检测过程。因而，除了分析耗时耗材外，所采用的检测技术都存在一个共性弱点：即分析过程给环境的化学污染风险和环境净化压力。

近红外漫反射光谱分析法是一种快速、准确、对样品无需化学性破坏，无污染的快速简便分析方法，可弥补化学重量法、原子吸收光谱法测定重金属镉元素含量存在的缺陷，即分析技术耗时、耗资，样品前处理产生的化学污染。近红外漫反射光谱分析技术原理如图7-8。近红外光谱技术在农业科学研究领域的应用源于20世纪70年代，直至80年代后期，随着计算机技术的迅速发展，带动了分析仪器的数字化和化学计量学的发展，通过化学计量学方法在解决光谱信息提取和背景干扰方面取得的良好效果，加之近红外光谱在测样技术上所独有的特点，使人们重新认识了近红外光谱的价值，近红外光谱在各领域中的应用研究得以陆续展开，尤其以20世纪90年代末和21世纪近10年来发展迅速。作为国际认可的检测技术，NIRS分析方法已用于对饲草水分含量测定(Moisture in Forage, AOAC Official Method 991.01)、酸性洗涤纤维和粗蛋白含量分析 [Fiber(Acid Detergent)and Protein(Crude)in Forage, AOAC Official Method 989.03]、对饲草营养成分和饲草降解效率预测分析的研究，以及在稻草硅化物分析上的应用研究。2003年以来，我国也已正式实施使用近红外光谱分析检测饲料中的水分、粗蛋白、粗脂肪、粗纤维、赖氨酸、蛋氨酸的国家标准GB/T 188682002。

近红外光谱分析技术的应用前提，是基于设备的检测器能够检测采集获得光源经样品透过（或经样品反射）的含有丰富信息量的复杂的谱带，并采用数学方法处理光谱信息与建模、

再通过化学计量学的多元校正方法,来解决其谱峰重叠、测量信息高背景低强度的难点;并用信息处理技术来校正图谱测定不稳定造成的光谱失真。在初期建模阶段,必须对样品进行化学计量分析,由此提供被测样品的数据库信息;一旦近红外的数学模型建立后,在实际分析应用中,由于近红外谱区吸收弱,所以可以对不经稀释的样品进行直接测量,分析样品可以不需任何物理、化学制备与预处理,也不需要分析的后处理,对操作人员进行分析的知识背景与经验背景可以大幅降低。因此,在农产品质量控制检测应用方面,基于近红外光谱分析的技术优势,将具有潜在应用发展空间。

综上所述,利用近红外光谱分析技术的优点为:①分析样品用量少(无损可重复使用)、分析速度快、精度高、结果稳定性好。②样品不受常规化学分析的制样影响,其结果保持直接与客观性。③分析结果(光谱)采集信息量广,包括植物体大分子结构的多元信息量和微信息量。配合现代的数字信息处理(化学计量学)手段,应用近红外技术可在短时间内完成对大量群体样品的定标建模和验证工作,并利用预测模型对同类待测样品进行快速分析,进而建立数据信息库。

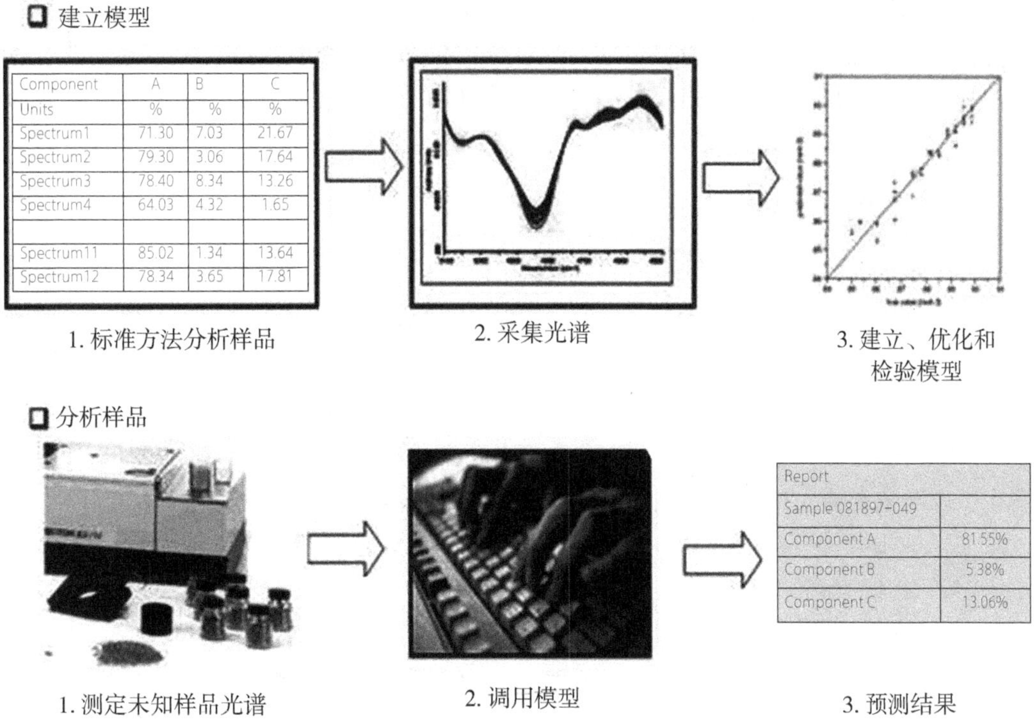

图 7-8 近红外漫反射光谱技术原理

■ 二、该技术应用的可行性依据

近红外光主要是指波长在 780—2526nm 范围内的电磁波,而近红外光谱主要是由于分子振动的非谐振性使分子振动由基态向高能级跃迁时产生的,记录的主要是含氢基团 X-H(X = C、N、O)振动的倍频和合频吸收。不同基团,或同一基团在不同化学环境中的近红外吸收波长与强度有明显差异，因而适合应用于对碳氢结构的有机物质的测定。理论上，样品的物质组成相同，则其光谱也相同，反之亦然。因此，如果建立了光谱与待测参数之间的对应关系（即：分析模型），即可将测得的待测样品之光谱，通过与所建立模型的对应关系，可很快获得所需要的质量参数结果。一旦模型建立，整个分析通过校正过程与预测过程即可完成。

由于近红外光谱主要是反映 C-H、O-H、N-H、S-H 等化学键的信息，因此分析范围几乎可覆盖所有的有机化合物和混合物，加之其独有的诸多优点，决定了它应用领域的广阔。在已经研发或报道的诸多分析应用领域中，近红外光谱技术都是针对含有碳氢结构的有机物质开展定性与定量分析。由于金属元素和无机化合物的振动波，不存在于近红外光谱区内，因此理论上，近红外光谱技术尚无法应用于对重金属元素的分析。实际上在生物界系统内，大量金属元素（无机盐）的存在是通过螯合作用与有机碳氢化合物链接。近几年来，随着对近红外光谱应用技术以及数字技术与化学重量法技术的快速发展，对近红外光谱技术的应用研究领域，也开始深入到利用金属－有机物螯合作用，通过定性定量分析有机物的螯合基团来预测生物体内重金属残留。课题组成员也在 2004 年报道了利用近红外光谱技术分析预测水稻秸秆中的硅质化程度的研究。

据前人研究显示，水体中的重金属镉无法被微生物降解，只能通过发生形态上的转化或者被分散（迁移），或者沉入水底污泥造成次生污染。因此，多数随家畜排泄物进入沼气发酵系统中的重金属残留，依然以镉－有机化合物基团的螯合生物体形式存在，而这种螯合物形式，为利用近红外光谱技术分析有机物螯合基团的光谱吸收强度，来预测重金属残留量提供了可行性依据。

■ 三、快速检测沼肥应用的二次污染分析方法

NIRS 法快速测定地瓜茎叶重金属镉含量分析上的应用研究尚未见报道。然而，周淑平等人用 NIRS 法快速测定了烤烟中钙、镁、铁、锰和锌的含量，刘岱松等人用 NIRS 法快速测定了烤烟中钾的含量。D. F. Malley 等人应用 NIRS 法测定了淡水沉积物中镉含量。沈恒胜课题组在 2003 年已经利用 NIRS 测定稻草硅化物含量，因此，在此基础上，利用 NIRS 法测定地瓜茎叶重金属含量理论上是可行。

下文以地瓜叶和茎样品作为标样，对其进行蛋白质、水分含量以及重金属镉、铜、锌的化学分析和 NIRS 光谱扫描，以此建立定标模型并进行内部交叉验证，并对模型作预测检验，对利用 NIRS 技术建立地瓜叶重金属预测模型的可行性进行探讨。

供试地瓜苗来自于福建省农科院作物所，栽种于福建省农科院种猪场闽侯荆溪镇生态大棚基地。地瓜苗施肥采用清水、沼液、沼渣、沼液和沼渣混合肥、化肥 5 个处理。样品为 2009 年 5—10 月种植地瓜叶和茎样品各 67 份，合计 134 份。于地瓜叶和茎收获时，从大棚中随机多点采样、风干、分解、粉碎后干燥保存用于分析。

根据 GB/T 5009.5—2003 食品中蛋白质的测定方法（第一法）、GB/T 5009.3—2003 食品中水分的测定方法（第一法）、GB/T13885—2003 动物饲料中铜、锌的测定、GB/T13082—91 饲料中镉的测定，分析地瓜叶和茎样品中蛋白质、水分、铜、锌和镉含量，为快速预测模型提供标样。选取已知化学值地瓜茎和叶样品各 67 份，合计 134 份，对所述样本采用近红外漫反射光谱扫描，系统将通过自动剔除程序，筛选并确立建模样本群，并进行定标建模。

随机选取已知化学值而未参与建模的地瓜茎叶样品 28 份，用这些样品对已建模型进行预测性能的验证分析。

1. 定标建模

样本来源及定标样本群构建：在前期试验的基础上，结合重金属镉在沼肥中的自然禀赋与施用沼肥在蔬菜中的累积差异，选用地瓜叶作为建立样本群的基本作物，并动态取样构建能全面反映地瓜叶代谢对重金属镉累积残留影响的样本群；此外，从不同沼肥施肥方式动态取样，以增加定标样本的代表性。

制作定标方程：通过 Foss 公司专业技术人员，利用 Foss 公司专用近红外漫反射光谱分析仪，对样本群进行近红外漫反射光谱扫描、波频信息采集、定标方程建立。

2. 建立数据库、校正定标模型

根据重金属镉在植物体内的被动吸收传输与累积的代谢生理途径，通过化学重量法，分析了样本群的镉、铜、锌、蛋白质等相关指标的含量值，并建立数据库，为校正定标模型提供依据。

根据样本群化学测定值和各样品的近红外吸收光谱，运用多元回归计算求出定标方程的系数，校正定标模型。

3. 预测定标方程的准确性

选择能代表被测样品的大致含量范围样品为待测样品，通过测定未参与定标的代测样品，对定标方程做最终评价。

本次分析采用 NIRSystems 5000 近红外漫反射光谱分析仪（Foss 公司驻北京办事处提供），扫描范围 1100—2498nm，间隔点 2nm，对上述样品进行近红外漫反射光谱扫描；采用 ISI 软件系统，通过主成分光谱信息分析技术自动逐个剔除超常样品并选择代表性样品，以代表光谱间最大差异为原则确立定标样品组；结合所选样品的光谱信息与化学分析含量，利用改进最小偏差（最小二乘法）回归法（Modified PLS）进行定标建模和内部交叉验证（cross-validation）。

四、主要结论

1. 样品 NIRS 扫描信息

图 7-9 的图谱信息显示，NRIS 对建模样品的原始光谱吸收带相似，说明样品特性相似，适用于同一类样品的定标建模样本群，具有对其群体样特性的代表性。通过对样本扫描光谱信息的一阶导和二阶导信息处理，结果分别显示，地瓜叶（茎）类主要成分的分布及其极值含量变化趋势，为进一步建模和预测分析提供信息依据。

图 7-10 为系列样品的成分含量分布趋势图显示，样本含量并非呈正态分布；蛋白质含量在 1.4%—2.7% 的样本缺失，而铜元素的含量主要分布在 30—150mg/kg，锌元素含量变异相对较大。图 7-10 中可以看出，地瓜叶和茎中，镉、铜、锌、水分、蛋白质等含量分布不均匀，可能是以下原因造成的：①地瓜经过多种不同肥料处理，样本差异性大。②植物营养元素传输机理导致各元素在地瓜不同部位分布不均匀。③样本处理过程中，粉碎颗粒不够细和均匀。

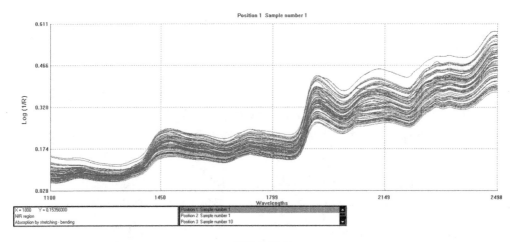

原始光谱图

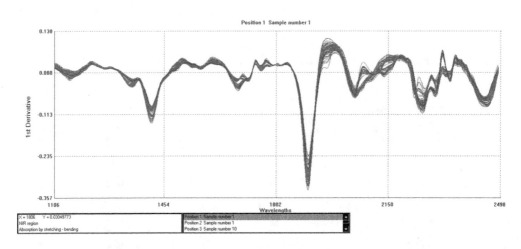

一阶导光谱图

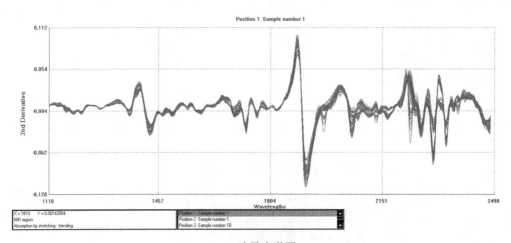

二阶导光谱图

图 7-9 原始光谱图与信息优化

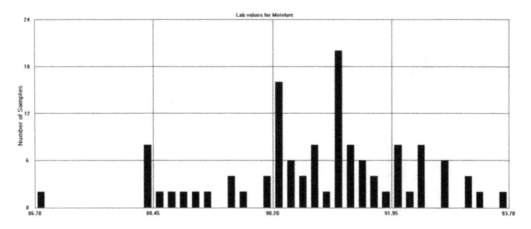

样本总体的水分浓度分布

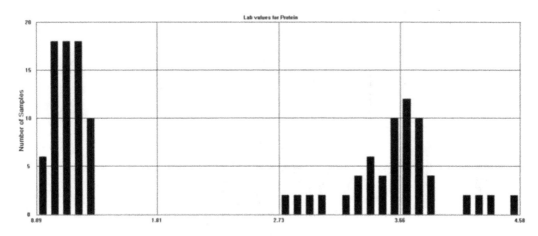

样本总体的蛋白质浓度分布

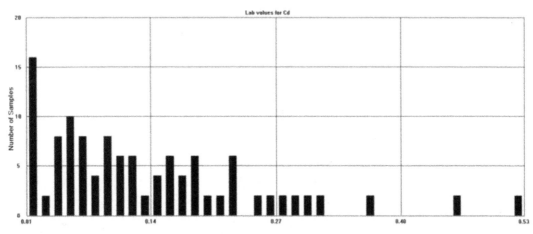

样本总体的镉浓度分布

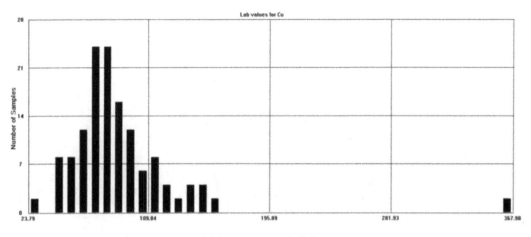

样本总体的铜浓度分布

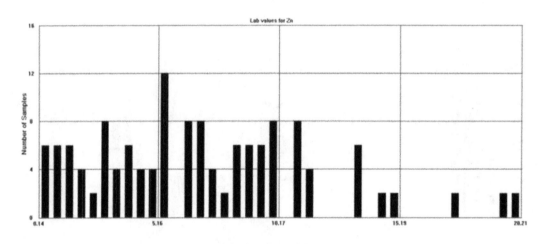

样本总体的锌浓度分布

图 7-10　样品信息分布图

分析结果说明,作为定标建模的样本群,通过扩大样本量和取样范围,进一步优化群体代表性和模型分析的准确性,是近红外分析建模的优化途径之一。此外,除个别特例样本外,地瓜叶和茎的镉含量均低于 0.5mg/kg,多数低于 0.3mg/kg。

2. 对标样群定标建模的分析与模型优化

表 7-8 结果显示了用于定标样本群的化学分析结果与扫描光谱分析之间的定标误差及其两者之间的相关关系。结果显示,近红外对于地瓜叶蛋白质含量的光谱扫描分析与化学分析值相关性大于 98%,而对于样本群的镉、铜和锌等微量金属元素,其扫描光谱信息与化学分析值的相关关系多在 52%—61%。对光谱信息的函数处理,显示略有降低建标模型的分析定标误差,提高预测极值相关性的优化效果。

表 7-8　建模标样的数学分析及优化：定标误差 (SEC) 和相关系数 (RSQ)

成分	样本数 N	一阶导		二阶导	
		定标误差 SEC	相关系数 RSQ	定标误差 SEC	相关系数 RSQ
水分（%）	134	0.8056	0.6331	0.8250	0.6237
蛋白质（%）	123	0.1408	0.9868	0.1283	0.9892
镉（mg/kg）	111	0.0541	0.6102	0.0633	0.5927
铜（mg/kg）	133	19.9299	0.3625	16.7999	0.5283
锌（mg/kg）	131	2.9763	0.5495	2.4572	0.5670

3. 内部交叉验证法评价确定建立的数学模型

内部交互验证相关系数 (1-VR) 可用以解释预测值的变异来源，描述建模标样的信息值与模型预测值之间相关程度的参数，保证由预测模型分析待测样品所提供的被检成分信息的置信度。

表 7-9 显示，该标样群预测模型的内部交互验证误差 (SECV) 和内部交互验证误差系数 (1-VR)。与表 7-8 的相关结果相比，取自同一标样组的内部交互验证误差略高于建模定标误差结果，内部交互验证误差系数 (1-VR) 则略低于建模定标相关系数（表 7-8、表 7-9）。结合本试验预测的样本群含量分布图，该预测模型一定趋势上显示可用于对同类样品成分的预测分析，且存在较大的优化空间。

表 7-9　内部交互验证误差 (SECV) 和内部交互验证相关系数 (1-VR)

成分	样本数 N	一阶导		二阶导	
		SECV	1-VR	SECV	1-VR
水分（%）	134	0.8377	0.6008	0.8745	0.5747
蛋白质（%）	123	0.1462	0.9858	0.1283	0.9892
镉（mg/kg）	111	0.0565	0.5773	0.0633	0.5927
铜（mg/kg）	133	20.3697	0.3657	16.7999	0.5283
锌（mg/kg）	131	2.9076	0.5169	2.4752	0.6570

4. 地瓜叶与茎的定标建模分析

分别以地瓜叶与地瓜茎的样本群建立的定标模型参数见表 7-10。表 7-10 中结果显示，与地瓜茎叶混合标样组定标模型（表 7-9）相比，当增加样本亚群分类，可增强样本的代表性，一定程度上提高对某些含量变化较大的成分预测的相关性。对于本研究而言，尤其针对与氨基酸形成螯合物的重金属元素而言，受其在植株体内的被动吸收传输和在植物的组织分布影响，有针对性进行样本群分类，可提高所建标样预测模型的预测值与实测值的相关性。

结合对本试验样本总体预测的地瓜茎叶水分、蛋白质、镉、铜和锌含量分布，该预测模型一定趋势上显示可用于对同类样品成分的预测分析，且存在较大的优化空间。可能由于样本采用了不同肥料处理以及制样过程中可能导致的样品粉碎不够细和均匀导致预测模型的精确度欠缺。作为定标建模的标样组，通过扩大样本量和取样范围，进一步优化群体代表性和模型分析的准确性，是近红外分析建模的优化途径之一。

表 7-10　地瓜叶与茎的定标建模比较

成分	地瓜叶预测模型			地瓜茎预测模型		
	N	SECV	1-VR	N	SECV	1-VR
水分（%）	70	1.0015	0.4151	58	0.7738	0.2413
蛋白质（%）	70	0.0623	0.6695	68	0.0737	0.9311
镉（mg/kg）	58	0.0527	0.7595	58	0.0554	0.6068
铜（mg/kg）	66	15.0328	0.6985	60	9.9127	0.6817
锌（mg/kg）	70	3.4527	0.6108	60	1.6192	0.7113

5. 待测样品的预测模型检验分析

从现有地瓜茎叶标样组随机选出一定数量样本建立预测模型，其模型的内部交互验证误差(SECV)和内部交互验证相关系数(1-VR)见表7-11。随机选取已知化学值而未参与建模的地瓜茎叶样品28份，用创建的NIRS测定水分、蛋白质、镉、铜、锌含量预测模型测试，结果显示，除地瓜茎叶中的蛋白质与水分含量预测值外，镉、铜和锌的预测值相关系数(RSQP)小于0.6。易时来等人应用可见近红外光谱监测模型分析橙叶片锌含量，光谱波段扫描范围在1100—2498nm时，其预测值相关系数达到0.9562。本模型预测相关关系欠佳的主要原因可能与建模标样的样本数量相对较小，而所测成分的含量分布区间偏差较大有关（图7-9）。此外，样本自身所预测成分的含量偏低，也是影响所建模型的预测可信度相关系数的原因之一。而样品物理制备的均匀程度若较低，也会降低近红外光谱信息的收集量与代表性，进而影响所建标样模型的代表性与预测准确性。

表 7-11　预测模型与待测样品分析

成分	预测模型			待测样品分析		
	N	SECV	1-VR	N	SEPC	RSQP
水分（%）	107	0.8377	0.5667	28	0.973	0.615
蛋白质（%）	104	0.1447	0.9861	28	0.262	0.967
镉（mg/kg）	93	0.0655	0.5957	23	0.069	0.474
铜（mg/kg）	101	14.6022	0.6568	28	50.136	0.311
锌（mg/kg）	105	2.8585	0.5356	28	3.708	0.382

五、小结与技术应用前景分析

综上所述，本项目重点围绕以畜禽排泄物为主要原料的沼气发酵残留物作为果蔬种植有机肥利用，其重金属镉在农产品中的分布特征、农产品安全性的利用依据以及近红外漫反射光谱技术对重金属镉二次污染快速检测的应用可行性研究。研究主要结论如下：

从近红外漫反射光对建模样品的扫描光谱信息分析，显示此类样本相关成分的分布及其极值含量变化趋势；样本群定标建模的内部交叉验证分析结果显示，除样本群的蛋白质含量外，样本镉、铜、锌含量预测模型的交互验证误差相关系数（1-VR）< 0.6，通过叶与茎样本亚群分类得以明显提高，说明地瓜叶与茎组织在这类重金属元素含量上有明显差异，所建模型样本群的含量分析值变异较大。试验结果表明，近红外漫反射光谱技术应用于预测蛋白质螯合重金属镉在农产品中的残留，具备潜在技术应用可行性。由于镉在植物中的含量低于 mg/kg 级，在不同植株组织部为含量分布差异较大，因此对其定标建模样本群的代表性及分类、样本粒度的均匀性，以及建模样本的化学值分析准确性都有较高要求，是建模优化的重要途径。

本研究利用近红外漫反射光谱技术对蛋白质含量建模定标预测的成熟应用技术，以有机物-金属的螯合作用为依据，分析验证了 NIRS 技术对沼肥农产品镉残留快速预测的建标定模及预测技术应用的潜在可行性，并提出建模标样的样本群建立及优化条件，此类研究尚未见报道。结论为进一步研发近红外漫反射光谱对沼肥有机农产品镉农药残留二次污染的快速监测技术，开展对农产品重金属污染监测应用，提供了重要的理论与技术依据。

附 录

附录1 沼气工程规模分类（NY/T 667—2011）

1 范围

本标准规定了沼气工程规模分类方法和分类指标。

本标准适用于各种类型新建、扩建与改建的农村沼气工程；其他类型沼气工程参照执行；本标准不适用于户用沼气池和生活污水净化沼气池。

2 术语和定义

下列术语和定义适用于本文件。

2.1 沼气工程 biogas engineering

采用厌氧消化技术处理各类有机废弃物（水）制取沼气的系统工程。

2.2 厌氧消化装置 anaerobic digester

对各类有机废弃物（水）等发酵原料进行厌氧消化并产生沼气、沼渣和沼液的密闭装置。

2.3 厌氧消化装置单体容积 volume of individual digester

一个沼气工程中单个厌氧消化装置的容积。

2.4 厌氧消化装置总体容积 total volume of digesters

一个沼气工程中所有厌氧消化装置的总容积。

2.5 日产沼气量 daily biogas production

厌氧消化装置全年产沼气量的日平均值。

2.6 配套系统 accessory installations

发酵原料的预处理（收集、沉淀、水解、除沙、粉碎、调节、计量和加热等）系统；进出料系统；回流、搅拌系统；沼气的净化、储存、输配和利用系统；沼渣、沼液综合利用或后处理系统。

3 分类方法

3.1 沼气工程规模按沼气工程的日产沼气量、厌氧消化装置的容积以及配套系统进行划分。

3.2 沼气工程的规模分特大型、大型、中型和小型等四种。

3.3 沼气工程规模分类指标中的日产沼气量与厌氧消化装置总体容积为必要指标，厌氧消化装置单体容积和配套系统为选用指标。

3.4 沼气工程规模分类时，必须同时采用二项必要指标和二项选用指标中的任意一项指标加以界定。

3.5 日产沼气量和厌氧消化装置总体容积中的其中一项指标超过上一规模的指标时，取其中的低值作为规模分类依据。

4 分类指标

4.1 沼气工程规模分类指标和配套系统见表1。

4.2 日产沼气量、厌氧消化装置总体容积与日原料处理量的对应关系参见表 A.1。

表1 沼气工程规模分类指标和配套系统

工程规模	日产沼气量（Q, m^3/d）	厌氧消化装置单体容积（V_1, m^3）	厌氧消化装置总体容积（V_2, m^3）	配套系统
特大型	Q ≥ 5000	V_1 ≥ 2500	V_2 ≥ 5000	发酵原料完整的预处理系统；进出料系统；增温保温、搅拌系统；沼气净化、储存、输配和利用系统；计量设备；安全保护系统；监控系统；沼渣沼液综合利用或后处理系统
大型	5000 > Q ≥ 500	2500 > V_1 ≥ 500	5000 > V_2 ≥ 500	发酵原料完整的预处理系统；进出料系统；增温保温、搅拌系统；沼气净化、储存、输配和利用系统；计量设备；安全保护系统；沼渣沼液综合利用或后处理系统
中型	500 > Q ≥ 150	500 > V_1 ≥ 300	1000 > V_2 ≥ 300	发酵原料的预处理系统；进出料系统；增温保温、回流、搅拌系统；沼气的净化、储存、输配和利用系统；计量设备；安全保护系统；沼渣沼液综合利用或后处理系统
小型	150 > Q ≥ 5	300 > V_1 ≥ 20	600 > V_2 ≥ 20	发酵原料的计量、进出料系统；增温保温、沼气的净化、储存、输配和利用系统；计量设备；安全保护系统；沼渣沼液的综合利用系统

附录 A
（资料性附录）

表 A.1 日产沼气量、厌氧消化装置总体容积与日原料处理量的对应关系

工程规模	日产沼气量 （Q, m³/d）	厌氧消化装置总体容积（V_2, m³）	原料种类及数量	
			畜禽存栏数（H, 猪当量）	秸秆（W, t）
特大型	Q ≥ 5000	V_2 ≥ 5000	H ≥ 50000	W ≥ 15
大型	5000 > Q ≥ 500	5000 > V_2 ≥ 500	50000 > H ≥ 5000	15 > W ≥ 1.5
中型	500 > Q ≥ 150	1000 > V_2 ≥ 300	5000 > H ≥ 1500	1.5 > W ≥ 0.50
小型	150 > Q ≥ 5	600 > V_2 ≥ 20	1500 > H ≥ 50	0.50W ≥ 0.015

注：1. 猪的粪便产气量约为 0.10m³/头，称为 1 个猪当量，所有畜禽存栏数换算成猪当量数。
  2. 采用其他种类畜禽粪便作发酵原料的养殖场沼气工程，其规模可换算成猪的粪便产气当量，换算比例为：1 头奶牛折算成 10 头猪，1 头肉牛折算成 5 头猪，10 羽蛋鸡折算成 1 头猪，20 羽肉鸡折算成 1 头猪。
  3. 秸秆为风干，含水率 ≤ 15%，原料产气率约为 330m³/t。
  4. 池容产气率：特大型和大型沼气工程采用高浓度中温发酵工艺，池容产气率不小于 1.0m³/(m³·d)；中型沼气工程采用中温或常温发酵工艺，池容产气率不小于 0.5 m³/(m³·d)；小型沼气工程采用常温发酵工艺，池容产气率不小于 0.25 m³/(m³·d)。

附录 2　畜禽养殖业污染物排放标准（GB 18596—2001）

1. 适用范围

本标准适用于全国集约化畜禽养殖场和养殖区污染物的排放管理，以及这些建设项目环境影响评价、环境保护设施设计、竣工验收及其投产后的排放管理。

1.1 本标准适用的畜禽养殖场和养殖区的规模分级，按表1和表2执行。

表1　集约化畜禽养殖场的适用规模（以存栏数计）

类别规模分级	猪（头）（25kg以上）	鸡（只）		牛（头）	
		蛋鸡	肉鸡	成年奶牛	肉牛
Ⅰ级	≥3000	≥100000	≥200000	≥200	≥400
Ⅱ级	500≤Q<3000	15000≤Q<100000	30000≤Q<200000	100≤Q<200	200≤Q<400

表2　集约化畜禽养殖区的适用规模（以存栏数计）

类别规模分级	猪（头）（25kg以上）	鸡（只）		牛（头）	
		蛋鸡	肉鸡	成年奶牛	肉牛
Ⅰ级	≥6000	≥200000	≥400000	≥400	≥800
Ⅱ级	3000≤Q<6000	100000≤Q<200000	200000≤Q<400000	200≤Q<400	400≤Q<800

注：Q表示养殖量。

1.2 对具有不同畜禽种类的养殖场和养殖区，其规模可将鸡、牛的养殖量换算成猪的养殖量，换算比例为：30只蛋鸡折算成1头猪，60只肉鸡折算成1头猪，1头奶牛折算成10头猪，1头肉牛折算成5头猪。

1.3 所有Ⅰ级规模范围内的集约化畜禽养殖场和养殖区，以及Ⅱ级规模范围内且地处国家环境保护重点城市、重点流域和污染严重河网地区的集约化畜禽养殖场和养殖区，自本标准实施之日起开始执行。

1.4 其他地区Ⅱ级规模范围内的集约化养殖场和养殖区，实施标准的具体时间可由县级以上人民政府环境保护行政主管部门确定，但不得迟于2004年7月1日。

1.5 对集约化养羊场和养羊区，将羊的养殖量换算成猪的养殖量，换算比例为：3只羊换算成1头猪，根据换算后的养殖量确定养羊场或养羊区的规模级别，并参照本标准的规定执行。

2. 定义

2.1 集约化畜禽养殖场

指进行集约化经营的畜禽养殖场。集约化养殖是指在较小的场地内，投入较多的生产资料和劳动，采用新的工艺与技术措施，进行精心管理的饲养方式。

2.2 集约化畜禽养殖区
指距居民区一定距离，经过行政区划确定的多个畜禽养殖个体生产集中的区域。
2.3 废渣
指养殖场外排的畜禽粪便、畜禽舍垫料、废饲料及散落的毛羽等固体废物。
2.4 恶臭污染物
指一切刺激嗅觉器官，引起人们不愉快及损害生活环境的气体物质。
2.5 臭气浓度
指恶臭气体（包括异味）用无臭空气进行稀释，稀释到刚好无臭时所需的稀释倍数。
2.6 最高允许排水量
指在畜禽养殖过程中直接用于生产的水的最高允许排放量。

3. 技术内容
本标准按水污染物、废渣和恶臭气体的排放分为以下三部分。

3.1 畜禽养殖业水污染物排放标准
3.1.1 畜禽养殖业废水不得排入敏感水域和有特殊功能的水域。排放去向应符合国家和地方的有关规定。

3.1.2 标准适用规模范围内的畜禽养殖业的水污染物排放分别执行表3、表4和表5的规定。

表3 集约化畜禽养殖业水冲工艺最高允许排水量

种类	猪 [m^3/(百头·d)]		鸡 [m^3/(千只·d)]		牛 [m^3/(百头·d)]	
季节	冬季	夏季	冬季	夏季	冬季	夏季
标准值	2.5	3.5	0.8	1.2	20	30

注：废水最高允许排放量的单位中，百头、千只均指存栏数。春、秋季废水最高允许排放量按冬、夏两季的平均值计算。

表4 集约化畜禽养殖业干清粪工艺最高允许排水量

种类	猪 [m^3/百头·d]		鸡 [m^3/千只·d]		牛 [m^3/百头·d]	
季节	冬季	夏季	冬季	夏季	冬季	夏季
标准值	1.2	1.8	0.5	0.7	17	20

注：废水最高允许排放量的单位中，百头、千只均指存栏数。春、秋季废水最高允许排放量按冬、夏两季的平均值计算。

表5 集约化畜禽养殖业水污染物最高允许日均排放浓度

控制项目	五日生化需氧量 (mg/L)	化学需氧量 (mg/L)	悬浮物 (mg/L)	氨氮 (mg/L)	总磷（以P计）(mg/L)	粪大肠菌群数 (个/mL)	蛔虫卵 (个/L)
标准值	150	400	200	80	8.0	10000	2.0

3.2 畜禽养殖业废渣无害化环境标准
3.2.1 畜禽养殖业必须设置废渣的固定储存设施和场所，储存场所要有防止粪液渗漏、溢流措施。

3.2.2 用于直接还田的畜禽粪便，必须进行无害化处理。
3.2.3 禁止直接将废渣倾倒入地表水体或其他环境中。畜禽粪便还田时，不能超过当地的最大农田负荷量，避免造成面源污染和地下水污染。
3.2.4 经无害化处理后的废渣，应符合表6的规定。

表6 畜禽养殖业废渣无害化环境标准

控制项目	指标
蛔虫卵	死亡率≥95%
粪大肠菌群数	≤10^5个/kg

3.3 畜禽养殖业恶臭污染物排放标准
3.3.1 集约化畜禽养殖业恶臭污染物的排放执行表7的规定。

表7 集约化畜禽养殖业恶臭污染物排放标准

控制项目	标准值
臭气浓度（无量纲）	70

3.4 畜禽养殖业应积极通过废水和粪便的还田或其他措施对所排放的污染物进行综合利用，实现污染物的资源化。

4. 监测

污染物项目监测的采样点和采样频率应符合国家环境监测技术规范的要求。污染物项目的监测方法按表8执行。

表8 畜禽养殖业污染物排放配套监测方法

序号	项目	监测方法	方法来源
1	生化需氧（BOD_5）	稀释与接种法	GB7488-87
2	化学需氧（COD_{cr}）	重铬酸钾法	GB11914-89
3	悬浮物（SS）	重量法	GB11901-89
4	氨氮（NH_3-N）	钠氏试剂比色法 水杨酸分光光度法	GB7479-87 GB7481-87
5	总P（以P计）	钼蓝比色法	①
6	粪大肠菌群数	多管发酵法	GB5750-85
7	蛔虫卵	吐温-80柠檬酸缓冲液离心沉淀集卵法	②
8	蛔虫卵死亡率	堆肥蛔虫卵检查法	GB7959-87
9	寄生虫卵沉降率	粪稀蛔虫卵检查法	GB7959-87
10	臭气浓度	三点式比较臭袋法	GB14675

注：分析方法中，未列出国标的暂时采用下列方法，待国家标准方法颁布后执行国家标准。①水和废水监测分析方法（第三版），中国环境科学出版社，1989。②卫生防疫检验，上海科学技术出版社，1964。

附录3 沼气工程沼液沼渣后处理技术规范（NY/T 2374—2013）

1 范围

本标准规定了从沼气工程厌氧消化器排出的沼液沼渣实现资源化利用或达标处理的技术要求。

本标准适用于以畜禽粪便、农作物秸秆等农业有机废弃物为主要发酵原料的沼气工程，以其他有机质为发酵原料的沼气工程参照执行。

2 规范性应用文件

下列文件对于本文件的应用是必不可少的。凡是注日期的引用文件，仅注日期的版本适用于本文件。凡是不注日期的应用文件，其最新版本（包括所有的修改单）适用于本文件。

GB 5084　　农田灌溉水质标准
GB 7959　　粪便无害化卫生标准
GB 8978　　污水综合排放标准
GB 18596　　畜禽养殖业污染物排放标准
GB/T 19249　　反渗透水处理设备
GB/T 19837　　城市给排水紫外线消毒设备
GB 50016　　建筑设计防火规范
CECS 114　　氧化曝气设计规程
CECS 152　　一体式膜生物反应器污水处理应用技术规程
CECS 265　　曝气生物滤池工程技术规程
GJJ/T 54　　污水稳定塘设计规范
HY/T 113　　纳滤膜及其元件
HJ 497—2009　　畜禽养殖业污染治理工程技术规范
HJ 576　　厌氧-缺氧-好氧活性污泥法污水处理工程技术规范
HJ 577　　序批式活性污泥法污水处理工程技术规范
HJ 2005　　人工湿地污水处理工程技术规范
HJ 2008　　污水过滤处理工程技术规范
HJ 2014　　生物滤池法污水处理工程技术规范
NY 525　　有机肥料
NY 1106　　含腐殖酸水溶肥料标准
NY/T 1168　　大量元素水溶肥料
NY/T 1220.1—2006　沼气工程技术规范　第1部分：工艺设计
NY 1428　　微量元素水溶肥料

NY 1429　　　含氨基酸水溶肥料

NY/T 2065—2011　沼肥实用技术规范

3 总则

3.1 沼气工程沼液沼渣的后处理技术的选择，应遵守国家有关法律、法规，并执行当地有关环境保护和资源利用的有关政策、规划及环评的规定。

3.2 沼气工程沼液沼渣的后处理技术的选择，应以提高沼液沼渣综合利用效益、避免对环境造成二次污染为基本原则。

3.3 沼气工程沼液沼渣后处理技术的选择，应根据沼气工程的发酵原料特性、沼液沼渣用途，选择投资与运营成本低、占地面积少、运行稳定可靠、操作简便的处理技术，并积极稳妥地采用新工艺、新技术、新设备、新材料。

3.4 沼气工程沼液后处理应坚持"种养平衡"的原则，经无害化处理后应坚持回用到农田生态系统的原则，实现资源化利用。

3.5 沼气工程沼液后处理后向环境中排放，其水质应符合 GB18596 的规定。沼气工程沼液后处理后的农田施用，应符合 GB 5084 的规定，有地方排放标准的应执行地方排放标准。

4 沼液后处理技术

4.1 沼液资源化综合利用的处理技术

4.1.1 一般规定

4.1.1.1 以资源化利用为目的的沼液主要用于灌溉、制作水溶肥料和浓缩肥，沼液必须经过充分厌氧消化。

4.1.1.2 沼液资源化利用前需进行消毒处理，卫生学指标应符合 NY/T 2065—2011 第6.2条的规定。

4.1.1.3 非灌溉季节处理后沼液的贮存，应设置专门的贮存设施，贮存设施应符合 NY/T 1220.1—2006 第10.3条的规定。

4.1.1.4 沼液用于蔬菜、果木、花卉和大田施用，应根据作物需肥量和需水量等因素进行调配；作为灌溉水施用，水质应达到 GB 5084 的规定。

4.1.1.5 沼液用作叶面肥施用时，应根据作物营养需求进行合理调配。在使用喷灌、滴管等设施进行施用时，沼液悬浮性颗粒物最大粒径应满足设施的参数要求。

4.1.2 沼液用于灌溉后处理技术

4.1.2.1 典型工艺技术：沼液 – 沉淀 – 消毒 – 贮存 – 配水 – 蔬菜、果木、花卉和大田灌溉。

4.1.2.2 技术参数：

　　沉淀：沉淀池按照 NY/T 1220.1—2006 第10.2条的规定执行；

　　采用臭氧消毒时，臭氧浓度为 100—200mg/L，时间为 30min；

　　采用紫外消毒，应按照 GB/T 19837 的规定执行。

4.1.2.3 施用沼液时，典型作物施用的配水比例及用量参见附录A。

4.1.3 沼液用做水溶肥料后处理技术

4.1.3.1 典型工艺技术：沼液 – 沉淀/过滤 – 消毒 – 调质 – 水溶肥料。

4.1.3.2 技术参数：

　　沉淀/过滤：沉淀池按照 NY/T 1220.1—2006 第10.2条的规定执行；

采用臭氧消毒时，臭氧浓度为100—200mg/L，时间为30min；

采用紫外消毒，应按照GB/T 19837的规定执行；

调质：针对不同施用对象，按照不同用途产品配方掺入适量的无机成分、增效剂或者催化剂，并调整增效剂原液的pH，经过搅拌，混合均匀后施用。

4.1.3.3 作为大量元素水溶性肥料的施用，应按照NY 1107的规定进行调质；作为微量元素水溶性肥料的施用，应按照NY 1428的规定进行调质；作为含腐殖酸水溶肥料的施用，应按照NY 1106的规定进行调质；作为含氨基酸水溶肥料的施用，应按照NY 1429的规定进行调质。

4.1.4 沼气浓缩肥后处理技术

沼液浓缩肥后处理工艺及技术参数参见附录B。

4.2 沼液达标排放处理技术

4.2.1 一般规定

4.2.1.1 沼液排放，须进行净化处理。净化工艺应根据沼液的成分、数量以及当地的自然地理条件、生产生活条件和排放标准，因地制宜地选择净化处理工艺和技术路线，推荐采用生物处理或膜生物反应器等处理技术，具体参数参见附录C。

4.1.1.2 沼液向水体排放，其出水水质应满足GB 8978的规定。有地方排放标准的，应满足地方排放标准。

4.1.1.3 沼液进入达标处理系统前，应进行沉淀预处理或机械固液分离，以减轻后续处理的有机负荷；分离的清液进入后处理系统，处理后出水达标排放。

4.2.2 沼液达标排放处理技术

4.2.2.1 典型工艺技术：沼液—沉淀—曝气池—稳定塘—膜生物反应器—消毒—达标排放。

4.2.2.2 技术参数：

沉淀：沉淀池按照NY/T 1220.1—2006第10.2条的规定执行；

曝气池：应根据污水水质、水量和好氧处理工艺，按照CECS 114的规定执行；

稳定塘：按照GJJ/T 54的规定执行；

膜生物反应器：按照CECS 152的规定执行；

采用臭氧消毒时，臭氧浓度为100—200mg/L，时间为30min；

采用紫外消毒，应按照GB/T 19837的规定执行。

5 沼渣后处理技术

5.1 一般规定

5.1.1 沼渣作为肥料或基质利用，利用前需进行无害化处理。无害化处理应按照NY/T 1168的规定执行，无害化指标按照GB 7959的规定执行。

5.1.2 沼渣的贮存应符合NY/T 1220.1—2006第11.2条的规定，贮存设施应符合HJ 497—2009第6.1.2条的规定。

5.1.3 以沼渣为主要原料制作有机肥料时，应采用适宜工艺，产品指标应符合NY 525的规定。

5.1.4 沼渣其他利用方式如制作土壤改良剂、保水抗旱剂、栽培基质等，处理工艺需满足产品的规定。

5.2 沼渣制取有机肥料

5.2.1 典型工艺技术

沼渣—调质—堆沤—腐熟—干燥—粉碎—筛分—有机肥

5.2.2 技术参数

调质和腐熟工艺应根据调质所添加的原料进行确定，如果有稻草等物质加入时，需要进行腐熟，且只调节氮、磷、钾的含量，可直接干燥。

5.2.2.1 调质：宜采用稻草、木屑、粉煤灰、锯末、秕糠、菇渣及益生菌剂等作为调质剂，调质后碳氮比一般为25—35，pH为6—8，水分一般为50%—60%，孔隙度为60%—90%。

5.2.2.2 堆沤：堆体温度在55℃条件下保持3d，或50以上保持5—7d。

5.2.2.3 腐熟：腐熟后碳氮比一般为15，pH为5—8，种子发芽率（GI）>80%。

5.2.2.4 干燥：70—80℃条件下保持约25min。

6 安全与消防

6.1 沼液沼渣的后处理及贮存设施的位置，应符合国家现行有关标准的要求。

6.2 沼液沼渣的后处理及贮存设施与其他建（构）筑物的防火间距，应符合GB 50016的规定。

6.3 沼气工程场址内沼液沼渣的贮存设施要设置气体收集装置，避免二次发酵产生沼气引发安全隐患和环境污染。

6.4 沼液沼渣的后处理及贮存设施，应设置反渗监测装置，避免沼液沼渣泄露引发安全隐患和环境污染。

6.5 沼液沼渣的后处理设施及贮存设施的避雷、抗震等设施应符合国家相关标准要求。

6.6 沼液沼渣的后处理设施及贮存设施应配备必要的安全防护器具、劳保用品和必要的消防器材。

6.7 其他应符合HJ 497—2009第11部分的规定。

附录 A
（资料性附录）

典型作物施用沼液的配水比例及用量

A.1 典型作物施用沼液的配水比例及用量

A.1.1 液面施肥时，气温高以及作物处于幼苗、嫩叶期时沼液用清水稀释10—20倍施用；气温低及作物处于生长中、后期沼液用清水稀释5—10倍。

A.1.2 用沼液防治蔬菜生产中的蚜虫、红蜘蛛和白粉虱等虫害时，在虫害初期，可用稀释10倍的沼液，连续喷洒2—3次。

A.1.3 用沼液作为蔬菜根外追肥时，先用清水稀释2—3倍后施用，以防浓度过高，烧伤根系。果菜类蔬菜沼液追施32500—45000kg/hm^2，瓜类蔬菜可在花蕾期或果实膨大期施用，并在沼液中加入3%的磷酸二氢钾，可追施30000—32500kg/hm^2，一般菜田施用沼肥用量为18000—32500kg/hm^2。

A.2 几种主要蔬菜沼液与化肥配合的参考施用量

表　几种主要蔬菜沼液与化肥配合的参考施用量　　　　　kg/hm²

蔬菜种类	沼液施用量	尿素施用量	过磷酸钙施用量	氯化钾施用量
番茄	30000	450	315	645
黄瓜	30000	300	495	360

附录 B
（资料性附录）

沼液浓缩肥处理工艺和技术参数

B.1 一般规定

B.1.1 沼液浓缩应不破坏沼液的营养物质，宜采用多级沙滤去除大颗粒悬浮物，滤芯过滤去除小颗粒悬浮物，再采用反渗透膜或超滤膜等膜技术全物理过程进行浓缩。

B.1.2 沼液浓缩肥稀释后可用于叶面施肥、有机无机营养液及浸种等，施用需符合4.1.1的规定。

B.2 典型工艺和技术参数

B.2.1 典型工艺：沼液—过滤—纳滤—反渗透—沼液浓缩肥。

B.2.2 技术参数

　　过滤：按照 HJ 2008 的规定进行设计；

　　纳滤：按照 HY/T 113 纳滤膜及其附件的规定进行设计；

　　反渗透：按照 GB/T 19249 的规定进行设计。

附录 C
（资料性附录）

沼液达标排放推荐处理工艺技术参数

C.1 氧化沟

　　按照 CECS112 的规定执行。

C.2 厌氧 / 缺氧 / 好氧（A²/O）

　　按照 HJ 576 的规定执行。

C.3 生物滤池

　　按照 HJ 2014 或 CECS 265 的规定执行。

C.4 序批式活性污泥法（SBR）

　　按照 HJ 577 的规定执行。

C.5 仿生态塘

　　仿生态塘应设置厌氧区（水深在 2—5m）、兼性区（水深在 1—2m）、好氧区（水深小于 1m），且由浅入深过渡。仿生态塘的长宽比应大于 2∶1，沿水流方向底部应有一定的斜度，渗水点处设置集泥井，井深或容积能够满足 90d 以上的污泥沉积需要，塘体总面积按照普通稳定塘的 1/3—1/2 来设计。塘体内厌氧区需要安装人造覆膜载体，以提升微生物附着量，塘体的兼性区和好阳区水体表面应安装大于水体表面 1/2 的生态浮床，以提升塘体内氮、磷的脱除效率，好氧区应种植沉水植物，水生植物应定期收割。

C.6 藻网滤床

床体分为两类，一类是外置床，床体为条形结构，宽度为 1—2m，单段长度一般控制在 20m 左右，段首与段末的坡降落差控制在 20—30cm，床体面积应大于或等于仿生态塘的建设面积，床体上应铺设挂膜网，最好采用耐腐的不锈钢和尼龙叠合的双层网，上层为不锈钢便于刮藻，不锈钢网眼为 1cm 左右，尼龙网眼为 2—5mm；另一类为塘体上漂浮的浮水藻类附着床，该床体可根据景观需要设计成各种形状，所选藻类以聚草、大藻和凤眼莲最为典型，要注重对植物的及时收获，防止植物在水中停留时间过久进入枯死腐败期，造成水体的二次污染，床体面积以塘体面积的 1/2—2/3 为宜。

C.7 人工湿地

按照 HJ 2005 的规定进行设计。

附录4　沼肥施用技术规范（NY/T 2065—2011）

1 范围

本标准规定了沼气池制取沼肥的工艺条件、理化性状，主要污染物允许含量、综合利用技术与方法。

本标准适用于以畜禽粪便为主要发酵原料的户用沼气发酵装置所产生的沼肥用于粮油、果树、蔬菜、食用菌等的施用。

2 规范性引用文件

下列文件对于本文件的应用是必不可少的。凡是注日期的引用文件，仅注日期的版本适用于本文件。凡是不注日期的引用文件，其最新版本（包括所有的修改单）适用于本文件。

GB 7959—1987 粪便无害化卫生标准

NY/T 90 农村家用沼气发酵工艺规程

NY 525 有机肥料

3 术语和定义

下列术语和定义适用于本文件。

3.1 沼肥 anaerobic digestate fertilizer

畜禽粪便等废弃物在厌氧条件下经微生物发酵制取沼气后用作肥料的残留物。主要由沼渣和沼液两部分组成。

3.2 沼渣 digested sludge

畜禽粪便等废弃物经沼气发酵后形成的固形物。

3.3 沼液 digested effluent

畜禽粪便等废弃物经沼气发酵后形成的液体。

3.4 发酵时间 fermentation time

沼气发酵装置正常启动制取沼气至取用沼肥的时间。

3.5 总养分 total nutrient content

沼渣、沼液中全氮、全磷（P_2O_5）和全钾（K_2O）含量之和，通常以质量百分数计。

3.6 主要污染物 main pollutant

沼肥中含有常见的重金属、病原菌、寄生虫卵等有害物质。

3.7 总固体含量 total solids，TS

沼气池投料后料液中含有总溶解固体量和总悬浮固体量之和，以质量百分数表示。

4 沼气池发酵工艺条件要求

4.1 符合 NY/T 90 的有关技术要求。

4.2 严格的厌氧条件。

4.3 投料浓度宜为 TS=6%—10%。

4.4 常温条件下沼气发酵时间在 1 个月以上。

5 沼肥的理化性状要求

5.1 沼肥的颜色为棕褐色或黑色。

5.2 沼渣水分含量 60%—80%。

5.3 沼液水分含量 96%—99%。

5.4 沼肥 pH 为 6.8—8.0。

5.5 沼渣干基样的总养分含量应 ≥ 3.0%，有机质含量 ≥ 30%。

5.6 沼液鲜基样的总养分含量应 ≥ 0.2%。

6 主要污染物允许含量

6.1 沼肥重金属允许范围指标应符合 NY 525—2002 中 5.8 规定的要求，参见附录 A。

6.2 沼肥的卫生指标应符合 GB 7959—1987 中表 2 规定的要求，参见附录 B。

7 农作物施用沼肥技术

7.1 总则

7.1.1 沼肥的施用量应根据土壤养分状况和作物对养分的需求量确定，具体农作物施用量参见附录 C、附录 D 和附录 E。

7.1.2 沼渣宜作基肥；沼液宜作追肥和叶面追肥。

7.1.3 沼渣与化肥配合施用时

  a) 两者各为作物提供氮素量的比例为 1∶1，并根据沼渣提供的养分含量和不同作物养分的需求量确定化肥的用量。

  b) 沼渣宜作基肥一次性集中施用，化肥宜作追肥，在作物养分的最大需要期施用，并根据作物磷和钾的需求量，配合施用一定量的磷、钾肥。

7.1.4 沼液与化肥配合施用时

  a) 根据沼气池能提供沼液的量确定化肥的用量。

  b) 从沼气池取用沼液的量每次不宜超过 250—300kg。

7.1.5 沼液叶面喷施

  a) 沼液应符合 4.4 要求。

  b) 喷洒量要根据农作物和果树品种，生长时期、生长势及环境条件确定。

  c) 喷洒时一般宜在晴天的早晨或傍晚进行，雨后重新喷洒。

  d) 气温高以及作物处于幼苗、嫩叶期时应用 1 份沼液兑 1 份清水稀释施用；气温低以及在作物处于生长中、后期可用沼液直接喷施。

  e) 喷洒时，宜从叶面背后喷洒。

  f) 沼液应澄清、过滤。

7.2 粮油作物沼肥施用技术

7.2.1 沼渣施用技术

  a) 沼渣作基肥，施用量根据作物不同需求进行，水稻每年 1—2 季，其他作物每年一季，具体年施用量参见附录 C。

  b) 施用方法：可采用穴施、条施、撒施。施后应充分和土壤混合，并立即覆土，陈化一周后便可播种、栽插。

7.2.2 沼渣与沼液配合施用

a) 沼渣年施用量 13500—27000kg/hm²；沼液年施用量 45000—100000kg/hm²。

b) 施用方法：沼渣做基肥一次施用。沼液在粮油作物孕穗和抽穗之间采用开沟施用，覆盖 10cm 左右厚的土层。有条件的地方，可采用沼液与泥土混匀密封在土坑里并保持 7—10d 后施用。

7.2.3 沼渣与化肥配合施用

a) 沼渣宜作基肥施用，各作物年施用量参见附录 D。

b) 化肥宜作追肥。在拔节期、孕穗期施用。对于缺磷和缺钾的旱地，还可以适当补充磷肥和钾肥。

7.3 果树沼肥施用技术

7.3.1 沼渣施用技术

a) 年施用量参见附录 C。

b) 施用方法：一般是在春季 2—3 月和采果结束后，以每棵树冠滴水圈对应挖长 60—80cm、宽 20—30cm、深 30—40cm 的施肥沟进行施用，并覆土。

7.3.2 沼液施用技术

a) 沼液一般用作果树叶面追肥。

b) 追肥方法应符合 7.1.5 的要求。

c) 采果前 1 个月停止施用。

7.4 蔬菜沼肥施用技术

7.4.1 沼渣施用技术

a) 按每年 2 季计算年施用量，参见附录 C、附录 D。

b) 施用方法：栽植前一周开沟一次性施工。

7.4.2 沼液施用技术

a) 沼液宜作追肥施用。

b) 按每年 2 季计算年施用量，参见附录 E，不足的养分由其他肥料补充。

c) 施用方法：定植 7—10d 后，每隔 7—10d 施用一次，连续 2—3 次。

d) 蔬菜采摘前 1 周停止施用。

8 农作物沼液浸种技术

8.1 要求

8.1.1 要使用上年或当年生产的新鲜种子。

8.1.2 浸种前应对种子进行晾晒，晾晒时间不得低于 24h。

8.1.3 浸种前应对种子进行筛选，清除杂物、砒粒。

8.1.4 使用正常发酵产气 2 个月以上的沼液。

8.1.5 浸种时将种子装在能滤水的袋子里，并将袋子悬挂在沼气池水压间的上清液中。

8.1.6 沼液温度 10℃以上，pH 在 7.2—7.6。

8.2 操作步骤

清理沼气池水压间的杂物—选种—装袋—浸种—滤干—播种。

8.3 水稻浸种技术要点

8.3.1 常规稻品种采用一次性浸种。在沼液中浸种时间：早稻48h，中稻36h，晚稻36h，粳、糯稻可延长6h，然后清水洗净，破胸催芽。

8.3.2 抗逆性较差的常规稻品种应将沼液用清水稀释1倍后进行浸种，浸种时间为36—48h，然后清水洗净，破胸催芽。

8.3.3 杂交稻品种应采用间歇法沼液浸种，三浸三晾，清水洗净，破胸催芽。

在沼液中浸种时间为：杂交早稻为42h，每次浸14h，晾6h；杂交中稻为36h，每次浸12h，晾6h；杂交晚稻为24h，每次浸8h，晾6h。

8.4 小麦浸种技术要点

将晒干的麦种装入袋内在沼气池水压间浸泡12h，取出用清水洗净、沥干水分，摊开麦种晾干表面水分，次日即可播种。

8.5 玉米浸种技术要点

与小麦浸种一样，浸泡时间为4—6h。

8.6 棉花浸种技术要点

8.6.1 将棉花种子袋浸入沼气池水压间，浸泡36—48h，取出袋子滤去水分，用草木灰拌和反复轻搓，使其成为黄豆粒状即可用于播种。

8.6.2 浸泡时要防止种子漂浮在液面。

8.6.3 播种时间不宜选择在阴雨天。

9 沼液防治农作物病虫害技术

9.1 沼液选用要求

正常发酵产气3个月以上，pH为6.8—7.6，用纱布过滤，曝气2h后备用。

9.2 沼液防治农作物病害技术要点

9.2.1 沼液按1∶3稀释后，对叶面进行喷施。

9.2.2 喷施时间以上午10时前或下午3时后为宜，每次喷施量525kg/hm^2。

9.2.3 每7—10d喷施1次，连续喷施3次。

9.2.4 沼液还可与其他农药混合施用，以提高防病效果。

9.2.5 沟施或灌根。

  a) 沼液按1∶3稀释。

  b) 粮油作物类可顺沟追施沼液4500—5250kg/hm^2。

  c) 茄果类、瓜类蔬菜可按500g/株沼液稀释液进行灌根，间隔7—10d，连续3次。

9.3 沼液防治农作物蚜虫技术要点

9.3.1 在蚜虫发生期，选用沼液14kg，洗衣粉溶液（洗衣粉∶清水＝0.1∶1）0.5kg，配制成沼液治虫剂。

9.3.2 选择晴天的上午喷施，每次喷施量525kg/hm^2。

9.3.3 每天喷施一次，连续喷施两次。

9.4 沼液防治玉米螟幼虫技术要点

9.4.1 在螟虫孵化盛期，用沼液50kg，加2.5%敌杀死乳油10mL配成沼液治虫药液。

9.4.2 选择晴天的上午喷施，每次喷施量525kg/hm^2。

9.4.3 每天喷施一次,连续喷施两次。

9.5 沼液防治红蜘蛛技术要点

9.5.1 施用前沼液用纱布过滤,放置2h后用喷雾器喷施。

9.5.2 选择气温低于25℃的天气,在露水干后全天喷施,重点喷在叶片的背面。

9.5.3 每次喷施量525kg/hm^2,每天喷施一次,连续喷施两次。

9.5.4 对于上年结果多、树势弱的果树,在沼液中加入0.1%的尿素。

9.5.5 对幼龄树和结果少、长势弱的树,在沼液中加入0.2%—0.5%的磷钾肥,以利花芽的形成。

10 沼液无土栽培技术

10.1 经沉淀过滤后的沼液,按各类蔬菜的营养需求,以1:(4—8)比例稀释后用作无土栽培营养液。

10.2 根据蔬菜品种不同或对微量元素的需要,可适当添加微量元素,并调节pH为5.5—6.0。

10.3 在蔬菜栽培过程中,要定期添加或更换沼液。

11 沼渣配制营养土技术

选用腐熟度好、质地细腻的沼渣,按沼渣、泥土、锯末、化肥以(20%—30%):(50%—60%):(5%—10%):(0.1%—0.2%)的比例配合拌匀即可。

12 沼渣栽培食用菌技术

12.1 沼渣栽培蘑菇技术要点

12.1.1 沼渣的选择

选用正常产气的沼气池中停留3个月出池后的无粪臭味的沼渣。

12.1.2 栽培料的配备

将5000kg沼渣、1500kg麦秆或稻草、15kg棉籽皮、60kg石膏、25kg石灰混合后可作为栽培料。

12.2 沼渣栽培平菇技术要点

12.2.1 沼渣的处理

经充分发酵腐熟的沼渣从沼气池中取出后,堆放在地势较高的地方,盖上塑料薄膜沥水24h,其水分含量为60%—70%时可作培养料使用。

12.2.2 拌和填充物

将无霉变的填充料晾干,沼渣、填充料以3:2的比例拌和均匀即可使用。

12.3 沼渣瓶栽灵芝技术要点

12.3.1 沼渣处理

选用正常产气3个月以上的沼气池中的沼渣,其中应无完整的秸秆,有稠密的小孔,无粪臭。将沼渣干燥至含水量60%左右备用。

12.3.2 培养料配制

在沼渣中加50%的棉籽壳、少量玉米粉和糖,将各种配料放在塑料薄膜上拌匀即可。

(注:附录A、B、C、D、E略)

参考文献

[1] 党锋,毕于运,刘研萍,等.欧洲大中型沼气工程现状分析及对我国的启示[J].中国沼气,2014,32(1):79-83,89.

[2] 邓良伟.中德沼气工程比较[J].可再生能源,2008,26(1):110-114.

[3] 刘畅,王俊,浦绍瑞,等.中德万头猪场沼气工程经济性对比分析[J].化工学报,2014,65(5):1835-1839.

[4] 屠云章,吴兆流,张密.借鉴德国经验推动我国沼气工程发展[J].中国沼气,2012,30(2):31-32.

[5] 陈晓夫,钱名宇.持续高速发展的德国沼气产业[J].可再生能源,2012,30(6):111-112.

[6] 陈子爱,邓良伟,王超,等.欧洲沼气工程补贴政策概览[J].中国沼气,2013,31(6):29-34.

[7] 邓良伟,陈子爱.欧洲沼气工程发展现状[J].中国沼气,2007,25(5):23-31.

[8] 陈庆隆,桂伦,杨丽芳,等.我国沼气工程发展概况及对策[J].江西农业学报,2012,24(5):201-203.

[9] 赵玲,刘庆玉,牛卫生,等.沼气工程发展现状与问题探讨[J].农机化研究,2011(4):242-245.

[10] 李宝玉,毕于运,高春雨,等.我国农业大中型沼气工程发展现状、存在问题与对策措施[J].中国农业资源与区划,2011(31):57-61.

[11] 孙振锋.沼气工程装备研究应用现状与展望[J].中国沼气,2018,36(4):66-69.

[12] 徐庆贤,林斌,官雪芳,等.福建省沼气工程技术发展现状[J].山西能源与节能,2008(3):33-34.

[13] 杜连柱,梁军锋,杨鹏,等.猪粪固体含量对厌氧消化产气性能影响及动力学分析[J].农业工程学报,2014,30(24):246-251.

[14] 徐庆贤,林斌,郭祥冰,等.福建省养殖场大中型沼气工程问题分析及建议[J].中国能源,2010(1):40-43.

[15] 徐庆贤,官雪芳,钱蕾,等.规模化养猪场粪污处理新工艺技术集成研究[J].环境工程,2015,33(1):72-76.

[16] XU Qing-xian, GUAN Xue-fang, LIN Bin. Comprehensive Sewage-treating Technology Using Bio-tank of Glass Fiber Reinforced Plastics on Intensive Scaled Swine Farm, Applied Mechanics and Materials, 2012: 1075-1079.

[17] 徐庆贤,官雪芳,钱蕾,等.不同工艺沼气池产气效果比较分析[J].浙江农业学

报, 2014, 26 (1): 194-199.

[18] 钱午巧.福州市郊泉头村生态工程建设初报[J].福建农业学报, 1994, 9 (2): 51-54.

[19] 林斌.集约化养猪场粪污处理工艺设计探讨[J].福建农业学报, 2006, 21 (4): 420-424.

[20] 林代炎, 翁伯琦.固液分离机研制与应用效果[J].中国沼气, 2007, 25 (1): 31-34.

[21] 陈长卿, 林雪, 郑涛, 等.规模化养殖场畜禽粪便固液分离技术与装备[J].农业工程, 2016, 6 (3): 10-12.

[22] 谭蔚, 钟伟良, 闫浩, 等.卧式螺旋卸料离心机研究的回顾与展望[J].化工进展, 2016, 35 (b11): 46-50.

[23] 张海琨, 侯敏杰, 刘鑫, 等.粪便固液分离机的设计与试验研究[J].农村牧区机械化, 2011, 97 (6): 18-20.

[24] 孔凡克, 邵蕾, 杨守军, 等.固液分离技术在畜禽养殖粪水处理与资源化利用中的应用[J].猪业科学, 2017, 34 (4): 96-98.

[25] 高其双, 彭霞, 卢顺, 等.三种固液分离设备处理猪场粪污的效果及成本比较[J].湖北农业科学, 2016, 55 (22): 5879-5881.

[26] 江滔, 温志国, 马旭光, 等.畜禽粪便固液分离技术特点及效率评估[J].农业工程学报, 2016, 32 (增刊2): 218-225.

[27] 王允妹.规模化畜禽养殖场废水处理技术研究进展[J].科技创新导报, 2015 (23): 144-145, 148.

[28] 王明, 孔威, 晏水平, 等.猪场废水厌氧发酵前固液分离对总固体及污染物的去除效果[J].农业工程学报, 2018, 34 (17): 235-240.

[29] 林代炎, 翁伯琦, 钱午巧.FZ-12固液分离机在规模化猪场污水中的应用效果[J].农业工程学报, 2005, 21 (10): 184-186.

[30] 林代炎, 钱蕾, 林琰.应用机械处理规模化养猪场的污水效果分析[J].能源与环境, 2005 (2): 56-58.

[31] 林代炎, 叶美锋, 吴飞龙, 等.规模化养猪场粪污循环利用技术集成与模式构建研究[J].农业环境科学学报, 2010, 29 (2): 386-391.

[32] 钱蕾, 林斌, 官雪芳, 等.规模化养猪场粪污治理模式构建探讨[J].中国沼气, 2018, 36 (5): 82-87.

[33] 钱蕾, 林斌, 官雪芳, 等.厌氧干发酵装置的设计与运行[J].福建农业科技, 2018 (7): 45-48.

[34] 鲍江峰, 夏仁学, 彭抒昂, 等.湖北省纽荷尔脐橙园土壤营养状况及其对果实品质的影响[J].土壤, 2006, 38 (1): 75-80.

[35] 曾邦龙.上海市畜禽场粪污治理沼气工程及资源综合利用[J].中国沼气, 2000, 18 (3): 31-34.

[36] 曾润颖, 赵晶.深海细菌的分子鉴定分类[J].微生物学通报, 2002, 29 (6):

12-15.

[37] 陈彪, 陈敏, 钱午巧, 等. 规模化猪场粪污处理工程设计[J]. 农业工程学报, 2005, 21(2): 126-130.

[38] 陈斌, 张妙仙, 单胜道. 沼液的生态处理研究进展[J]. 浙江农业科学, 2010(4): 872-875.

[39] 陈蕊, 高怀友, 傅学起, 等. 畜禽养殖废水处理技术的研究与应用[J]. 农业环境科学学报, 2006, 25(增刊): 374-377.

[40] 陈素华, 孙铁珩, 耿春女. 我国畜禽养殖业引致的环境问题及主要对策[J]. 环境污染治理技术与设备, 2003, 4(5): 5-8.

[41] 陈王珠, 徐力蛟. 养猪场污水治理研究进展与探讨[J]. 畜禽总业, 2008(235): 6-8.

[42] 成冰, 陈刚, 李保明. 规模化养猪业粪污治理与清粪工艺[J]. 世界农业, 2006(5): 50-51.

[43] 迟茜, 白雪飞. 农牧业沼气发电开发利用的可行性[J]. 农村牧区机械化, 2008(2): 51-52.

[44] 戴平安, 刘崇群, 郑圣先, 等. 湖南桔园土壤硫素含量及其影响因素研究[J]. 湖南农业大学学报(自然科学版), 2003, 29(3): 231-236.

[45] 戴婷, 章明奎. 重金属对猪粪在茶园土壤中矿化的影响[J]. 浙江农业科学, 2010(3): 645-647.

[46] 邓良伟, 蔡昌达, 陈络铭. 猪场废水厌氧消化液后处理技术研究及工程应用[J]. 农业工程学报, 2002, 18(3): 92-94.

[47] 邓良伟, 陈子爱, 袁心飞, 等. 规模化猪场粪污处理工程模式与技术定位[J]. 养猪, 2008(6): 21-24.

[48] 邓良伟. 规模化猪场粪污处理模式[J]. 中国沼气, 2001, 19(1): 29-33.

[49] 杜鸿章, 尹承龙. 难降解高浓度有机废水催化湿式氧化技术[J]. 水处理技术, 1994, 23(2): 16-18.

[50] 段然, 王刚, 杨世琦, 等. 沼肥对农田土壤的潜在污染分析[J]. 吉林农业大学学报, 2008, 30(3): 310-315.

[51] 樊京春, 赵勇强, 秦世平, 等, 中国畜禽养殖场与轻工业沼气技术指南[M]. 北京: 化学工业出版社, 2009.

[52] 樊卫国, 杨胜安, 刘国琴, 等. 不同施肥水平对脐橙产量、品质和经济效益的影响[J]. 山地农业生物学报, 2006, 25(3): 194-196.

[53] 付秀琴, 琼子爱, 邓良伟. 规模化猪场粪污处理沼气池容积确定[J]. 中国沼气, 2002, 20(2): 24-27.

[54] 甘寿文, 徐兆波, 黄武. 大型沼气工程生态应用关键技术研究[J]. 中国生态农业学报, 2008, 16(5): 1293-1297.

[55] 高红莉. 施用沼肥对青菜产量品质及土壤质量的影响[J]. 农业环境科学学报, 2010, 29(增刊): 043-047.

[56] 顾树华. 沼气工程产业化发展的正确途径[J]. 中国阳光能源建设动态, 2007(2):

59-61.

［57］官雪芳，徐庆贤，林碧芬，等．智能化大型沼气池产气自控系统［J］．福建农业学报，2013，28（2）：166-171.

［58］韩捷，向欣，李想．干法发酵沼气工程无热源中温运行及效果［J］．农业工程学报，2009，29(9)：215-219.

［59］韩平，马智宏，付伟利，等．原子吸收光谱法测定芦苇中重金属（铜、锌、铅、镉）［J］．分子科学学报，2010，26（1）：33-36.

［60］黄丹莲，曾光明，黄国和，等．微生物接种技术应用于堆肥化中的研究进展［J］．微生物学杂志，2005，25（2）：60-64.

［61］黄国锋，钟流举，张振钿，等．猪粪堆肥化处理过程中的氮素转变及腐熟度研究［J］．应用生态学报，2002，13（11）：1459-1462.

［62］黄惠珠．红泥塑料在规模化畜禽养殖场沼气工程中的应用——介绍福建省永安文龙养殖场沼气工程［J］．中国沼气，2007，25（3）：23-24，26.

［63］贾聪俊，张耀相，杜鹄辰，等．接种微生物菌剂对猪粪堆肥效果的影响［J］．家畜生态学报，21，32（5）：73-76.

［64］贾晓菁，赵铁柏，李燕芬．生物质能源-沼气工程效益分析［J］．林业经济，2008（11）：67-69.

［65］贾玉霞．规模化畜禽养殖环境影响及主要防治问题［J］．环境保护科学，2002，28（3）：25-26.

［66］贾自力，杨勤兵，李淑媛．不同树龄白果中营养成分的比较分析［J］．中国食物与营养，2010（7）：72-75.

［67］姜萍，金盛杨，郝秀珍，等．重金属在猪饲料-粪便-土壤-蔬菜中的分布特征研究［J］．农业环境科学学报，2010，29（5）：942-947.

［68］金珠理达，王顺利，邹荣松，等．猪粪堆肥快速发酵菌剂及工艺控制参数初步研究［J］．农业环境科学学报，2010，29（3）：586-591.

［69］匡小珠，师晓爽，吴霞，等．有机物厌氧消化自动监测与控制技术研究进展［J］．中国沼气，2009，27（1）：16-19.

［70］蓝江林，刘波，陈璐，等．芭蕉属植物内生细菌磷脂脂肪酸（PLFA）生物标记特性研究［J］．中国农业科 2010，43（10）：2045-2055.

［71］李艾芬，章明奎．浙北平原不同种植年限蔬菜地土壤氮磷的积累及环境风险评价［J］．农业环境科学学报，2010，29（1）：122-127.

［72］李林，陈光平．财政给补贴：福建40万农户用上沼气［EB/OL］．

［73］李苇洁，李安定，贾真真，等．裂叶荨麻主要营养成分及重金属安全性评价［J］．热带亚热带植物学报，2010，18（5）：547-551.

［74］林斌，徐庆贤，官雪芳，等．智能化沼气工程技术及其优势分析［J］．福建农业学报，2012，27（4）：427-431.

［75］林斌，徐庆贤，官雪芳，等．智能化沼气工程技术系统的推广价值研究［J］．中国沼气，2012，30（4）：33-37.

[76] 林斌, 余建辉. 福建省农村沼气发展的对策探讨 [J]. 福建论坛: 人文社会科学版, 2009（4）: 123-126.

[77] 林斌. 生物质能源沼气工程发展的理论与实践 [M]. 北京: 中国农业科学技术出版社, 2010.

[78] 林营志, 刘波, 张秋芳, 等. 土壤微生物群落磷脂脂肪酸生物标记分析程序PLFAEco [J]. 中国农学通报, 2009, 25（14）: 286-290.

[79] 刘波, 胡桂萍, 郑雪芳, 等. 利用磷脂脂肪酸(PLFAs)生物标记法分析水稻根际土壤微生物多样性 [J]. 中国水稻科学, 2010, 24（3）: 278-288.

[80] 刘波, 郑雪芳, 朱昌雄, 等. 脂肪酸生物标记法研究零排放猪舍基质垫层微生物群落多样性 [J]. 生态学报, 2008, 28(11): 5488-5498.

[81] 刘岱松, 金兰淑, 杨朝辉, 等. 烤烟烟叶钾含量的近红外光谱法快速测定 [J]. 土壤通报, 2010, 41（2）: 417-419.

[82] 刘继芬. 德国农村再生能源——沼气开发利用的经验和启示 [J]. 中国资源综合利用, 2004（11）: 24-28.

[83] 刘亮东, 王书茂, 代峰燕. PLC 多级控制在粪水资源再生系统中的应用 [J]. 中国农业大学学报, 2005, 10(6): 84-87.

[84] 刘明轩, 杜启云, 王旭. USR 在养殖废水处理中的实验研究 [J]. 天津工业大学学报, 2007, 26（6）: 36-38.

[85] 刘小勇, 董铁, 张坤, 等. 甘肃陇东旱塬不同树龄苹果园矿质氮的分布和积累特 [J]. 应用生态学报, 2010, 21（3）: 796-800.

[86] 刘新春, 吴成强, 张昱, 等. PCR-DGGE 法用于活性污泥系统中微生物群落结构变化的解析 [J]. 生态学报, 2005, 25（4）: 842-847.

[87] 刘益仁, 刘秀梅, 李祖章, 等. 接种微生物菌剂对猪粪堆肥的效果研究 [J]. 中国土壤与肥料, 2007（6）: 81-84.

[88] 楼洪志. 赴日本、韩国考察农村新能源和环境技术报告 [R]. 杭州: 浙江省农村能源办公室, 2006.

[89] 卢秉林, 王文丽, 李娟, 等. 添加小麦秸秆对猪粪高温堆肥腐熟进程的影响 [J]. 环境工程学报, 2010（4）: 926-930.

[90] 鲁纠巍, 陈防, 万运帆, 等. 钾肥施用量对脐橙产量和品质的影响 [J]. 果树学报, 2001, 18（5）: 272-275.

[91] 鲁秀国, 饶婷, 范俊, 等. 氧化塘工艺处理规模化养猪场污水 [J]. 中国给水排水, 2009, 25（8）: 55-57.

[92] 罗海峰, 齐鸿雁, 薛凯等. PCR-DGGE 技术在农田土壤微生物多样性研究中的应用 [J]. 生态学报, 2003, 23(8): 1570-1575.

[93] 罗泉达. C/N 比值对猪粪堆肥腐熟的影响 [J]. 闽西职业技术学院学报, 2008, 10(1): 113-115.

[94] 吕耀, 丁贤忠, 等. 精准农业经济效益分析方法探讨 [J]. 中国生态农业学报, 2003, 11（1）: 70-73.

[95] 马庆华. 户用沼气物业化管理机制和模式研究 [D]. 咸阳: 西北农林科技大学, 2005.

[96] 牛文慧, 王惠生, 王清, 等. 养殖场小型太阳能沼气工程的增温效果 [J]. 西北农业学报, 2011, 20(8): 203-206.

[97] 农工党福建省委会课题组. 福建应加快发展农村沼气建设 [J]. 开放潮, 2005 (4): 52-53.

[98] 彭来真, 刘琳琳, 张寿强, 等. 福建省规模化养殖场畜禽粪便中的重金属含量 [J]. 福建农林大学学报(自然科学版), 2010 (5): 523-527.

[99] 彭里. 畜禽养殖环境污染及治理研究进展 [J]. 中国生态农业学报, 2006, 14 (2): 19-22.

[100] 彭新宇. 畜禽养殖污染防治的沼气技术采纳行为及绿色补贴政策研究: 以养猪专业户为例 [D]. 北京: 中国农业科学院, 2007.

[101] 朴哲, 李玉敏, 马帅, 等. 堆肥制作中微生物侵染秸秆的环境扫描电镜(ESEM)观察 [J]. 生态与农村环境学报, 2011, 27 (5): 98-100.

[102] 钱晓雍, 沈根祥, 黄丽华, 等. 畜禽粪便堆肥腐熟度评价指标体系研究 [J]. 农业环境科学学报, 2009, 28 (3): 549-554.

[103] 冉国伟, 张汝坤, 冯爱国. 沼气发电技术现状分析及发展方向的探讨 [J]. 农机化研究, 2006 (3): 189-194.

[104] 任顺荣, 邵玉翠, 王正祥. 利用畜禽废弃物生产的商品有机肥重金属含量分析 [J]. 农业生物环境学报, 2005, 24(增刊): 216-218.

[105] 桑磊, 周丽娜, 邓欢. 养猪污水处理工程实例及分析 [J]. 中国给水排水, 2010, 26 (24): 81-84.

[106] 沈瑾, 路旭, 孙瑜. 规模化猪场粪污水处理固液分离工艺及设备 [J]. 中国沼气, 1999, 17 (4): 18-20.

[107] 师晓爽, 刘德立, 郎志宏, 等. PCR-DGGE 技术在农村户用沼气发酵微生物研究中的初步应用 [J]. 山东师范大学学报, 2007, 22 (2): 120-122.

[108] 石惠娴, 李永明, 朱洪光, 等. 地源热泵加温沼气池内温度场分布特性分析 [J]. 中国沼气, 2010, 28 (6): 3-6, 19.

[109] 石磊, 陈立东, 马淑英, 等. 太阳能加热型玻璃钢沼气池的研制 [J]. 农机化研究, 2008 (3): 81-83.

[110] 时瞟丽, 李俊峰. 英国可再生能源义务法令介绍及实施效果分析 [J]. 中国能源, 2004, (11): 38-41.

[111] 宋炜, 付永胜, 王磊, 等. ABR 处理猪场废水试验研究 [J]. 农业环境科学学报, 2006, 25(增刊): 172-175.

[112] 宋正国, 徐明岗, 刘平, 等. 不同比例钙锌共存对土壤镉有效性的影响及其机制 [J]. 生态环境, 2008, 17 (5): 1812-1817.

[113] 孙树. 我国土壤和农作物重金属污染现状及转化规律 [J]. 淮北职业技术学院学报, 2010 (5): 71-72.

[114] 孙晓华, 罗安程, 仇丹. 微生物接种对猪粪堆肥发酵过程的影响 [J]. 植物营养

与肥料学报，2004，10（5）：557-559.

[115] 陶红歌，李学波，赵廷林.沼肥与生态农业[J].可再生能源，2003，108（2）：37-38.

[116] 田宁宁，李宝林，王凯军，等.畜禽养殖业废弃物的环境问题及其治理方法[J].环境保护，2000(12)：10.

[117] 汪振立，邓通德，胡正义，等.脐橙品质与自然土壤中稀土元素相关性分析[J].土壤，2010，42（3）：459-466.

[118] 汪植三，汪俊三.畜禽舍粪便污水及废气净化的研究[J].农业工程学报，1995，11（4）：90-95.

[119] 王宝档，董作为，蔡志坚.施用有机肥对涂园土壤肥力的影响[J].浙江农业科学，2011（1）：155-157.

[120] 王建，周祖荣，叶振宇.规模化养猪场排泄物治理沼气工程实例[J].中国沼气，2008，26（6）：31-33.

[121] 官雪芳，徐庆贤，林斌，等.几种蔬菜在施用沼液后Fe元素的含量变化及食用价值分析[J].中国农学通报，2009，25（05）：268-270.

[122] 官雪芳，林碧芬，徐庆贤，等.种植年限对土壤性状、微生物群落及脐橙果实品质的影响[J].浙江农业学报，2012，24（1）：105-113.

[123] 王卫平，朱凤香，陈晓旸，等.添加砻糠对猪粪堆肥发酵层温度及氮素变化的影响[J].浙江农业学报，2009，21（6）：579-582.

[124] 王卫平，朱凤香，陈晓旸，等.沼液农灌对土壤质量和青菜产量品质的影响[J].浙江农业学报，2010，22（1）：73-76.

[125] 王彦伟，徐凤花，阮志勇，等.用DGGE和Real-Time PCR对低温沼气池中产甲烷古菌群落的研究[J].中国沼气，2012，30（1）：8-12.

[126] 王宇，赵述淼，胡咏梅，等.几种微生物及其组合在猪粪堆肥发酵中的作用[J].湖北农业科学，2009，48（1）：81-84.

[127] 王宇欣，苏星，唐艳芬，等.京郊农村大中型沼气工程发展现状分析与对策研究[J].农业工程学报，2008，24（10）：291-295.

[128] 王毓丹，李杰，钟成华，等.小型畜牧养殖场废水处理工程实例[J].环境工程，2009，27（3）：45-48.

[129] 王远远，刘荣厚.沼液综合利用研究进展[J].安徽农业科学，2007，35（4）：1089-1091.

[130] 魏勇，王红宁，廖党金，等.PCR-DGGE技术用于猪场沼气池细菌群落分析的条件优化[J].农业环境科学学报，2011，30（3）：599-604.

[131] 翁伯琦，雷锦桂，江枝和，等.集约化畜牧业污染现状分析及资源化循环利用对策思考[J].农业环境科学学报，2010，29（增刊）：294-299.

[132] 吴峰.印度"第十一个五年（2007—2012年）计划"能源政策评析[J].全球科技经济瞭望，2008（7）：19-23.

[133] 吴军伟，常志州，周立祥，等.XY型固液分离机的畜禽粪便脱水效果分析[J].

江苏农业科学，2009（2）：286-288.

[134] 吴晓明，杨中平. 恒温沼气反应器的单片机控制[J]. 农机化研究，2008（2）：154-156.

[135] 肖振林，丛俏，曲蛟. 钼矿区周边果园土壤重金属污染评价及对水果品质的影响[J]. 科学技术与工程，2010（23）：5831-5834.

[136] 晓超，贺光祥，邱凌等. 太阳能热管加热系统在沼气工程中的应用[J]. 农机化研究，2007（7）：205-207.

[137] 谢列先. 利用太阳能热水器加热沼气池的实验研究[J]. 广西林业科学，2010，39（1）：37-40.

[138] 谢晓慧，林郁，李茂萱，等. 云南农村沼气建设与碳汇交易研究——基于减少薪柴消耗对减排CO_2的贡献分析[J]. 西南农业学报，2008，21（3）：870-874.

[139] 谢莹，林连兵，李秀玲，等. 耐热嗜盐菌的分离及16S rRNA基因序列分析[J]. 微生物学通报，2008，35（2）：166-170.

[140] 辛春林. 畜禽粪便污染的现状及对策[J]. 中国牧业通讯，2008（16）：46.

[141] 熊忙利，黄汉军，赵战峰. 对咸阳市畜禽粪便污染环境问题的初探[J]. 家畜生态学报，2008，29（6）：144-146.

[142] 徐洁泉. 规模畜禽场沼气工程发展和效益探讨[J]. 中国沼气，2000，18（4）：27-30.

[143] 徐庆贤，官雪芳，林碧芬，等. PCR-DGGE技术在智能化沼气池微生物多样性研究中的应用[J]. 福建农业学报，2013，28（6）：597-603.

[144] 徐庆贤，官雪芳，钱蕾，等. 智能化沼气池粗纤维含量、微生物多样性及产气率相关性分析[J]. 福建农业学报，2014，29（8）：784-788.

[145] 徐庆贤，林斌，官雪芳，等. 大型玻璃钢沼气池冬季运行效果分析[J]. 福建农业学报，2008，23（3）：334-336.

[146] 徐庆贤，官雪芳，钱蕾，等. 智能化沼气池粗纤维含量、微生物多样性及产气率相关性分析[J]. 福建农业学报，2014，29（8）：784-788.

[147] 徐庆贤，官雪芳，林斌，等. 福建省规模化养猪场粪便沼气潜力评估及分布特征[J]. 能源研究与利用，2010（2）：13-15.

[148] 徐庆贤，官雪芳，林斌. 种猪场沼气工程沼气利用分析[J]. 能源与环境，2008（4）：87-88.

[149] 徐旭晖. 江门市大中型沼气建设模式创新研究[J]. 广东农业科学，2008（9）：188-189.

[150] 徐彦胜，阮志勇，刘小飞，等. 应用RFLP和DGGE技术对沼气池中产甲烷菌多样性的研究[J]. 西南农业学报，2010，23（4）：1319-1324.

[151] 严利人，陈桂味. 规模化畜禽养殖场沼气能环工程建设现状与发展对策[J]. 福建农业，2004（12）：28-29.

[152] 颜丽，邓良伟，任颜笑. 聚焦中德沼气产业发展现状[J]. 新能源产业，2007（4）：39-43.

[153] 杨朝晖, 曾光明, 高锋, 等. 固液分离-UASB-SBR 工艺处理养猪场废水的试验研究[J]. 湖南大学学报, 2002, 29(6): 95-100.

[154] 杨迪, 邓良伟, 郑丹, 等. 猪场废水固液分离及其影响因素研究[J]. 中国沼气, 2014, 32(6): 21-25.

[155] 易时来, 邓烈, 何绍兰, 等. 奥林达夏橙叶片锌含量可见近红外光谱监测模型研究[J]. 光谱学与光谱分析, 2010, 30(11): 2927-2931.

[156] 殷克东, 王海青, 黄鑫. 生物有机肥研究综述[J]. 信阳农业高等专科学校学报, 2010, 20(2): 116-119.

[157] 林斌, 罗桂华, 徐庆贤, 等. 茶园施用沼渣等有机肥对茶叶产量和品质的影响初报[J]. 福建农业学报, 2010, 25(1): 90-95.

[158] 林斌, 林伟明, 徐庆贤, 等. 茶园施用沼肥的经济可行性实证研究[J]. 中国沼气, 2011, 29(2): 46-50.

[159] 于树, 汪景宽, 李双异. 应用 PLFA 方法分析长期不同施肥处理对玉米地土壤微生物群落结构的影响[J]. 生态学报, 2008, 28(9): 4222-4227.

[160] 余光涛, 陈文忠, 张冲, 等. 畜禽养殖污水前处理工艺的设计与应用[J]. 福建畜牧兽医, 2006, 28(5): 21-22.

[161] 张佰明. 中国沼气产业发展展望[J]. 新能源产业, 2007(3): 25-29.

[162] 张邦龙. 建管并重和后续服务是沼气项目顺利实施的关键和保证[J]. 农业技术与装备, 2008(2): 48-49.

[163] 张德晖, 方文熙, 吴传宇, 等. 水平圆振动畜禽粪便固液分离机的可行性研究[J]. 机电技术, 2010(3): 36-38.

[164] 张帆. 环境与自然资源经济学[M]. 上海: 上海人民出版社, 1998.

[165] 张国政, 蒋代康, 蒋耀清, 等. 沼气发酵原料利用率的研究[J]. 西南师范学院学报, 1981(1): 94-101.

[166] 张建峰, 包新严, 张建军. 加强沼气建后管理的几种模式[J]. 农业科技与信息, 2008(16): 61-62.

[167] 张利军. 沼气发酵技术在畜禽粪污治理中的发展现状及对策[J]. 农业环境与发展, 2006, 12(11): 56-57.

[168] 张玲玲, 李兆华, 鲁敏, 等. 沼液利用途径分析[J]. 资源开发与市场, 2011(3): 260-262.

[169] 张培栋, 李新荣, 杨艳丽, 等. 中国大中型沼气工程温室气体减排效益分析[J]. 农业工程学报, 2008, 24(9): 239-243.

[170] 张全国, 范振山, 杨群发. 辅热集箱式畜禽粪便沼气系统研究[J]. 农业工程学报, 2005, 21(9): 146-150.

[171] 廖汝玉, 徐庆贤, 林斌等. 沼渣、食用菌菌渣对香蕉生长和结果的影响[J]. 福建农业学报, 2009, 24(4): 333-337.

[172] 张无敌, 马煜, 尹芳, 等. 养殖场沼气工程与 4F 循环经济模式[J]. 云南化工, 2010, 37(1): 6-9.

[173] 张无敌，宋洪川，尹芳，等.沼气发酵与综合利用[M].昆明：云南科技出版社，2004.

[174] 徐庆贤，官雪芳，林碧芬，等.几株猪粪堆肥发酵菌对堆肥发酵的促进作用[J].生态与农村环境学报，2013，29（2）：253-259.

[175] 徐庆贤，官雪芳，林碧芬，等.不同施肥种类对土壤及脐橙中的重金属含量的影响[J].浙江农业学报，2011，23（5）：977-982.

[176] 张亚莉，董仁杰，刘玉.沼肥在农业生产中的应用[J].安徽农业科学，2007，35(35)：11549-11550.

[177] 章雷.规模化养猪场的环境污染与防治对策[J].猪业科学，2008（8）：72-74.

[178] 赵洪波，吴睿，卡林.养殖废水新型处理技术中试[J].环境工程，2012，30（4）：23-24，86.

[179] 赵军.规模化猪场粪污处理实例[J].可再生能源，2003（4）：39-40.

[180] 赵小蓉，杨谢，陈光辉，等.成都平原区不同蔬菜品种对重金属富集能力研究[J].西南农业学报，2010（4）：1143-1146.

[181] 甄宏.沈大高速公路旁粮食和水果中重金属污染特征研究[J].气象与环境学报，2008（3）：1-5.

[182] 郑时选.欧洲三国沼气技术发展及其质量控制体系见闻[J].可再生能源，2007(8)：107-109.

[183] 钟文，文屹.改良氧化塘污水处理技术的探讨[J].广州化工，2010，38（5）：217-218.

[184] 周国安，严建刚.规模养殖场污水的减量化与无害化处理探析[J].江苏农业科学，2011，39（2）：479-481.

[185] 周淑平，程贵敏，李卫红，等.近红外光谱法快速测定烤烟中钙、镁、铁、锰和锌的含量[J].贵州农业科学，2007，35（1）：28-30.

[186] 周小奇，王艳芬，蔡莹，等.内蒙古典型草原细菌群落结构的PCR-DGGE检测[J].生态学报，2007，27（5）：1684-1689.

[187] 周昱，阳作锋.畜禽养殖场沼气工程建设的思考[J].江西能源，2002（4）：41-43.

[188] 朱能武.堆肥微生物学研究现状与发展前景[J].氨基酸和生物资源，2005，27(4)：36-40.

[189] 祝其丽，李清，胡启春，等.猪场清粪方式调查与沼气工程适用性分析[J].中国沼气，2011，29（1）：26-29.

[190] 邹长明，刘正，余海兵，等.沼肥研究与开发前景[J].安徽农学通报，2007，13(23)：81-82.

[191] 左华清，王子顺.柑桔根际土壤微生物种群动态及根际效应的研究[J].生态农业研究，1995，3（1）：39-41.

[192] 徐庆贤，沈恒胜，林斌，等.以猪粪为原料的沼气发酵系统中镉、铜、锌分析[J].台湾农业探索，2011（5）：75-78.

[193] 徐庆贤，沈恒胜，林斌，等．利用近红外漫反射光谱（NIRS）技术建立甘薯茎叶重金属预测模型［J］．福建农业学报，2011，26（3）：440-445.

[194] 沈恒胜，陈君琛，种藏文，等．近红外漫反射光谱法（NIRS）分析稻草纤维及硅化物组成［J］．中国农业科学，2003，36（9）：1086-1090.